高等职业教育系列教材

机电设备维修与管理专业

# 设备管理与点检维修

高志坚　编著

缪国斌　主审

机械工业出版社

本书的内容按照各个岗位的设备管理工作任务进行编排,这些岗位包括维修工、润滑工、操作工、车间设备管理员,以及企业设备管理部门内的专业岗位。第一章主要介绍设备管理发展历程与内容体系;第二章内容主要针对一线生产人员,介绍如何正确使用与自主维护设备;第三章、第四章内容主要面向设备管理专业人员,分别介绍设备点检和设备维修;第五章内容主要面向企业设备管理部门,介绍设备寿命周期全过程管理。第六章介绍了设备管理精益化。同时,本书的编写并没有放弃对设备管理内容体系的系统性、完整性的追求。在内容上继承了中国特色设备管理的好经验、好方法,吸收了日、美、英等国现代设备管理理论与方法之精髓,并融合了编者从事企业设备管理和点检维修工作十多年的生产实践经验。

本书可以作为高职院校机电设备类专业的教材,也可供从事设备管理工作的工程技术人员参考和作为企业培训教材。

本书配有电子课件,凡使用本书作为教材的教师可登录机械工业出版社教材服务网 www.cmpedu.com 注册后下载。咨询邮箱:cmpgaozhi@ sina.com。咨询电话:010-88379375。

**图书在版编目(CIP)数据**

设备管理与点检维修/高志坚编著.—北京:机械工业出版社,2013.8
(2024.7 重印)
高等职业教育系列教材.机电设备维修与管理专业
ISBN 978-7-111-42671-4

Ⅰ.①设…  Ⅱ.①高…  Ⅲ.①机电设备–设备管理–高等职业教育–教材②机电设备–维修–高等职业教育–教材  Ⅳ.①TM

中国版本图书馆 CIP 数据核字(2013)第 122274 号

机械工业出版社(北京市百万庄大街22号  邮政编码100037)
策划编辑:刘良超  责任编辑:刘良超  郑 佩
版式设计:常天培  责任校对:张 媛
封面设计:陈 沛  责任印制:常天培
北京机工印刷厂有限公司印刷
2024 年 7 月第 1 版第 6 次印刷
184mm×260mm·11.5 印张·281 千字
标准书号:ISBN 978-7-111-42671-4
定价:34.80 元

电话服务                     网络服务
客服电话:010-88361066        机 工 官 网:www.cmpbook.com
        010-88379833        机 工 官 博:weibo.com/cmp1952
        010-68326294        金 书 网:www.golden-book.com
**封底无防伪标均为盗版**        机工教育服务网:www.cmpedu.com

# 前　言

　　设备是企业主要的生产手段，是生产力的重要标志之一。随着科学技术的飞速发展，大量新知识、新技术、新工艺、新材料的不断涌现，现代化设备已不再是传统意义上的机械技术与电气技术的产物，而是机械技术、电气技术、电子技术、光学技术、数字技术乃至软件技术有机结合的产物。从事操作、维修、安装这些现代化设备的人员，没有设备管理的基本知识与基本能力是不行的。对于企业来说，没有现代化的设备管理，就不可能构建现代化的企业。

　　设备管理既是一门学科，也是一种职业，是一系列岗位工作的集合。本书的编写目的就是为有志于从事设备管理工作的读者，或者已经从事设备管理工作的专业人员提供一本简明实用的设备管理教材。因此，本书的内容按照各个岗位的设备管理工作任务进行编排，这些岗位包括维修工、润滑工、操作工、车间设备管理员，以及企业设备管理部门内的专业岗位。第一章主要介绍设备管理发展历程与内容体系；第二章内容主要针对一线生产人员，介绍如何正确使用与自主维护设备；第三章、第四章内容主要面向设备管理专业人员，分别介绍设备点检和设备维修；第五章内容主要面向企业设备管理部门，介绍设备寿命周期全过程管理。第六章介绍了设备管理精益化。同时，本书的编写并没有放弃对设备管理内容体系的系统性、完整性的追求。在内容上继承了中国特色设备管理的好经验、好方法，吸收了日、美、英等国现代设备管理理论与方法之精髓，并融合了编者从事企业设备管理和点检维修工作十多年的生产实践经验。

　　由于设备管理这门学科具有综合型、边缘性的特点，许多名词术语来自不同的学科，称呼不一。因此，编者对重要的名词术语作了考证，并在全书中予以统一。

　　本书可以作为高职院校机电设备类专业的教材，也可供从事设备管理工作的工程技术人员参考和作为企业培训教材。

　　常州大学缪国斌研究员级高级工程师担任本书主审并提出了宝贵意见，在此表示感谢。

　　本书的编写是一项开拓性的工作，书中的不足和错漏之处在所难免，恳请读者批评指正。

　　本书配有电子课件，凡使用本书作为教材的教师可登录机械工业出版社教材服务网www.cmpedu.com 注册后下载。咨询邮箱：cmpgaozhi@ sina.com。咨询电话：010-88379375。

编　者

# 目　录

# 第一章　设备管理发展历程与内容体系

所谓设备，通常是泛指国民经济各部门和社会领域的生产、生活物资技术装备、设施、装置和仪器等。设备管理中所指的设备是：实际使用寿命在 1 年以上，在使用中基本保持其原有实物形态，单位价值在规定限额以上，且能独立完成至少一道生产工序或提供某种功能的机器、设施以及维持这些机器、设施正常运转的附属装置。

## 第一节　设备管理发展历程

### 一、设备管理

设备管理是以提高设备综合效率，追求设备寿命周期费用最经济，实现企业生产经营目标为目的，运用现代科学技术、管理理论和管理方法，对设备寿命周期的全过程从技术、经济、管理等方面进行综合研究的一门学科。设备寿命周期是指设备发生费用的整个时期，从规划决策、设计制造或选型采购、安装验收、初期管理、使用维修、改造更新直至报废处理为止的全过程。

因此，设备管理应从技术、经济、管理三个要素以及三者之间的关系来考虑。从这个观点出发，可以把设备管理问题分成技术、经济、管理三个侧面。图 1-1 表示了三者之间的关系及三个侧面的主要组成因素。

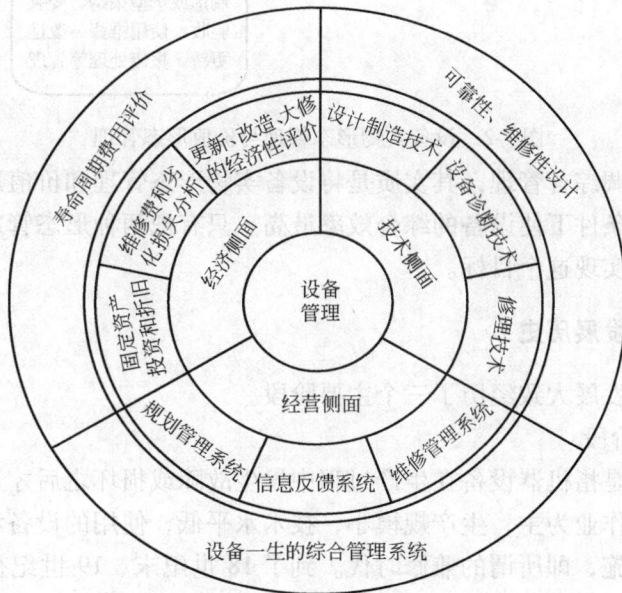

图 1-1　设备管理的三个侧面及其关系

设备有两种形态：实物形态和价值形态。实物形态是价值形态的物质载体，价值形态是实物形态的货币表现。在整个设备寿命周期内，设备都处于这两种形态的运动之中。对应于设备的两种形态，设备管理也有两种方式，即设备的实物形态管理和价值形态管理。

**1. 实物形态管理**

设备从规划设置直至报废的全过程即为设备实物形态运动过程。设备的实物形态管理就是从设备实物形态运动过程出发，研究如何管理设备实物的可靠性、维修性、工艺性、安全性、环保性及使用中发生的磨损、性能劣化、检查、修复、改造等技术业务，其目的是使设备的性能和精度处于良好的技术状态，确保设备的输出效能最佳。

**2. 价值形态管理**

在整个设备寿命周期内包含的最初投资，使用费用、维修费用的支出，折旧、改造、更新资金的筹措与支出等，构成了设备价值形态的运动过程。设备的价值形态管理就是从经济效益角度研究设备价值的运动，即新设备的研制、投资及设备运行中的投资回收，运行中的损耗补偿，维修、技术改造的经济性评价等经济业务。其目的就是使设备的寿命周期费用最经济，如图1-2所示。

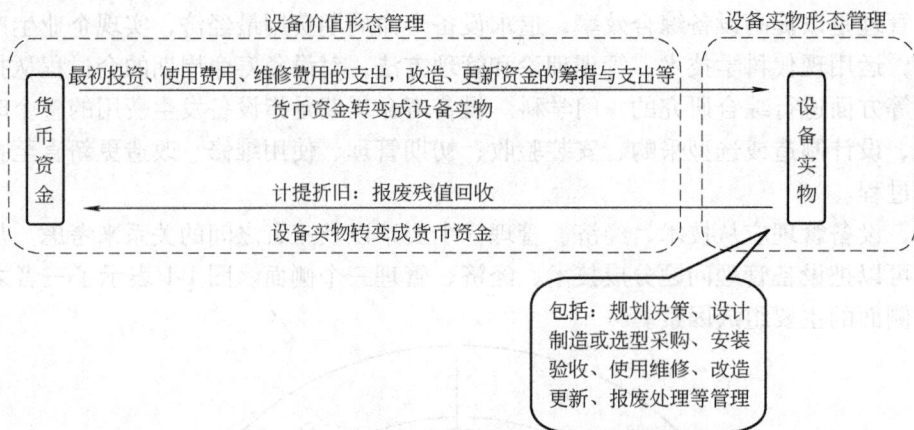

图1-2　设备实物形态管理与价值形态管理

现代设备管理强调综合管理，其实质是将设备实物形态管理和价值形态管理相结合，追求在输出效能最大的条件下使设备的综合效率最高。只有把两种形态管理统一起来，并注意不同的侧重点，才可实现这个目标。

**二、设备管理的发展历史**

各国设备管理的发展大致经历了三个主要阶段。

（一）事后维修阶段

所谓事后维修，是指机器设备在生产过程中发生故障或损坏之后才进行修理。工业革命前，工场生产以手工作业为主，生产规模小，技术水平低，使用的设备和工具比较简单，维修工作由生产工人实施，即所谓的兼修时代。到了18世纪末、19世纪初，随着企业采用机器生产规模的不断扩大，机器设备采用的技术日益复杂，维修机器的难度与消耗的费用也日渐增加，维修工作逐步交由专职的维修人员进行，即所谓的专修时代。这一阶段的表现形式主要体现在事后修理机器，因此叫事后维修阶段。

（二）预防性定期修理阶段

20 世纪以来，科学技术不断进步，工业生产不断发展，设备的技术装备水平不断提高，企业管理进入了科学管理阶段。由于机器设备发生故障或损坏而停机修理会引起生产中断，使企业的生产活动不能正常进行，从而带来很大的经济损失，于是，出现了为防止意外故障而预先安排修理的方法，设备管理进入了以减少停机损失为目的的预防性定期修理的新阶段。由于这种修理安排在故障发生之前，是可以计划的，所以也可叫做计划预修。

（三）各种设备管理模式并行阶段

**1. 设备综合工程学**

设备综合工程学又称为设备综合管理学。其定义是为使设备寿命周期费用最经济而将相关的工程技术、管理、财务等业务加以综合的学科。1971 年，英国的丹尼斯·帕克斯在美国洛杉矶召开的国际设备管理工程年会上发表了题为《设备综合管理工程学》的学术论文，提出了设备综合工程学理论。这一新概念获得了同行的赞同，英国政府以政府行为积极予以支持。设备综合工程学这一思想对其他国家也有所影响。

设备综合工程学的主要内容如下：

1）设备综合工程学的研究目标是设备寿命周期费用的经济最大化。

2）设备综合工程学综合了与设备相关的工程技术、管理、财务等各方面的内容，是一门综合的管理科学。

3）设备综合工程学提出了对设备可靠性、维修性进行设计的理论和方法。

4）设备综合工程学全面考虑设备全生命期的机能，是全过程的管理科学。

5）设备综合工程学强调设计、使用效果及费用、信息反馈等在设备管理中的重要性，要求建立相应的信息交流和反馈系统。

**2. 后勤工程学**

20 世纪 40 年代起，美国开始实施设备预防维修，为提高维修经济效益，20 世纪 50 年代开始研究维修方式，形成了生产维修体制，并提出了设备可靠性、维修性设计及寿命周期费用等基本思想。

后勤工程学是为满足某种特定的需要而设计、开发、供应和维修各种装备、设施或系统的全部管理过程，并研究系统或装备的功能需要与有效性、可靠性、寿命周期费用之间最佳平衡的学科。

按照后勤工程学的基本思想，在设计制造设备（或系统）时，应同时考虑向设备的用户提供以下支持：

1）提供操作、使用、管理方面的指导性文件。

2）提供设备维修保养措施。

3）提供适时、方便的备品、备件。

4）为用户培训操作、维修、管理方面的人员。

5）提供设备可靠性、维修性和服务年限的科学实验数据。

**3. 全员生产维修**（TPM）

日本在美国生产维修制的基础上，吸收了英国综合工程学和中国鞍钢宪法的群众路线思想，提出了全员生产维修的概念。它强调企业全员参与，以设备一生为对象建立预防维修系统并进行有效反馈，追求最高的设备综合效率。

**4. 设备综合管理**

20 世纪 80 年代，我国在前苏联的计划预修制的基础上，吸收生产维修、综合工程学、后勤工程学和全员生产维修的内容，提出了对设备进行综合管理的思想。这一体系尚无规范化的模式，随企业的不同而各有特点。

### 三、我国设备管理的发展概况

新中国成立以来，我国工业交通企业的设备管理工作，大体上经历了事后维修、计划预修到综合管理，即从经验管理、科学管理到现代管理三个发展阶段。

**1. 经验管理阶段**（1949～1952 年）

从 1949 年到第一个五年计划开始之前的三年经济恢复时期，我国工业交通企业一般沿袭旧中国的设备管理模式，采用设备坏了再修的做法，处于事后维修的阶段。

**2. 科学管理阶段**（1953～1978 年）

从 1953 年开始，全面引进了前苏联的设备管理制度，把我国的设备管理从事后维修推进到定期计划预防修理阶段。由于实行预防维修，设备的故障停机大大减少，有力地保证了我国工业骨干建设项目的顺利投产和正常运行。其后，在以预防为主、维护保养和计划检修并重方针的指导下，特别是贯彻执行鞍钢宪法之"两参一改三结合"精神，创造了"专群结合，专管成线，群管成网""三好四会"、"润滑五定"、"定人定机"、"分级保养"等一系列具有中国特色的好经验、好办法，使我国的设备管理与维修工作在计划预修制的基础上有了重大的改进和发展。

**3. 现代管理阶段**

从 1979 年开始，国家有关部委以多种形式介绍英国设备综合工程学、日本全员生产维修等现代设备管理理论和方法，组织一批企业试点推行，逐渐形成了一套有中国特色的设备综合管理思想，但未形成统一的模式。

# 第二节　设备管理的政策依据

1983 年，原国家经委发布实施《国营工业交通企业设备管理试行条例》，经过三年试行，总结经验、修改补充，国务院于 1987 年正式发布了《全民所有制工业交通企业设备管理条例》（以下简称《设备管理条例》）。从此，我国设备管理进入了依法治理的新阶段。企业设备管理工作从此有法可依、有章可循。《设备管理条例》明确规定了我国设备管理工作的基本方针和政策，主要任务和要求。它是适应我国经济建设和企业管理现代化的要求，将现代设备管理的理论和方法与我国企业具体实践相结合的产物。既借鉴了国外的先进理论和实践经验，又总结和融合了我国设备管理的成功经验，体现了"以我为主，博采众长，融合提炼，自成一家"的方针，具有一定的中国特色。

20 世纪 90 年代，我国国民经济开始了两个伟大的转变，经济体制从传统的计划经济体制向社会主义市场经济体制转变，经济增长方式从粗放型向集约型转变。为了适应两个转变的要求，1996 年国家经贸委制定了《"九五"全国设备管理工作纲要》。它是在新形势下对《设备管理条例》的发展和补充，并提出"九五"期间的三大任务：加强法制建设，继续贯彻《设备管理条例》；培育和规范设备要素市场；强化设备更新改造。

### 一、设备管理的方针

《设备管理条例》要求，企业设备管理应当以效益为中心，坚持依靠技术进步，促进生产经营发展和预防为主的方针。

**1. 以效益为中心**

以效益为中心就是要建立设备管理的良好运行机制，积极推行设备综合管理，加强企业设备资产的优化组合，加大企业设备资产的改造更新力度，确保企业设备资产的保值增值。

**2. 依靠技术进步**

依靠技术进步一是要适时用新设备替换老设备；二是运用高新技术对老旧设备进行改造；三是推广设备诊断技术、计算机辅助管理技术等管理新手段。

**3. 促进生产经营发展**

促进生产经营发展就是要正确处理企业生产经营与设备管理的辩证关系。首先，设备管理必须坚持为提高生产率、保证产品质量、提高企业经济效益服务；其次，必须深化设备管理的改革，建立和完善设备管理的激励机制和约束机制，充分认识设备管理工作的地位和作用，保证国有资产的保值增值，为企业的长远发展目标提供保障。

**4. 预防为主**

使用单位为确保设备持续高效正常运行，防止设备非正常劣化，在依靠检查、状态监测、故障诊断等技术的基础上，逐步向以状态监测维修为主的维修方式发展。设备制造单位应主动听取和收集使用单位的信息资料，不断改进设计水平，提高制造工艺水平，转变传统设计思想，把维修预防纳入设计新概念中去，逐步向无维修设计目标努力。

### 二、设备管理的原则

《设备管理条例》规定，企业设备管理的原则是：设计、制造与使用相结合；维护与计划检修相结合；修理、改造与更新相结合；群众管理与专业管理相结合；技术管理与经济管理相结合。

**1. 设计、制造与使用相结合**

设备制造单位在设计的指导思想上和制造过程中，必须充分考虑寿命周期内设备的可靠性、维修性、经济性等指标，最大限度地满足用户的需要，并做好售后服务。设备使用单位应正确使用设备，在设备的使用维修过程中，及时向设备的设计及制造单位反馈信息，帮助制造单位改进设计、提高质量。

**2. 维护与计划检修相结合**

这是贯彻预防为主的方针，保证设备持续安全经济运行的重要措施。对设备加强运行中的维护、检查、监测，可以有效地保持设备的各项功能，延长修理间隔期，减少修理工作量。在设备检查和状态监测的基础上实施预防性检修，不仅可以及时恢复设备功能，同时又为设备的维护创造了良好的条件，可以减少检修工作量，延长设备使用寿命。

**3. 修理、改造与更新相结合**

这是提高企业技术装备素质的有效措施。修理是必要的，但一味追求修理会阻碍技术进步，经济上也不合算。企业应依靠技术进步，改造更新旧设备，以技术经济分析为手段和依据，进行设备的大修、改造或更新。

**4. 群众管理与专业管理相结合**

全员管理能激发职工参与设备管理的积极性和创造性，有利于设备管理的各项工作的广泛开展，专业管理有利于深层次的研究，两者结合有利于实现设备综合管理。

**5. 技术管理与经济管理相结合**

技术管理包括对设备的设计、制造、规划选型、维护修理、监测实验、更新改造等技术活动，以确保设备技术状态完好和装备水平不断提高。经济管理不仅是投资费、维持费和折旧费的管理，更重要的是设备的资产经营以及优化配置和有效运营，确保资产的保值增值。针对设备的物质形态和价值形态而进行的技术管理和经济管理是设备管理不可分割的两个侧面，两者的有机结合能够保证设备取得最佳的综合效益。

上述"五个结合"是我国多年设备管理实践经验的结晶。随着市场经济体制和现代企业制度的建立和完善，企业应推行设备综合管理与企业管理相结合，以提高企业竞争力和企业生产经营效益为中心，建立适应社会主义市场经济和集约经营的设备管理体制，实行设备综合管理，不断改善和提高企业技术装备素质，充分发挥设备效能，不断提高设备综合效率和降低设备寿命周期费用，把促进企业经济效益的不断提高作为设备管理的主要任务。

# 第三节　全员生产维修

从 20 世纪 80 年代起，我国开始引进"设备综合工程学"、"后勤工程学"、"全员生产维修"等现代设备管理理论。其中以"全员生产维修"对我国的现代化设备管理实践影响最大。

## 一、全员生产维修概念与起源

TPM（Total Productive Maintenance）的意思就是"全员生产维修"，这是日本在 20 世纪 70 年代提出的，是一种全员参与的生产维修方式，其要点就在"生产维修"及"全员参与"上。通过建立一个全系统员工参与的生产维修活动，使设备性能达到最优。

TPM 的提出是建立在美国的生产维修体制的基础上，同时也吸收了英国设备综合工程学、中国鞍钢宪法中的群众参与管理的思想。在其他国家，由于国情不同，对 TPM 的理解是：利用包括操作工在内的生产维修活动，提高设备的全面性能。

TPM 的生产维修体系如图 1-3 所示。

## 二、TPM 的特点

TPM 的特点就是三个"全"，即全效率、全系统和全员参加。

1）全效率。全效率指设备寿命周期费用评价和设备综合效率。

2）全系统。全系统指生产维修系统的各个方法都要包括在内，即预防维修（PM，Preventive Maintenance）、维修预防（MP，Maintenance Prevention）、改善维修（CM，Corrective Maintenance）、事后维修（BM，Breakdown Maintenance）等都要包含。

3）全员参加。全员参加指设备的计划、使用、维修等所有部门都要参加，尤其注重的是操作工的自主小组活动。

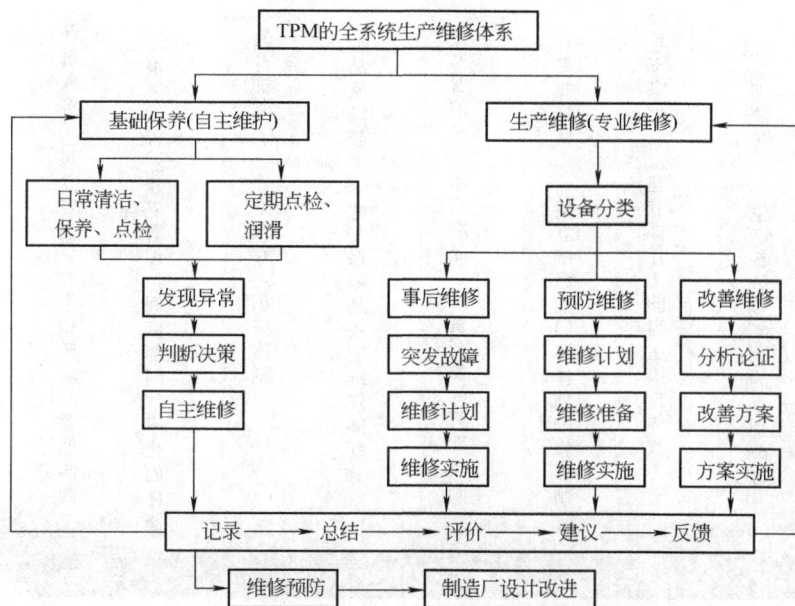

图 1-3 TPM 的生产维修体系

### 三、TPM 的目标

TPM 的目标可以概括为四个"零"，即停机为零、废品为零、事故为零、速度损失为零。

1）停机为零。停机为零指计划外的设备停机时间为零。计划外的停机对生产造成的冲击相当大，使整个生产装配产生困难，造成资源闲置等浪费。计划时间要有一个合理值，不能为了满足非计划停机为零而使计划停机时间值达到很高。

2）废品为零。废品为零指由设备原因造成的废品为零。"完美的质量需要完善的机器"，机器是保证产品质量的关键，而人是保证机器好坏的关键。

3）事故为零。事故为零指设备运行过程中事故为零。设备事故的危害非常大，不但影响生产，还可能会造成人身伤害，严重的甚至可能导致"机毁人亡"。

4）速度损失为零。速度损失为零指设备速度降低造成的产量损失为零。由于设备保养不好、设备精度降低而不能按高速度使用设备，等于降低了设备性能。

### 四、TPM 的五要素

1）TPM 致力于设备综合效率（OEE）最大化的目标。
2）TPM 在整个设备寿命周期建立彻底的预防维修体制。
3）TPM 由各部门共同推行（包括维修、生产、开发以及其他管理部门等）。
4）TPM 涉及每个员工，从最高管理者到现场工人。
5）TPM 通过动机管理，即自主的小组活动来推进。

### 五、TPM 的九大活动——"一个基石，八大支柱"

TPM 的九大活动可以概括为"一个基石，八大支柱"，如图 1-4 所示。

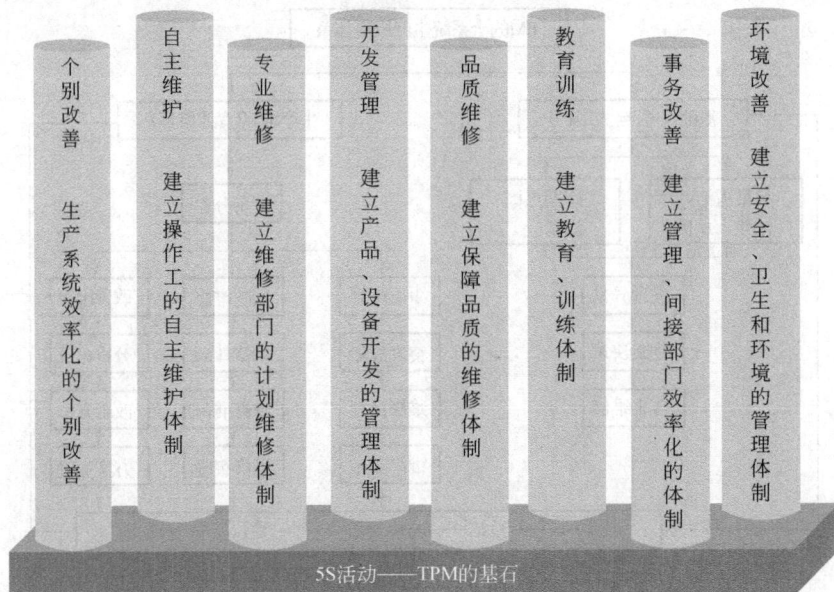

图 1-4　TPM 的九大活动

（一）TPM 的基石——5S 活动

5S 是整理、整顿、清扫、清洁、素养的简称。5S 活动是一项基本活动，是现场一切活动的基础，是推行 TPM 阶段活动前必须的准备工作和前提，是 TPM 其他各支柱活动的基石。

**1. 整理**

把要与不要的人、事、物分开，再将不需要的人、事、物加以处理，这是开始改善生产现场的第一步。其要点是对生产现场的现实摆放和滞留的各种物品进行分类，区分什么是现场需要的，什么是现场不需要的；其次，对于现场不需要的物品，诸如用剩的材料、多余的半成品、切下的料头、切屑、垃圾、废品、多余的工具、报废的设备、工人的个人生活用品等，要坚决清理出生产现场，这项工作的重点在于坚决把现场不需要的东西清理掉。对于车间里各个工位或设备的前后、通道左右、厂房上下、工具箱内外，以及车间的各个死角，都要彻底搜寻和清理，达到现场无不用之物。坚决做好这一步，是树立良好作风的开始。

整理的目的是：①改善和增加作业面积；②现场无杂物，行道通畅，提高工作效率；③减少磕碰的机会，保障安全，提高质量；④消除管理上的混放、混料等差错事故；⑤有利于减少库存量，节约资金；⑥改变作风，提高工作情绪。

**2. 整顿**

把需要的人、事、物加以定量、定位。通过前一步整理后，对生产现场需要留下的物品进行科学合理地布置和摆放，以便用最快的速度取得所需之物，在最有效的规章制度和最简捷的流程下完成作业。

整顿活动的要点是：①物品摆放要有固定的地点和区域，以便于寻找，消除因混放而造成的差错；②物品摆放地点要科学合理。例如，根据物品使用的频率，经常使用的东西应放得近些（如放在作业区内），偶尔使用或不常使用的东西则应放得远些（如集中放在车间某处）；③物品摆放目视化，使定量装载的物品做到过目知数，摆放不同物品的区域采用不同的色彩和标记加以区别。

生产现场物品的合理摆放有利于提高工作效率和产品质量，保障生产安全。

### 3. 清扫

把工作场所打扫干净，设备异常时马上修理，使之恢复正常。生产现场在生产过程中会产生灰尘、油污、铁屑、垃圾等，从而使现场变脏。脏的现场会使设备精度降低，故障多发，影响产品质量，使安全事故防不胜防；脏的现场更会影响人们的工作情绪，使人不愿久留。因此，必须通过清扫活动来清除脏污，创建一个明快、舒畅的工作环境。

清扫活动的要点是：①自己使用的物品，如设备、工具等，要自己清扫，而不要依赖他人，不增加专门的清扫工；②对设备的清扫，着眼于对设备的维护保养。清扫设备要同设备的点检结合起来，清扫即点检；清扫设备时要同时进行设备的润滑工作，清扫也是保养；③清扫也是为了改善。当清扫地面发现有飞屑和油、液泄漏时，要查明原因，并采取措施加以改进。

### 4. 清洁

整理、整顿、清扫之后要认真维护，使现场保持最佳状态。清洁，是对前三项活动的坚持与深入，从而消除发生安全事故的根源。创造一个良好的工作环境，使职工能愉快地工作。

清洁活动的要点是：①车间环境不仅要整齐，而且要做到清洁卫生，保证工人身体健康，提高工人劳动热情；②不仅物品要清洁，而且工人本身也要做到清洁，如工作服要清洁，仪表要整洁，及时理发、刮须、修指甲、洗澡等；③工人不仅要做到形体上的清洁，而且要做到精神上的"清洁"，待人要讲礼貌、要尊重别人等；④要使环境不受污染，进一步消除浑浊的空气、粉尘、噪声和污染源，消灭职业病。

### 5. 素养

素养即努力提高员工的修养，养成严格遵守规章制度的习惯和作风，这是"5S"活动的核心。没有员工素质的提高，各项活动就不能顺利开展，开展了也坚持不了。所以，抓"5S"活动，要始终着眼于提高员工的素质。

（二）TPM 的八大支柱之一——个别改善

个别改善是指人、事、设备的效率化。针对设备的个别改善，是将阻碍设备效率化的八大损失（计划性停机；外部因素造成的停机；设备故障；作业准备、调整；空转、临时停机；速度降低；不合格品返工；试产期产品缺陷）降为零的活动，重点内容是设备零故障改善。

个别改善活动可以提升及发挥相关人员的技术能力、分析能力及改善能力。

（三）TPM 的八大支柱之二——自主维护

### 1. 自主维护的含义

自主维护是设备使用部门在设备管理部门的指导和支持下，设备操作工对其所操作的设备进行必要的维护活动（清洁、紧固、润滑）。自主维护的本质是"清扫加点检"。实施自主维护是自主管理最基本的要求。

推行自主维护有以下三方面的积极意义：①操作工通过自主维护活动，可以了解设备的结构与工作原理，从而能正确操作设备，大大减缓设备劣化的进程；②操作工掌握点检技能，能够及早发现异常，及时采取措施，事先防止故障、不良的发生；③设备操作与自主维护相结合，提高了设备操作工的素养，改善了操作技能和维护技能，从而达到设备利用的极限化。所以，设备实行"谁使用谁管理"的原则，推行自主维护活动，对设备故障的预防和综合效率的提升具有重要意义。

**2. 自主维护开展的程序步骤**

1）初期清扫（清扫检查）。

2）发生源、问题点的对策。生产现场每天都会增加一些非必需品和粉尘，不管如何努力清扫，现场很快又脏了。所以，要考虑对污染发生源采取对策，从根本上解决问题。

3）自主维护规则的制定。为确保在短时间内进行清扫、补油、点检，设备操作工应制作一个能够遵守的自主维护规则，制定规则对于自主维护实施的制度化、习惯化很有必要，只有保证了时间、人员、方法，自主维护的实施才成为可能。

4）全面检查。在这一阶段中，要无遗漏地找出潜在的缺陷，自己能够修理的小缺陷就自己修理，自己不能修理的缺陷就通知专业维修部门修理。

5）自主维护规则的改进。自主维护规则经过第四步的实践检验，有必要重新修正改进，使自主维护规则在目标时间内能够确实实施，并且更加效率化。

6）自主维护规则的标准化。以作业指导书、作业标准书、检查基准书、作业日报、确认表等形式将自主维护规则标准化。

（四）TPM 的八大支柱之三——专业维修

**1. 专业维修的定义**

以设备管理部门为中心而进行的设备管理活动称为"专业维修"。专业维修一般按计划实施和推进，所以又称为"计划保全"。专业维修的根本目的是降低维持设备寿命周期的总成本，提高生产性，也就是以最少的成本最大化发挥设备最佳的性能。

**2. 设置专业维修部门**

为了确立设备管理技术，提升设备管理水准，设置设备管理部门是非常有必要的。设备管理部门必须独立于制造部门，累积设备维修的经验与技术，建立有效率的体制。

推行 TPM 时，对于已经设置设备管理部门并推行计划维修的企业，只需要重新确认并完善原有体系即可。

**3. 建立计划维修体制**

建立建全与设备维修工作有关的体制，例如：设备投资体系；计划维修体系；点检体系；资产、设备履历、技术、资料、训练、维修实绩等资讯体系。

**4. 提升设备维修技术**

设备管理部门的教育和训练是提升维修技术的基础，因此维修工程师的教育和训练就成为 TPM 中非常重要的一部分。尤其是随着企业产品品质及生产率的提升，生产现场装备的设备现代化程度越来越高，维修技能自然也被要求具备现代化设备的对应能力。所以教育、训练课程的安排以及教育、训练时间的确保等都是各企业积极投入的重点。

**5. 维修费用（成本）的降低**

维修工作也是企业降本增效的一个重要环节，经济性是需要考虑的重要因素。在综合效益最大化的前提下，可以考虑外包、招标等多种形式，尽量降低维修成本。

**6. 建立备件管理体制**

俗话说："巧妇难为无米之炊"。没有适量的备件库存，想要在最短时间内完成设备的修复及改造是不现实的。从设备购入的那天起就应对设备的各种备件进行管理，建立合理的库存，既要防止备件短缺，又要合理控制资金占用额。

（五）TPM 的八大支柱之四——开发管理

开发管理是指对设备从规划、设计、制造到试生产、评价等一系列量产前期的控制活动。

开发管理的基本内容是：在设备开发阶段防止一切阻碍生产系统效率化的损失，这也被称为 MP（维修预防）设计。MP 设计的基本要点是，必须使设备满足信赖性、维修性、自主维护性、节省资源性、安全性等要求。

开发管理的目的是在确保设备基本机能的前提下，达到设备在生产阶段品质保证的简易化、操作的方便化以及自动化。

（六）TPM 的八大支柱之五——品质维修

**1. 品质维修的定义**

品质维修就是"为产品品质而进行的设备维修"，换句话说就是"为达到产品零不良而进行的设备维修"。

**2. 品质维修的基本内容**

在现场管理中，仅仅要求员工以"小心、注意"来保证品质是远远不够的。TPM 通过改善设备，制定良好的工作流程和工作方法，来防止员工在长时间的重复作业中，因注意力不集中而导致的无意识差错。这种管理方法也称为"愚巧法"。

品质维修要求设备的技术性能应确保能产出合格的产品，并具有必要的防止操作差错的装置。TPM 通过开发管理，即通过加强设备规划、设计、制造等环节的管理，保证生产现场无不良的设备构成。

品质维修还必须树立保持设备完好这一基本观念，规定不产生品质不良的设备条件，对这些条件进行点检和测定，通过确认这些测定值在标准值之内以预防品质不良，通过观察测定值的变化预知发生品质不良的可能性并采取对策。

（七）TPM 的八大支柱之六——教育训练

教育训练在 TPM 活动中具有突出的地位。企业能否生存发展，取决于能否培养人才，并且最大限度地发挥人才的能力。TPM 需要对设备和管理都十分精通的人才，只有通过全员参加 TPM 的教育训练，提升每一个员工的管理、技术和技能，才能获得良好的效果。

（八）TPM 的八大支柱之七——事务改善

产品开发、销售以及行政、人事等间接部门的 TPM 开展，应着重于事务改善，以提高效率。事务改善主要由三个部分组成：①生产部门效率化的支援，没有生产部门的效率化，企业就无法继续生存，间接部门要全力协助生产部门实现效率化；②自己部门工作的效率化；③所管设备的效率化。

（九）TPM 的八大支柱之八——环境改善

**1. 环境改善的目的**

企业创建安全、整洁、温馨、充满生气的工作场所，能达成以下目的：

1）尊重员工。

2）成为社会、客户信赖的公司。

3）增加企业的魅力。

4）确保企业的利润。

**2. 环境改善的基本内容**

（1）管理方面"零"的追求（追求"零"故障、"零"不良）　生产现场只有具备以下条件才能做到"防患于未然"。

1）彻底实施5S，现场的不安全要素才能显在化。

2）尽量减少非常规作业，可以减少隐患的产生。

3）设备和加工条件异常时操作工能及早对应。通过自主维护、个别改善等活动，培养操作工对异常的察觉→判断→处置→消除的能力。

4）自觉执行标准规范。操作工了解了标准规范的由来和重要性，就会自觉遵守、执行。

（2）构筑安全的人、机系统　人、机系统的安全性分直接作业和间接作业两种，要充分考虑设备操作使用的安全性：

1）经常性强调常规作业的前提条件。

2）让员工掌握紧急情况的对应方法。

3）作业方法一旦变更，要对员工进行相应训练。

4）对其他变动情况进行有效管理等。

TPM活动的八大支柱与企业各部门之间的关系见表1-1。

表1-1　TPM活动的八大支柱与企业各部门之间的关系

|  | 生产、设备部 | 设计、技术部 | 质量管理部 | 其他管理部门 |
|---|---|---|---|---|
| 个别改善 | ● | ● | ● | ● |
| 自主维护 | ● |  |  |  |
| 专业维修 | ● | ● |  |  |
| 开发管理 |  | ● |  |  |
| 品质维修 | ● | ● | ● | ● |
| 教育培训 | ● | ● | ● | ● |
| 事务改善 |  |  |  | ● |
| 环境改善 | ● | ● | ● | ● |

**六、推行 TPM 的要素**

推行TPM要从三大要素上下功夫，这三大要素是：

1）提高工作技能。不管是设备操作工，还是设备管理专业人员，都要努力提高工作技能，没有好的工作技能，全员参与将是一句空话。

2）改进精神面貌。精神面貌好，才能形成好的团队，共同促进，共同提高。

3）改善操作环境。通过5S等活动，改善操作环境，一方面可以提高工作兴趣及效率，另一方面可以避免一些不必要的设备事故。现场整洁，物料、工具等分门别类摆放，也可使设备的设置及调整时间缩短。

# 第四节　设备管理的内容体系

设备的全寿命周期，即设备的一生全过程可划分为规划决策、设计制造或选型采购、安装验收、使用初期管理、使用维修、改造更新、调剂报废七个阶段。根据系统工程的观点，现代设备管理立足于对设备寿命周期的全过程进行管理，因此，设备管理的内容体系涵盖了整个设备寿命周期的各个阶段，它主要由设备的规划工程和维修工程两大部分组成。图1-5所示为设备全寿命周期与设备管理内容体系、管理分工的对应关系。

设备的全过程管理就是对设备的规划、设计、制造、选型、采购、安装、验收、使用、维修、改造、更新，直至报废的全过程所进行的技术、经济的综合管理。

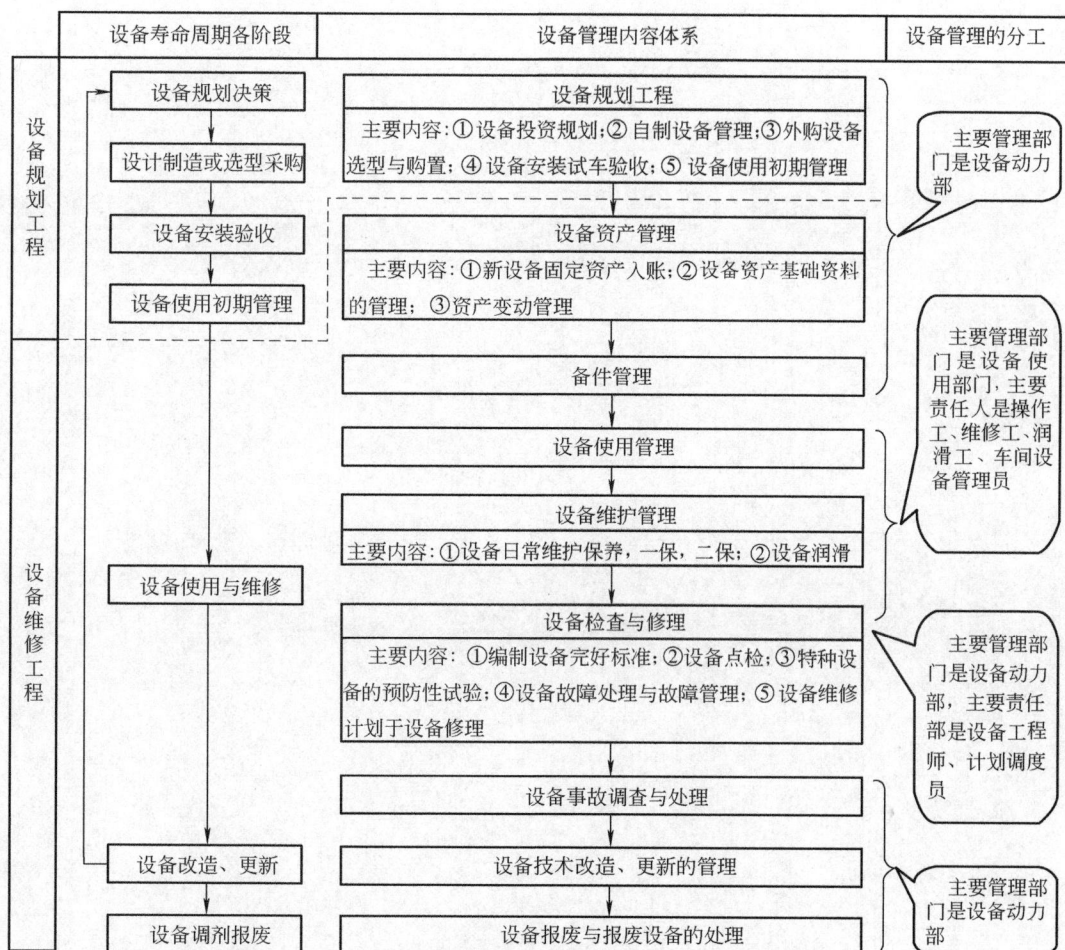

图1-5　设备全寿命周期与设备管理内容体系、管理分工的关系

## 复习思考题

1. 什么是设备？
2. 什么是设备管理？设备管理的三个要素是什么？

3. 设备寿命周期的概念是什么？它主要包括哪几个阶段？

4. 设备管理的发展有哪几个阶段？

5. 设备管理的方针和原则是什么？

6. TPM 的特点是什么？

7. TPM 的目标是什么？

8. TPM 的九大活动是什么？

# 第二章　正确使用与自主维护设备

现代设备管理强调预防为主，非常重视设备的正确使用与自主维护保养。设备正确使用与自主维护保养是一项全员参与的系统工程，涉及企业的操作工、维修工、润滑工等工种。本章根据企业操作工、维修工、润滑工的岗位职责，专门为操作工、维修工、润滑工了解设备管理的普及知识，提高正确使用设备与自主维护设备的能力而编写。

表2-1～表2-3分别列出了操作工、维修工、润滑工的设备管理职责。

**表2-1　操作工的设备管理职责**

| 操作工的设备管理职责 |
| --- |
| 1. 钻研业务，了解自用设备的工作原理与结构，努力做到"三好"、"四会"，并将"三好"、"四会"落实到日常工作中，严格执行设备操作规程，严格按"五项纪律"操作设备 |
| 2. 按制度将"日常点检"工作做到实处，掌握自用设备的技术状态 |
| 3. 做好自用设备的日常维护保养工作，按计划在机修工的协助下做好自用设备的一级保养工作，努力保持设备的完好状态 |

**表2-2　维修工的设备管理职责**

| 维修工的设备管理职责 |
| --- |
| 1. 在车间主任与车间设备管理员的领导下，负责管区内的设备维修工作，及时做好设备故障诊断与紧急处理工作，填写设备故障紧急处理的过程记录，努力降低设备故障停机率 |
| 2. 将管区内设备的日常巡视点检以及定期点检工作做到实处，掌握设备的技术状态，及时发现问题，及时处理隐患 |
| 3. 按设备保养手册和设备说明书提出管区内设备的一级保养计划与方案，并指导和协助操作工按计划做好设备一级保养工作 |
| 4. 按计划做好管区内设备的二级保养工作，降低设备停机工时以及由于设备原因而造成的废品量 |
| 5. 参与管区内设备的大修理及验收工作。积极参加设备维护保养检查评比活动，使管区内设备的维护保养质量达到"四项要求" |
| 6. 急用备件的上报，根据备件消耗情况提出降耗建议，逐步降低管区内设备的备件消耗量 |

**表2-3　润滑工的设备管理职责**

| 润滑工的设备管理职责 |
| --- |
| 1. 熟悉管区内所有设备的润滑系统、所用油品及需用量，掌握设备的润滑状态 |
| 2. 贯彻执行设备润滑"五定"管理制度与"三过滤"的规定 |
| 3. 按规定巡回检查设备，及时做好设备添加油工作；发现设备润滑装置缺陷应及时修复、补齐；发现漏油应及时治理 |
| 4. 督促操作工对设备进行正确的日常润滑 |
| 5. 按设备清洗换油计划，在设备操作工或维修工的配合下，负责做好设备清洗换油工作；油箱内的油品质量应定期抽样送检 |
| 6. 每台设备油箱的换油量和耗油量要登记到设备换油卡上，回收的废油及时退库，每月统计上报 |
| 7. 配合润滑技术人员做好新油品、新技术的推广与应用工作 |

操作工、维修工、润滑工在设备管理工作中的组织关系如图 2-1 所示。

通过本章的学习与实践，学习者能系统地了解设备管理的普及知识，掌握正确使用设备与自主维护设备的基本能力，达到企业对普通员工在设备管理方面的要求。

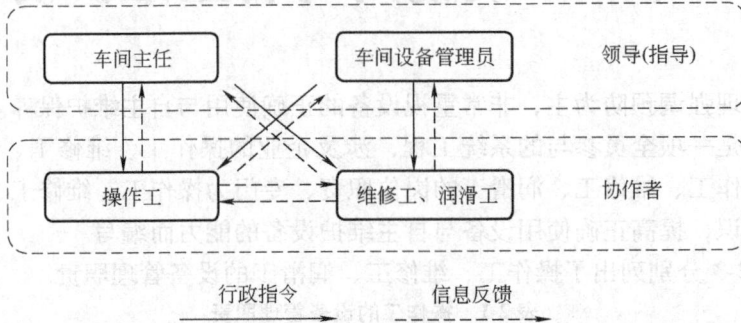

图 2-1　操作工、维修工、润滑工在设备管理工作中的组织关系

# 第一节　正确使用设备

正确使用设备是设备管理的基础。作为一名合格的操作工，必须了解如何正确使用设备。本部分内容包括新设备使用前的准备工作、操作工的培训以及有关设备使用的制度。

设备操作规程是操作工正确掌握设备操作技能的技术性规范。一名优秀的操作工，就是操作某一类型设备的实践专家，不仅要将自己所用设备的操作规程熟记于心，落实于行动，还应能对设备的操作规程提出改进方案。

## 一、新设备使用前的准备工作

新设备投入正常运行前，必须做好以下准备工作：

1）编制必要的技术资料。例如：设备操作规程、设备维护保养规程、设备润滑图表、设备的点检卡片等，以及设备台账、设备档案等。

2）配备必需的检查和维护工具。

3）全面检查设备的安装精度、性能及安全装置，向操作工移交设备附件。

## 二、操作工的培训

新员工在独立使用设备前，必须经过对设备结构性能、安全操作、维护保养要求等方面的技术培训和操作基本功的训练。经过相应技术训练的操作工，要进行技术知识和操作、维护保养知识的考试，合格者获操作证后方可独立使用设备。

应有计划、经常性地对操作工进行技术培训，以不断提高其对设备操作、维护保养的能力。

### 1. 上岗前的安全技术教育

企业应将安全技术教育分为三级进行。

1）企业教育由教育部门负责，设备动力部和安全技术部门配合。

2）车间教育由车间主任负责，车间设备管理员配合。

3）工段（班组）教育由工段长（班组长）负责，班组设备员配合。

**2. 设备操作的基本功培训**

我国企业设备管理的特点之一就是实行"专群结合"的设备操作、维护保养管理制度。该制度首先要求抓好设备操作的基本功培训，包括"三好"、"四会"和操作的"五项纪律"等。

（1）对设备操作工的"三好"要求

1）管好设备。操作工应负责管好自己使用的设备，未经领导同意不准他人使用操作。

2）用好设备。严格贯彻操作维护规程和工艺规程，不超负荷使用设备，禁止不文明的操作。

3）修好设备。设备操作工要配合维修工修理设备，及时排除设备故障，需要维修的设备必须按维修计划交付维修。

（2）对操作工基本功的"四会"要求

1）会使用。操作工应先学习设备操作、维护规程，熟悉设备性能、结构、传动原理，弄懂加工工艺和工装刀具，然后才能做到正确使用设备。

2）会维护。学习和执行设备维护保养、润滑规定，上班加油，下班清扫，经常保持设备内外清洁、完好。

3）会检查。了解自己所用设备的结构、性能及易损零件部位，熟悉日常点检及完好检查的项目、标准和方法，并能按规定要求进行日常点检。

4）会排除故障。熟悉所用设备特点，懂得拆装注意事项及鉴别设备正常与异常现象，能进行一般的调整和简单故障的排除，自己不能解决的问题要及时报告，并协同维修工进行排除。

（3）对设备操作工的"五项纪律"要求

1）实行定人定机，凭操作证操作设备，遵守安全操作规程。

2）经常保持设备整洁，按规定加油，保证合理润滑。

3）遵守交接班制度。

4）管好工具、附件，不得遗失。

5）发现异常立即停机检查，自己不能处理的问题应及时通知有关人员检查处理。

**三、设备使用的制度**

**1. 定人定机制度**

使用设备应严格岗位责任，实行定人定机制，以确保正确使用设备和落实日常维护保养工作。定人定机名单由设备使用部门提出，一般设备经车间管理员同意，报设备动力部备案。精、大、稀、重点设备（指精密设备、大型设备、稀有设备、重点设备）经企业设备动力部审查，企业分管设备领导批准执行。定人定机名单审批后，应保持相对稳定，确需变动时，应按上述规定程序进行。多人操作的设备应实行机台长制，由使用部门指定机台长负责和协调设备的使用与维护保养工作。

**2. 凭证操作制度**

设备操作证是准许操作工独立操作设备的证明文件，是操作工通过技术理论培训和实际操作技能培训，经考试合格后所取得的。凭证操作是保证正确操作设备的基本要求。

（1）设备操作证的效力和发放条件　设备操作证是操作工合法操作设备的唯一凭证，

只有当操作工持有发证部门签发的设备操作证时，才准许其独立操作指定编号、型号的设备。设备操作工必须是在册职工，并经过一定的基本理论学习和技术训练，熟悉该设备的结构和性能，掌握设备的操作、维护及保养规程，达到"三好"、"四会"标准，经考试合格并取得相应的操作证后，才能独立操作指定的设备。重点、特种设备必须由责任心强、有一定文化程度和技术熟练的职工操作，同时必须持有发证部门签发的相应操作证。操作工如有变动，必须经主管人员批准才能执行。

（2）设备操作证的发放　当操作工因工作需要而要取得某型号设备的操作证时，企业的人力资源部门应按下列步骤发放操作证：

1）操作工所在部门提出申请。

2）人力资源部门组织、设备动力部配合对操作工进行理论知识和实际操作、维护保养等技能的培训和考核。

3）考核合格者发给相应的操作证。

设备操作证的种类有特种设备操作证、重点设备操作证、设备操作证、临时操作证。其发放程序和发放范围如下：

1）特种设备（包括起重运输设备、锅炉、压力容器、高压供电系统等）操作证由人力资源部门、设备动力部和安全技术部门在操作工通过考试合格后联合签发。

2）重点设备（一般指精密、大型、稀有、生产关键设备等对企业生产经营影响较大的设备）的操作证由人力资源部门、设备动力部在操作工通过考试合格后联合签发。

3）其他设备的操作证由人力资源部门在操作工通过考试合格后签发。

学徒工、见习人员在实习培训期间，只能在持有设备操作证的师傅现场亲自指导下实习操作一种编号、型号的设备，同时发给临时操作证，有效期为一年。各种短期用工及特殊原因操作工需要临时变动时，经考试合格后，可办理临时操作证，到期收回。技术熟练的工人经教育培训后，确有多种技能者，考试合格后可取得多种设备的操作证。

车间的公用设备不发操作证，但必须指定维修工，落实保管维护责任，并随定人定机名单统一报送设备动力部。

**3. 交接班制度**

交接班制度是指生产车间的操作工在操作设备时交接班应遵守的制度。主要生产设备为多班制生产时，必须执行交接班制。其主要内容如下：

1）交班人在下班前除完成日常维护外，必须将本班设备运转情况、运行中发现的问题及故障处理情况等详细记录在交接班记录簿上，并应主动向接班人介绍本班生产和设备情况，双方当面检查，交接完毕后在记录簿上签字。如属连续生产或加工不允许中途停机者，可在运行中完成交接班手续。

2）接班人不能及时接班时，交班人可在做好日常维护工作的同时，将操纵手柄置于安全位置，并将运行情况及发现的问题进行详细记录，交生产班长签字代接。但连续生产或加工不允许中途停机的设备除外。

3）接班人如发现设备有异常、未清扫以及运行记录不清、情况不明等情况时，可以拒绝接班。如因交接不清，设备在接班后发现问题，由接班人负责。

4）对于一班制生产的主要设备，虽不进行交接班，但也应在设备发生异常情况时填写运行记录和记载故障情况，特别是对重点设备必须记载运行情况，以便掌握设备的技术状态信息，为维修提供依据。

**4. 设备使用责任制**

定人定机台账一旦确定，操作工对所使用的设备即负有一定的责任。因此，必须明确设备使用的岗位责任制。其主要内容如下：

1）设备操作工必须遵守"定人定机""凭证操作"制度，严格按"四项要求"（整齐、清洁、润滑、安全）"五项纪律"等规定，正确使用、精心维护保养、合理润滑所使用的设备，使设备经常保持良好的技术状态。

2）设备操作工必须拒绝任何人无证操作自己所用的设备，拒绝执行违反操作规程和工艺规程的指令。

3）设备操作工应做到班前加油，正确润滑，班后及时清扫、擦拭、涂油。重点设备应进行点检，并认真做好记录。

4）积极参加"三好"、"四会"活动，搞好"三扫周检月评"（每班一次小扫，每周一次大扫，月底彻底清扫，周末抽查清扫情况，月底进行评比）工作，配合维修工检查和修理自己所用的设备。

5）管好设备附件。如因工作调动或变动操作的设备时，必须将完好的设备附件办理移交手续。

6）参加自己所用设备的修理与验收工作。

7）发生设备事故时，应按操作规程的要求采取措施，切断电源，保持现场，及时向车间和设备动力部报告。分析事故时，应如实说明事故发生的经过。对违反操作规程等主观原因所造成的事故，应负直接责任。

**四、操作规程实例**

设备操作规程是设备操作工正确掌握设备操作技能的技术性规范，其内容是根据设备的结构和运转特点以及安全运行等要求而制订的，它对操作工在其全部操作过程中必须遵守的事项、程序及动作等做出了一系列的规定。操作工必须认真执行设备操作规程，保证设备正常运行，减少故障，防止事故发生。不同类型的机电设备有不同的操作规程，金属切削机床通用操作规程见表2-4，车床操作规程见表2-5。

**表2-4　金属切削机床通用操作规程**

| 金属切削机床通用操作规程 |
| --- |
| 1. 开动机床前应清理好工作现场，并仔细检查各种手柄位置是否正确、灵活，安全装置是否齐全可靠 |
| 2. 开动机床前，首先检查油池、油箱中油量是否充足，油路是否畅通，并按润滑图表进行加油与润滑 |
| 3. 变速时，各变速手柄必须转换到指定位置 |
| 4. 工件必须装卡牢固，以免松动甩出造成事故 |
| 5. 已夹紧的工件，不得再敲打校正，以免损伤机床精度 |
| 6. 要经常保持润滑工具及润滑装置的清洁，不得敞开油箱、油眼盖，以免灰尘、铁屑等异物进入 |
| 7. 开动机床时，必须盖好电气箱盖，不允许有污物、水、油进入电动机或电气装置内 |
| 8. 设备外露基准面或滑动面上不准堆放工具、工件、产品等，以免碰伤而影响机床精度 |
| 9. 严禁超性能、超负荷使用机床 |
| 10. 采取自动进给时，要首先调整好限位器，以免超越行程造成事故 |

（续）

**金属切削机床通用操作规程**

11. 机床运转时操作工不得离开工作岗位，并应经常注意机床各检查点有无异声、异味、异常发热、异常振动，发现故障应立即停车并及时处理故障。凡属操作工不能处理的故障，应通知维修工进行处理

12. 操作工在离开机床、更换工装、装卸工件，以及对机床进行调整、清洗或润滑时，都应停机，必要时应切断电源

13. 机床上一切安全防护装置不得随意拆除，以免发生设备和人身伤害事故

14. 维护或调整机床时，要正确使用拆卸工具，严禁乱敲乱拆

**表 2-5　车床操作规程**

**车床操作规程**

1. 操作车床必须穿紧身防护服，袖口扣紧，上衣下摆不能敞开，严禁戴手套，不得在开动的车床旁穿、脱衣服，或围布于身上，防止机器绞伤；必须戴好安全帽，头发应放入帽内，不得穿裙子、拖鞋；必须戴好防护镜，以防铁屑飞溅伤眼

2. 车床开动前，必须按照第 1 条的要求，正确穿戴好劳动保护用品；必须认真仔细检查车床各部件和防护装置是否完好、安全可靠，加油润滑车床，并低速空载运行 2～3min，检查车床运转是否正常

3. 装卸卡盘和大件时，要检查周围有无障碍物，垫好木板，以保护车床轨道，并要卡住、顶牢、架好；车偏重零件时要调整动平衡；工件、刀具的装夹要紧固，以防工件、刀具从夹具中飞出，卡盘扳手、套筒扳手要拿下

4. 车床运转时，严禁戴手套操作；严禁用手触摸车床的旋转部分；严禁在车床运转中隔着车床传送物件；装卸工件、刀具，加油润滑以及打扫切屑，均应停车进行；清除铁屑应用刷子或钩子，禁止用手清理

5. 车床运转时，不准测量工件；用砂纸时，应放在锉刀上，不准使用无柄锉刀，不准使用磨破的砂纸；不准用正反车电闸做制动，不准用手去制动转动的卡盘

6. 加工工件按车床技术要求选择合适的切削用量，不得使车床超负荷运转，以免造成损坏

7. 加工切削时，停车前应将刀具退出；伸入床头的棒料长度不超出床头主轴之外，并用慢车加工

8. 高速切削时，应有防护罩，当铁屑飞溅严重时，应在车床周围安装挡板使之与操作区隔离

9. 车床运转时，操作工不能离开车床；发现车床运转异常时，应立即停车检查，凡属操作工不能处理的情况，应立即通知维修工；遇到突然停电，应立即切断车床电闸，并将刀具退出工作部位

10. 操作时必须侧身站在操作位置，禁止身体正面对着转动的工件

11. 操作结束时，应切断车床电源或总电源，将刀具和工件从工作部位退出，清理安放好所使用的工、夹、量具，并清扫车床

# 第二节　自主维护设备

通过擦拭、清扫、润滑、调整等一般方法对设备进行护理，以维持和保护设备的性能和技术状态，称为设备维护保养。维护保养设备是操作工、维修工的重要职责。设备的维护保养做得好，可以延缓设备技术状态劣化的进程，减少因设备故障而造成的停工损失和维修费用，降低产品成本，保证产品质量，提高生产效率，给国家、企业和个人都带来良好的经济效益。因此，企业必须重视和加强这方面的管理工作。

## 一、设备维护保养的常规要求

设备维护保养必须达到的"四项要求"：

1）整齐。工具、工件、附件放置整齐，设备零部件及安全防护装置齐全，线路、管道

完整。

2）清洁。设备内外清洁，无黄袍（润滑油中脂肪含量过高或其质量控制不当，容易在机器上形成粘性物质，造成机件运动不灵活，严重时会变成漆膜，即"黄袍"），各滑动面、丝杠、齿条等无黑油污、碰伤，各部位不漏油、漏水、漏气、漏电，切屑垃圾清扫干净。

3）润滑。按时加油、换油，油质符合要求，油壶、油枪、油杯、油嘴齐全，油毡、油线清洁，油标明亮，油路畅通。

4）安全。实行定人定机和交接班制度，熟悉设备结构，遵守操作维护规程，合理使用，精心维护，监测异状，不出事故。

**二、具有中国特色的三级保养制度**

三级保养制度是我国20世纪60年代中期开始，总结前苏联计划预修制的经验，并在我国企业的实践基础上，逐步完善和发展起来的一种保养修理制度，它体现了我国设备维修管理的重心由修理向保养的转变，反映了我国设备维修管理的进步和以预防为主的维修管理方针的更加明确。三级保养制度内容包括：设备的日常维护保养、一级保养、二级保养。三级保养制度是以操作工为主对设备进行以保为主、保修并重的强制性预防维修制度，是依靠群众、充分发挥群众的积极性，实行群管群修、专群结合，搞好设备维护保养的有效办法。

（一）设备的日常维护保养

机电设备的日常维护保养，一般有日保养和周保养，又称为日例保和周例保。

**1. 日例保**

日例保由设备操作工当班进行，认真做到班前四件事、班中五注意和班后四件事。

（1）班前四件事　①检查交接班记录；②擦拭设备，按规定润滑加油；③检查手柄位置和手动运转部位是否正确、灵活，安全装置是否可靠；④低速运转，检查传动是否正常，润滑、冷却是否畅通。

（2）班中五注意　设备运转时，注意：①声音是否正常；②温度、压力、液位否正常；③电气、液压、气压系统是否正常；④仪表信号是否正常；⑤安全保险是否正常。

（3）班后四件事　①关闭开关，所有手柄放到零位；②清除铁屑、脏物，擦净设备导轨面和滑动面上的油污，并进行加油；③清扫工作场地，整理附件、工具；④填写交接班记录和运转台时记录，办理交接班手续。

**2. 周例保**

周例保由设备操作工在每周末进行，保养时间为：一般设备2h，精、大、稀设备4h。

1）外观。擦净设备导轨、各传动部位及外露部分，清扫工作场地。保证内洁外净，无死角、无锈蚀，周围环境整洁。

2）操纵传动。检查各部位的技术状况，紧固松动部位，调整配合间隙。检查互锁、保险装置。保证传动声音正常、安全可靠。

3）液压润滑。清洗油线、防尘毡、过滤器，油箱添加油或换油，检查液压系统。保证油质清洁，油路畅通，无渗漏，无研伤。

4）电气系统。擦拭电动机及蛇皮管表面，检查绝缘、接地，保证完整、清洁、可靠。

（二）一级保养

一级保养以操作工为主执行，维修工起辅助、指导作用。一级保养的主要目的是：减少设备磨损，排除设备缺陷，消灭事故隐患，设备操作灵活、运转正常，保持完好状态。一级保养的内容主要包括以下几项：

1）彻底清洗、擦拭设备的内外表面和死角部位，清除表面毛刺，做到漆见本色铁见光，无料垢，无油污。

2）检查或更换必要的零部件，调整运动部件的间隙。

3）检查紧固件和安全装置，做到齐全可靠。

4）清洁润滑油（脂）杯、油管、油标，检查油质，按规定加油，做到油路畅通，油标醒目。

5）清扫、检查、调整电气部分，检查电气接触是否良好，接线是否牢固。

一级保养完成后应做记录并注明尚未清除的缺陷，由车间设备管理员组织验收。一级保养的范围应是企业全部在用设备，对重点设备应严格执行。

（三）二级保养

设备二级保养列入企业的设备维修计划。二级保养以维修工为主执行，操作工起协助作用。二级保养的主要目的是使设备达到完好标准，提高和巩固设备完好率，延长大修周期。二级保养的内容主要包括以下几项：

1）完成一级保养的全部内容。

2）检查传动系统，修复、更换磨损件。

3）清洗变速箱或传动箱。

4）调整检查各操作手柄，使其灵活可靠。

5）更换电动机润滑脂和轴承，检查电动机绝缘。

6）检查电气线路，检查接地。

7）检修润滑系统，更换新油。

8）对设备进行部分解体检查、调整、修复和更换必要的零部件。

二级保养完成后，设备应达到完好标准。维修工应详细填写维修记录，由车间设备管理员组织验收，验收单交企业设备动力部存档。

实行三级保养制度，必须使操作工对设备做到"三好"、"四会"、"四项要求"，并遵守"五项纪律"。三级保养制度突出了维护保养在设备管理与计划维修工作中的地位，把对操作工"三好"、"四会"的要求更加具体化，提高了操作工维护保养设备的知识和技能。三级保养制度突破了前苏联计划预修制度的有关规定，改进了计划预修制度中的一些缺点，更切合实际。三级保养制度在我国企业取得了好的效果和经验，由于三级保养制度的贯彻实施，有效地提高了企业设备的完好率，降低了设备故障率，延长了设备大修理周期，降低了设备大修理费用，取得了较好的技术经济效益。

### 三、精、大、稀设备的使用和维护保养要求

精密、大型、稀有设备都是企业进行生产极为重要的物质技术基础，是保证实现企业经营方针目标的重点设备。因此，对这些设备的使用和维护保养除达到前述各项要求外，还必须重视以下工作：

**1. 实行"四定"**

1）定使用人员。按定人定机制度，选择本工种中责任心强、技术水平高和实践经验丰

富的职工担任操作工，并尽可能保持较长时间的相对稳定。

2）定检修人员。对精、大、稀设备较多的企业，根据企业条件，可组织专门负责精、大、稀、关键设备的检查、维护、调整、修理的专业修理组，如无此可能，也应指定专人负责检修。

3）定操作、维护保养规程。按机型逐台编制操作、维护保养规程，置于设备旁的醒目位置，并严格执行。

4）定维修方式和备件。根据设备在生产中的作用分别确定维修方式，优先安排预防维修活动，包括定期检查、状态监测、精度调整及修理等。对维修所需备件，要根据来源及供应情况，确定储备定额，优先储备。

**2. 严格执行使用、维护保养上的特殊要求**

1）必须严格按设备使用说明书要求安装设备，每半年检查调整一次安装水平精度，并做出详细记录，存档备查。

2）对环境有特殊要求（恒温、恒湿、防振、防尘）的高精度设备，企业要采取措施，确保设备精度及性能不受影响。

3）精、大、稀设备在日常维护保养中一般不允许拆卸，特别是光学部件，必要时由专职维修工进行操作。运行中如有异常，要立即停车，通知检修，绝不允许带病运转。

4）严格按照规定的加工工艺操作，不允许超性能、超负荷使用设备。精密设备只允许用于精加工，加工余量应合理。

5）使用的润滑油料、擦拭材料和清洗剂必须严格符合说明书的规定，不得随意代用。特别是润滑油、液压油，必须经化验合格，在加入油箱前必须经过过滤。

6）精密、稀有设备在非工作时间要盖上护罩，如长时间停歇，要定期进行擦拭、润滑及空运转。

7）设备的附件和专用工具，应有专柜架搁置，妥善保管，保持清洁，防止锈蚀或碰伤，并不得外借或作他用。

**四、维护保养规程实例**

超精机维护保养规程的实例见表2-6。

表 2-6　超精机维护保养规程

| 维护保养类别及内容 | 日常维护保养 | 一级保养 | 二级保养 |
|---|---|---|---|
| 电气系统 | 1. 检查机床各机构是否与自动循环联锁（电气联锁）<br>2. 检查电气控制面板上各按钮所控制的动作是否正常<br>3. 电气控制柜（箱）及电气线路是否有烧焦现象或异味<br>4. 电动机运转是否正常 | 1. 清扫电气控制柜（箱）<br>2. 检查各电气元件动作及线头接触是否良好<br>3. 检查各电气安全装置是否有效可靠 | 1. 整理线路，更换不良电气元件线路，做到无漏电现象<br>2. 检查电动机轴承是否异常，检查或更换润滑油脂，测定电动机的绝缘性<br>3. 更换破损的电气安全装置 |

（续）

| 维护保养<br>类别及内容 | 日常维护保养 | 一级保养 | 二级保养 |
|---|---|---|---|
| 机械传动、进给系统、安全防护装置 | 1. 检查超精头主轴、工件主轴工作是否正常<br>2. 检查机床各动作是否正常，包括超精头上下动作、超精头及工件旋转、时间控制等<br>3. 检查各运动副、传动机构是否有异常磨损、拉沟现象。工作时是否有超温现象<br>4. 安全防护装置是否齐全、有效、完整 | 1. 彻底清洗擦拭设备外表，做到外表清洁无黄袍<br>2. 清除各运动副导轨面毛刺<br>3. 调整紧固各行程限位开关<br>4. 修复缺损的安全防护装置 | 1. 彻底清洗擦拭设备外表及死角，做到外表清洁无黄袍<br>2. 清除各运动副导轨面毛刺<br>3. 清洗工件轴轴承、超精头轴承及滑套，超精头径向跳动公差≤0.02mm<br>4. 检查工件轴与芯轴的锥度面的配合情况<br>5. 更换磨损零部件、标准件 |
| 液压系统 | 1. 检查各电磁阀动作是否正常<br>2. 检查各液压元件是否有非正常泄漏现象<br>3. 检查液压泵工作是否正常<br>4. 清理堵塞的过滤器、过滤网<br>5. 检查油质是否已乳化变质或混入机械杂质，油量是否充足 | 1. 检查油箱油质，油量是否充足到位<br>2. 检查液压泵，清洗或更换过滤器、过滤网，疏通油管<br>3. 检查各油管接头，确保无漏油现象 | 1. 清洗油箱，过滤或更换液压油<br>2. 清洗或更换动作不良的电磁阀、密封元件、标准件，疏通油管及接头<br>3. 检查液压泵，清洗或更换过滤器、过滤网，疏通油管 |
| 润滑冷却系统 | 1. 各注油点加注润滑油<br>2. 煤油箱油量是否充足<br>3. 煤油油泵工作是否正常 | 1. 检查煤油油泵，清洗或更换过滤网，疏通油管<br>2. 各润滑部位加注润滑油 | 1. 彻底清洗煤油油箱<br>2. 清洗或更换煤油油泵、接合器<br>3. 检查、疏通或更换煤油油路油管、接头、过滤网 |
| 仪器、仪表指示 | 压力：0.5~2MPa，是否有超压或减压现象 | 检查压力表是否灵敏有效 | 检查压力表是否灵敏有效 |

# 第三节　设备润滑技术

润滑工作是设备维护保养的重要内容之一。要做到正确合理润滑设备，就必须了解磨损的规律、润滑的作用，了解常用的润滑材料及其选用原则，熟悉常用的润滑方式，能看懂设备润滑图表。

运转机械设备的摩擦副作相对运动时，由于摩擦的存在，使摩擦表面不断有微粒脱落，并导致表面性质及几何尺寸发生改变，这种现象称为磨损。磨损过程可分为初期磨损、稳定磨损、剧烈磨损三个阶段，如图2-2所示。由于制造和安装误差的影响，机件在运转初期磨损速度较快，在初期磨损阶段，机械设备通过运转自行调整（又称为磨合），调整后磨损速度变缓，逐渐接近稳定磨损阶段。稳定磨损阶段的磨损速度缓慢而恒定，通常机械设备寿命的长短就是指稳定磨损阶段的长短。经过较长时间的稳定磨损之后，摩擦表面间的间隙和表面形状发生改变，产生了疲劳磨损等现象，加快了磨损速度，进入剧烈磨损阶段，直至摩擦副不能正常运转。

润滑的作用，就是在摩擦副之间加入润滑剂，形成润滑剂膜以承受部分或全部载荷，并将两表面隔开，使金属与金属之间的摩擦

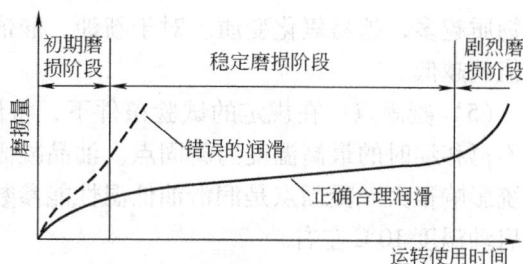

图 2-2　磨损的规律

转化成具有较低剪切强度的油膜分子之间的内磨擦，从而降低运动时的摩擦阻力、表面磨损和能量损失，使摩擦副运动平稳，提高效率和延长机械设备使用寿命。此外，润滑剂还可以降低摩擦表面的温度，冲洗掉污染物及碎屑，阻滞振动，防止表面腐蚀等。

## 一、常用润滑材料

### （一）润滑材料分类

在机械设备的摩擦副之间加入的具有润滑作用的某种介质称为润滑材料，又称为润滑剂。合理选择润滑剂是降低摩擦、减少磨损、保持设备正常运行的重要手段之一。按润滑剂的物质形态，可将润滑剂分为气体润滑剂、液体润滑剂、半固体润滑剂、固体润滑剂。

（1）气体润滑剂　采用空气、蒸汽、氮气等惰性气体作为润滑剂，可使摩擦表面被高压气体分隔开，形成气体摩擦。

（2）液体润滑剂　液体润滑剂包括矿物润滑油、合成润滑油、溶解油或复合油、液体金属等。

（3）半固体润滑剂　半固体润滑剂是一种介于流体和固体之间的塑性状态或高脂状态的半固体，包括各种矿物润滑脂、合成润滑脂、动植物油脂等。

（4）固体润滑剂　固体润滑剂可在高温、高负荷、超低温、超高真空、强氧化或还原、强辐射等环境条件下实现有效的润滑，突破了油脂润滑的有效极限。常见的固体润滑剂有石墨、二硫化钼、塑料等。

### （二）润滑油与润滑脂的质量指标

#### 1. 润滑油的质量指标

润滑油（即液体润滑剂）是最常用的润滑剂，其主要质量指标有如下几项：

（1）粘度　粘度是液体受到外力作用流动时，在液体分子之间产生的内摩擦阻力的大小。粘度是润滑油的主要技术指标，大多数的润滑油是根据粘度来划分牌号的。润滑油的粘度越大，所形成的压力油膜越厚，承载能力越高，但其流动性变差，摩擦阻力增加。

（2）粘温特性　粘温特性是指润滑油的粘度随温度变化的程度。粘度随温度的变化越小，该油品的粘温特性越好。

（3）闪点　在一定条件下加热油品，油蒸气与空气的混合气体同火焰接触发生闪火现象的最低温度即为该油品的闪点。闪点是表示油品蒸发性的一项指标，油品蒸发性越大，其闪点越低。一般认为闪点比使用温度高 20～30℃ 即可安全使用。轻质油的闪点降低 10℃，重质油的闪点降低 8℃ 就应换油。

（4）酸值　中和 1g 油中的酸所需 KOH 的毫克数称为酸值。酸值越高，油品内所含酸

性物质越多，越易氧化变质。对于新油，酸值是判断油品精制程度的方法，精制程度越深，酸值就越低。

（5）凝固点　在规定的试验条件下，将试管内的试油冷却并倾斜45°，经过1min后油面不再移动时的最高温度为凝固点。油品凝固时将失去流动性和润滑性，对液压系统与润滑系统影响很大。凝固点是润滑油低温性能参数指标，发动机所用润滑油的凝固点一般应低于其启动温度10℃左右。

（6）机械杂质　指油品经溶剂稀释后再过滤，在滤纸上残留的固体物占试油的质量分数。这些杂质一般有砂粒、锈粒、金属末屑以及不溶于溶剂的沥青胶质和过氧化物等。机械杂质是油品的重要指标之一。它能够破坏油膜，加剧零件表面的研损和早期磨损，堵塞油路和过滤器，变压器油中的机械杂质还会降低其绝缘性能。

（7）残碳　在不通空气的条件下加热油品，经蒸汽分解，生成焦碳状的残余物占试验油的质量分数为残碳值。残碳含量高，会加速机件磨损及堵塞油路系统。残碳值的高低是控制油品精制程度的一个商品指标。

（8）灰分　试验油完全燃烧后所剩的残留物即为灰分，用占试验油质量的百分数表示。灰分主要是评定润滑油、燃料油的质量指标。灰分大，易形成积碳和结焦，增加机件磨损。一般情况下，灰分高则积碳也高。

**2. 润滑脂的质量指标**

润滑脂是由基础油、稠化剂和改善性能的添加剂所制成的一种半固体的润滑剂，其中基础油含量最多，占70%～90%，是起润滑作用的主要物质；稠化剂的含量占10%～30%，其作用是使基础油被吸附和固定在结构骨架之中；稳定剂的作用是使稠化剂和基础油稳定地结合而不产生析油现象。

润滑脂的主质量指标有以下几项。

（1）锥入度　锥入度又称为针入度，是衡量润滑脂稠度的一项指标。在规定负荷、时间和温度条件下，标准锥体沉入润滑脂的深度即为该润滑脂的锥入度。锥入度越大，润滑脂越稀、越软，反之则越稠、越硬。润滑脂锥入度的大小随温度的变化而变化。优良润滑脂的锥入度随温度波动的变化值较小，不易流失和硬化。

（2）滴点　将润滑脂试样装入滴点计中，以规定条件加热，从脂杯中滴落下第一滴油时的温度称为滴点。润滑脂的滴点高低是决定润滑脂最高使用温度的指标之一。一般润滑脂的使用温度应至少低于滴点20℃，以免润滑脂因变软或变稀而流失。

（3）皂分　润滑脂中脂肪酸皂的含量称为皂分。皂分越多，润滑脂越硬，内摩擦力越大，消耗的动力也越多；皂分太少，则润滑脂的骨架不稳，容易流失。

（4）安定性　润滑脂的安定性包括胶体安定性、化学安定性和机械安定性。胶体安定性是指润滑脂在储存和使用中抑制析油的能力；化学安定性是指润滑脂抵抗氧化的能力；机械安定性是指润滑脂受到机械剪切时稠度下降，剪切作用停止后其稠度又可恢复的能力。

除此之外，润滑脂还有外观、水分、游离酸或碱、腐蚀性、保护性、流变性、抗水性等质量指标。

（三）常用润滑油与润滑脂的品种

**1. 常用润滑油品种**

（1）L-AN全损耗系统用油　L-AN全损耗系统用油（GB 443—1989）是精制矿物润滑

油，适用于一般全损耗润滑系统。

（2）L-FD 主轴油　以精制的矿物油馏分为基础油，添加抗氧化剂、防锈剂和抗磨剂等添加剂调制而成。主要适用于精密机床主轴轴承的润滑及其他以压力润滑、飞溅润滑、油雾润滑的滑动轴承或滚动轴承的润滑。

（3）L-HL 液压油　L-HL 液压油是一种具有良好抗氧化和防锈性能的矿物型液压油，主要适用于机床和其他设备的低压齿轮泵、抗氧防锈的轴承和齿轮等；也用于镀银钢-铜摩擦副和青铜-钢摩擦副的柱塞泵，或有精密伺服阀和过滤器的其他类型液压泵。

（4）L-HG 液压导轨油　L-HG 液压导轨油是一种具有良好抗氧化、防锈、抗磨和良好粘-滑性能（可有效减少"爬行"现象）的矿物型液压油，主要适用于各种机床导轨的润滑系统和机床液压系统。

（5）L-HM 抗磨液压油　具有良好的抗磨、抗氧化、防锈、抗泡等性能，适用于中、高压液压系统。

（6）32SK-1 数控液压油　以粘度指数较高的精制矿物油为基础油，具有抗磨、抗泡、防腐、增粘等性能，适用于数控机床液压系统。

（7）导轨油　以精制矿物油为基础油，加有抗氧化剂、油性剂、防锈剂、粘附剂等添加剂制得，适用于各种精密机床导轨或冲击振动摩擦点的润滑，能降低机床导轨的"爬行"现象。

（8）工业齿轮油　工业齿轮油分为 L-CKC 中负荷齿轮油和 L-CKD 重负荷齿轮油等，以精制的润滑油组分作为基础油，加入抗磨剂、抗氧化剂、防锈剂、抗泡剂等添加剂调制而成，适用于工业设备齿轮的润滑。

**2. 常用润滑脂品种**

（1）钙基润滑脂　钙基润滑脂以动植物脂肪酸钙皂稠化矿物油制成，常用于电动机、水泵、拖拉机、汽车、冶金、纺织机械等中等转速、中低负荷的滚动和滑动轴承润滑。

（2）复合钙基润滑脂　以乙酸钙复合的脂肪酸钙皂稠化机油制成，具有较好的机械安定性和胶体安定性，适用于温度较高和潮湿条件下摩擦部位的润滑。

（3）铝基润滑脂　以脂肪酸铝皂稠化矿物油制成，具有很好的耐火性，用于航运机械的润滑和金属表面的防腐。

（4）钠基润滑脂　以脂肪酸钠皂稠化矿物油制成，适用于高、中负荷的机械设备的润滑。

（5）钙钠基润滑脂　以脂肪酸钙钠皂稠化矿物油而制成，广泛用于中负荷、中转速、较潮湿环境、温度在 80～120℃之间的滚动轴承及摩擦部位的润滑。

（6）钡基润滑脂　由脂肪酸钡皂稠化矿物油制成，具有良好的机械安定性、抗水性、防护性和粘着性，适用于油泵、水泵等的润滑。

（7）锂基润滑脂　以高级脂肪酸锂皂稠化低凝固点、中低粘度矿物油制成，适用于高低温工作的机械、精密机床轴承、高速磨头轴承的润滑。

（8）极压锂基润滑脂　具有良好的机械安定性、防锈性、抗水性、极压抗磨性等，适用于减速机等高负荷机械设备的齿轮、轴承的润滑。

（9）精密机床主轴脂　具有良好的抗氧化性、胶体安定性和机械安定性，适用于精密机床主轴和高速磨头主轴的润滑。按照锥入度，可以将精密机床主轴脂分为 2 号、3 号两个牌号。

## 二、润滑油与润滑脂的选用

### 1. 润滑油的选用

设备说明书中有关润滑规范的规定是设备选用润滑油的依据。若无说明书而需由使用单位自选润滑油时，可从以下几个方面进行考虑。

1）承载负荷。一般负荷越大，选用的粘度就越高。

2）运动速度。摩擦副运动速度越高越易形成油楔，可选用低粘度的润滑油。但如果粘度过高，反而会增大摩擦阻力，导致温度升高。摩擦副低速运转时，靠油的粘度承载负荷，应选用粘度较高的润滑油；往复运动和间歇运动的速度变化较大时，不利于形成油膜，也应选用粘度较高的润滑油。

3）工作温度。低温条件下工作，应选用粘度较低、凝固点低的润滑油。在高温条件下工作，应选用粘度和闪点高、氧化安定性好、有相应添加剂的润滑油。温度变化范围大时，应选用粘温特性好的润滑油。

4）工作环境。潮湿及有汽雾的环境，应选用抗氧化性强、油性及防腐性好的润滑油。

5）润滑方式。循环润滑的换油周期长、散热快，应采用粘度较低、抗泡沫性和氧化安定性较好的润滑油。如采用飞溅及油雾润滑，为了减轻润滑油的氧化作用，应选用加有抗氧化、抗泡沫添加剂的润滑油。

6）摩擦副表面硬度、精度与间隙。表面硬度高、精度高、间隙小时选用粘度低的润滑油；反之，则应选用粘度较高的润滑油。

7）摩擦副位置。垂直导轨、丝杠的润滑油容易流失，应选用运动粘度较大的润滑油。

### 2. 润滑脂的选用

（1）运行状况

1）滚动摩擦应选用粘附性好、有足够胶体安定性的润滑脂，使其不易流失。

2）滑动摩擦应选用滴点较高、粘附性及润滑性较好的润滑脂。

3）用脂泵集中润滑时，应选用锥入度大、泵送性好的油脂。

4）低速重载应选用锥入度小、粘附性好、具有极压性的润滑脂。

5）高速轻载应选用锥入度大、机械安定性好的润滑脂。

（2）工作温度　选用润滑脂的滴点应高于最高工作温度20℃以上。

（3）工作环境　潮湿和有汽雾的环境选用抗水性强的润滑脂（钙、铝、锂基）；高温环境选用耐热性好的钠基脂或锂基脂；灰尘多的环境选用锥入度小和含石墨添加剂的润滑脂。

## 三、常用润滑方式与装置

为将润滑剂送入各机械运动副摩擦面之间，以达到良好润滑目的所采取的技术手段，称为润滑方式。

（1）手工加油润滑　即利用便携式润滑工具（油枪、油壶等），由设备操作工定期给油杯、油嘴等润滑点加油。所用的润滑装置最简单，应用也最广泛。油杯、油嘴、油枪分别如图2-3～图2-5所示。

手工加油润滑为间歇给油，油量进给不均匀，只适用于低速、低负荷、工况不苛刻的摩擦部位，如开式齿轮、链条、钢丝绳、导轨面等。

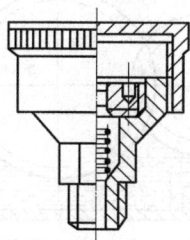

图 2-3 油杯

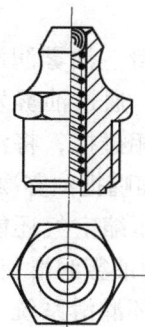

图 2-4 油嘴

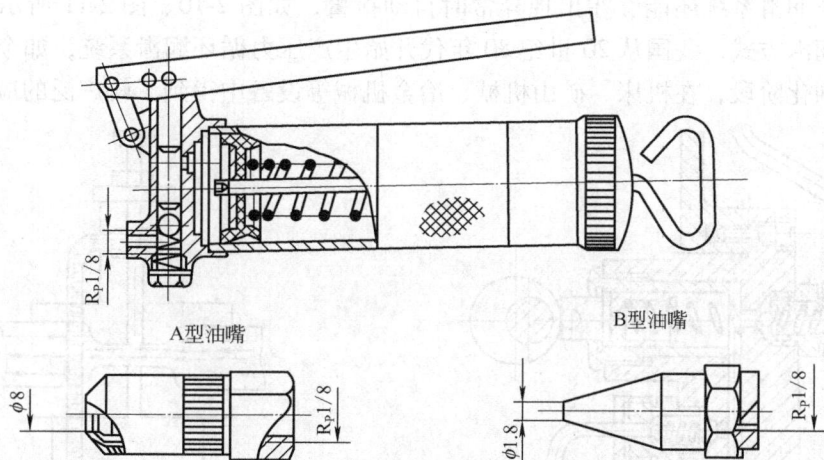

A型油嘴    B型油嘴

图 2-5 油枪

（2）油绳润滑 将油绳等浸入油中，利用油芯的虹吸作用吸油，并将润滑油连续供到摩擦面上，如图 2-6 所示。这种方式润滑均匀，对润滑油有一定的过滤作用。使用时要避免油绳与摩擦面接触，防止油绳被卷入摩擦面间。

（3）油环润滑 将油环套在轴上，当轴转动时，靠摩擦力带动与油接触的油环旋转，由油环把油带到轴颈表面，达到润滑的目的。使用中应注意保持油位。油环润滑常用于转速较高的滑动轴承，如电动机、机床及传动装置轴承的润滑。

（4）飞溅润滑 在密闭油箱内，依靠浸在油中的旋转零件或甩油盘、甩油片等将油溅散到润滑部位进行润滑，如图 2-7 所示。通常箱体内壁开有集油槽或加装挡油板，以保证充分润滑。飞溅润滑的润滑油可循环使用，油料消耗少，润滑效果好，广泛用于中小型齿轮减速器、机床主轴箱、空压机等的润滑。

（5）强制给油润滑 如图 2-8 所示，利用油箱上的小型液压泵将压力油送入润滑部位，润滑剂不再流回循环使用。机床导轨、丝杠、活塞式空气压缩机等多采用

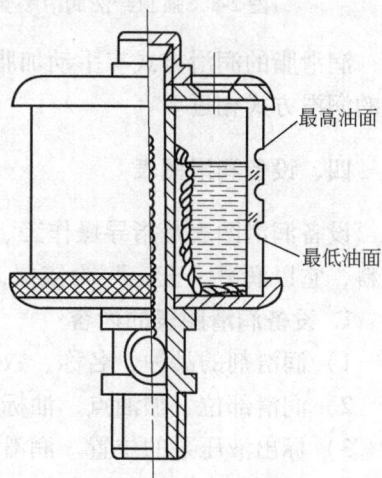

最高油面

最低油面

图 2-6 油绳润滑

这种润滑方式。

（6）油雾润滑　油雾润滑是一种比较新的润滑方式，通过油雾发生器使润滑油与压缩空气相碰撞，将油液吹散变成油雾，再经凝缩嘴把油雾凝缩成油滴，润滑摩擦表面。压缩空气还能带走摩擦热，图 2-9 所示为油雾润滑装置示意图。

（7）压力循环润滑系统　压力循环

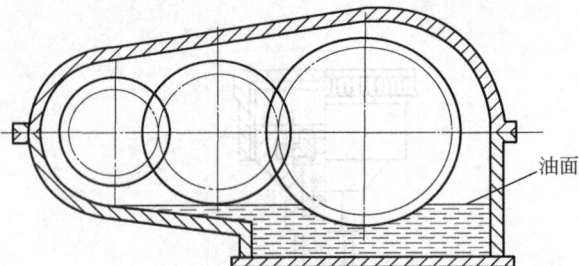

图 2-7　飞溅润滑

润滑系统能够为一台或多台设备的各个润滑部位提供润滑，其供油的压力、流量均可控制，有些压力循环润滑系统还能够在出现异常时自动报警，如图 2-10、图 2-11 所示。这是一种较为完善的润滑方式，我国从 20 世纪 80 年代开始生产压力循环润滑系统，如今已逐步进入标准化、系列化阶段，在机床、矿山机械、冶金机械等设备中得到了较广泛的应用。

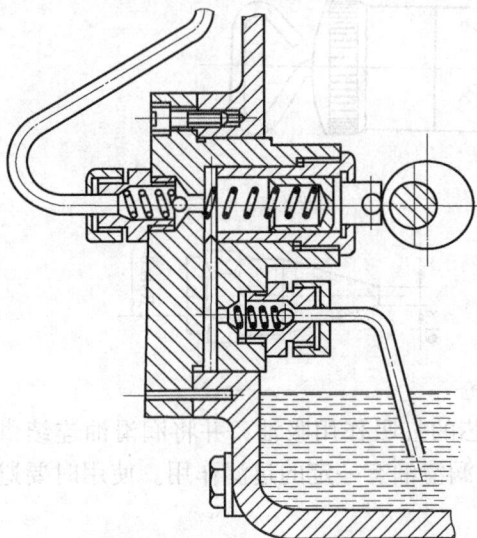

图 2-8　强制给油润滑装置

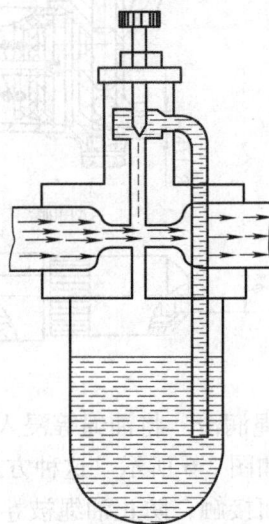

图 2-9　油雾润滑装置

润滑脂的润滑方式有手动加脂润滑、集中润滑系统和喷射润滑等形式，工作原理与润滑油的润滑方式相近。

**四、设备润滑图表**

设备润滑图表是指导操作工、维修工和润滑工对设备进行正确合理润滑的重要基础技术资料，它以润滑"五定"为依据，并用图文显示出"五定"的具体内容。

**1. 设备润滑图表的内容**

1）润滑剂的品种、名称、数量。

2）润滑部位、加油点、油标、油窗、油孔、过滤器等。

3）标出液压泵的位置、润滑工具和注油形式。

4）标明换油期、注油期和过滤器清洗期。

5）注明适用于本企业实际情况的润滑分工。

图 2-10　压力循环润滑泵

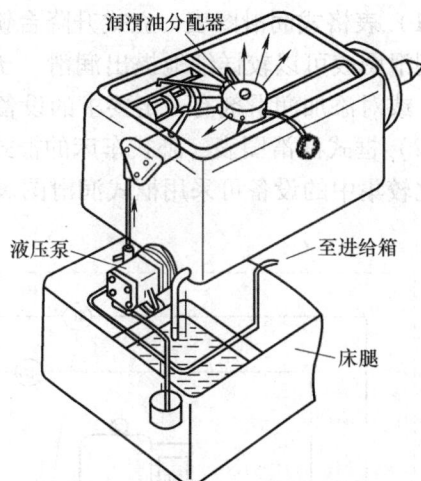

图 2-11　车床压力循环润滑系统

**2. 润滑图表的形式**

常用润滑图表一般有三种形式，即表格式、框式和图式，应根据设备外观形状、润滑点在设备上的分布以及集中分散情况确定设备应选择哪种形式的润滑图表。

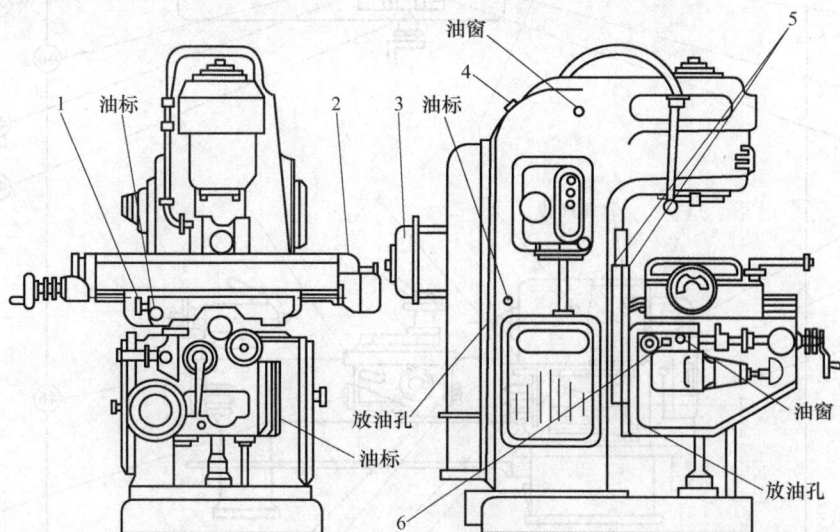

| 6 | 进给变速箱 | 油壶 | L-AN46 全损耗系统用油 | 5 | 半年更换一次 | 润滑工 |
|---|---|---|---|---|---|---|
| 5 | 升降台导轨 | 油枪 | L-AN46 全损耗系统用油 | 数滴 | 每班一次 | 操作工 |
| 4 | 主轴变速箱 | 油壶 | L-AN46 全损耗系统用油 | 24 | 半年更换一次 | 润滑工 |
| 3 | 电动机轴承 | 填入 | 2 号锂基脂 | 2/3 | 半年更换一次 | 电修工 |
| 2 | 工作台丝杠轴承 | 油枪 | L-AN46 全损耗系统用油 | 数滴 | 每班一次 | 操作工 |
| 1 | 手拉泵 | 油壶 | L-AN46 全损耗系统用油 | 0.2 | 每班二次 | 操作工 |
| 序号 | 润滑部位 | 润滑方式 | 润滑剂 | 油量/kg | 周期 | 润滑分工 |
| 五定 | 定点 | | 定质 | 定量 | 定期 | 定人 |

图 2-12　表格式润滑图表

（1）表格式润滑图表　立式升降台铣床的表格式润滑图表如图 2-12 所示，这种表格形式的润滑图表可以较详细地提出润滑"五定"要求。对于润滑部位不易在设备视图上表示清楚，或对添加润滑剂有一定要求的设备，可选用表格式润滑图表。

（2）框式润滑图表　卧式车床的框式润滑图表如图 2-13 所示。这种图表较为直观，润滑点比较集中的设备可采用框式润滑图表。

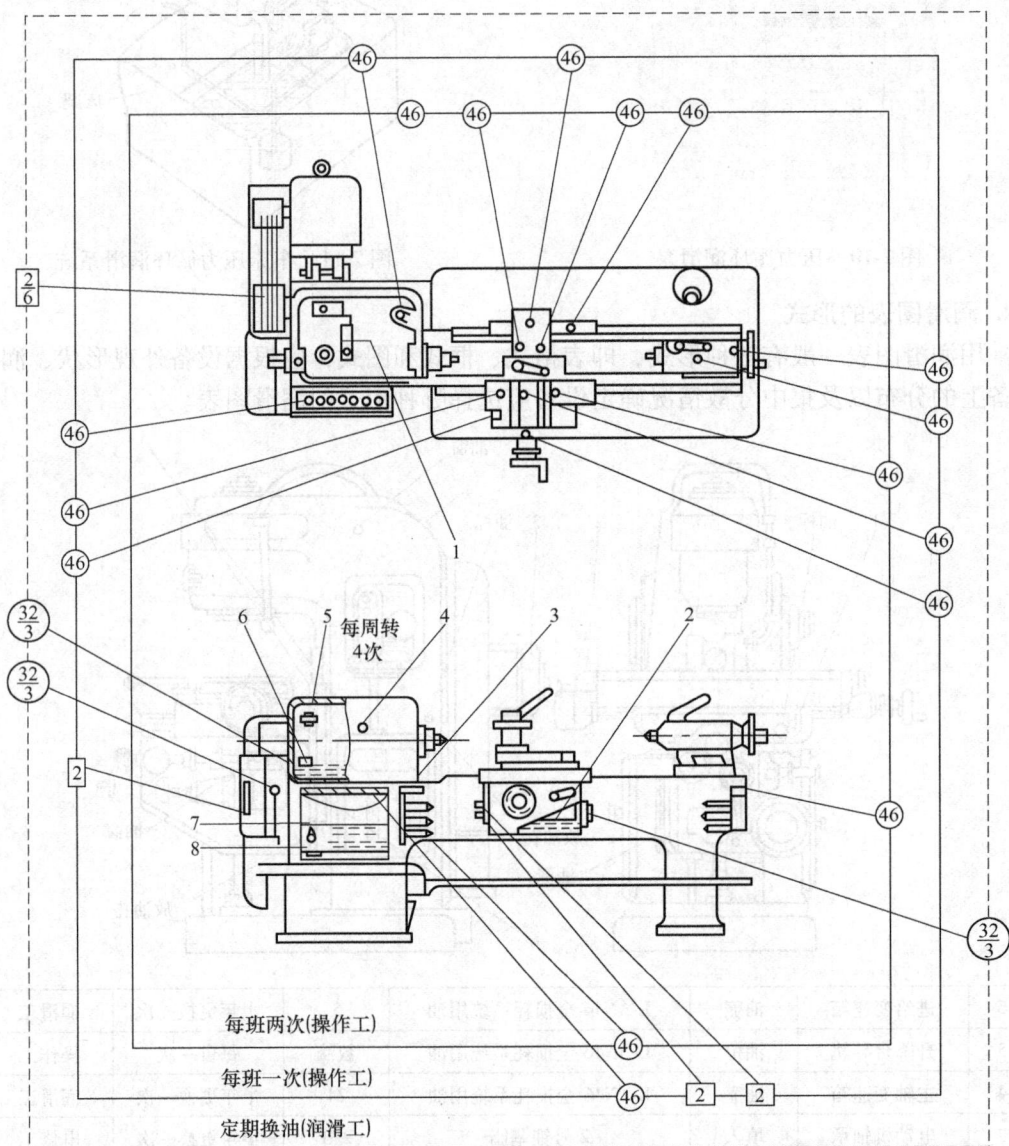

1—柱塞式油泵　2、3、8—放油孔　4—输油观察孔　5—片式过滤器　6—最高油面标准　7—油平面
○内是润滑油牌号　□内是润滑脂牌号　"46"表示L-AN46全损耗系统用油　"2"表示2号锂基润滑脂
$\frac{32}{3}$：分子表示L-AN32全损耗系统用油，分母表示换油期限是3个月（两班制）

图 2-13　框式润滑图表

（3）图式润滑图表　立式钻床的图式润滑图表如图 2-14 所示。这种图表清晰、直观，但因要求套色印刷，制作成本略高。如果能用设备视图清晰地表示出全部润滑点的位置，应尽量采用图式润滑图表。

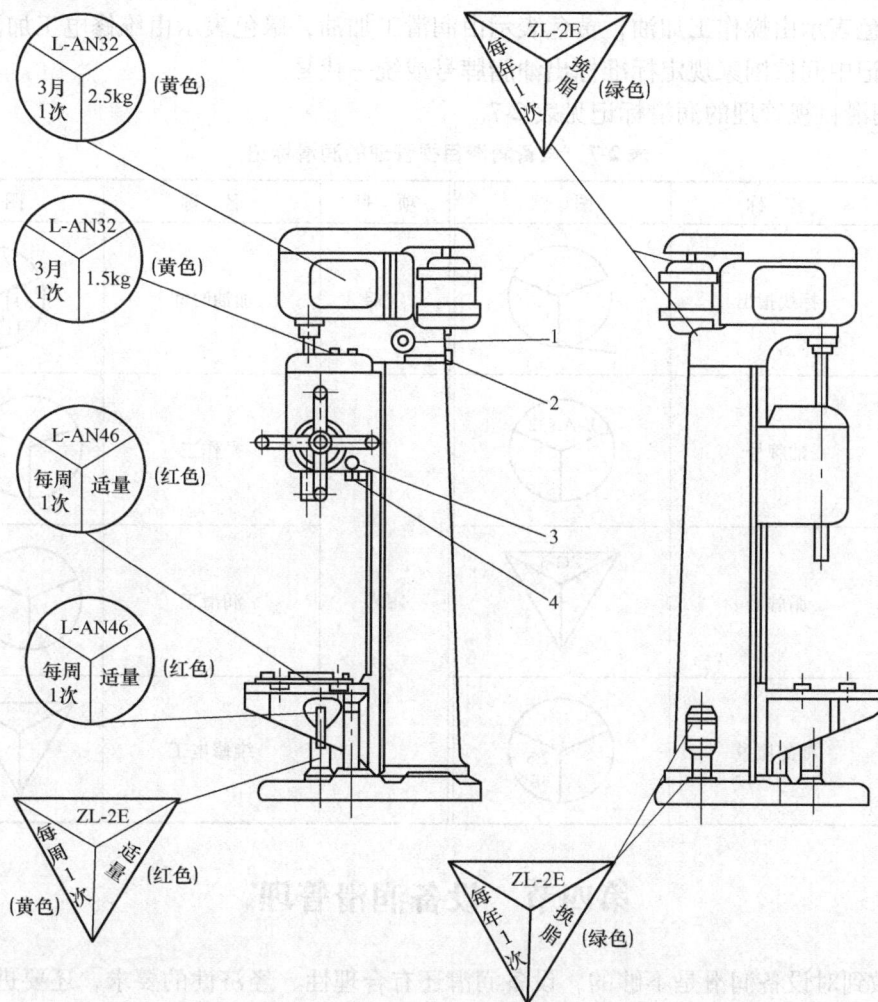

图 2-14　图式润滑图表
1、3—油标　2、4—放油孔图

**3. 编制润滑图表的要求**

1）统一格式。制图应符合机械制图国家标准的有关规定，图幅采用 A3 或 A4 两种幅面。

2）标准化、规范化。参照设备说明书中的润滑规范，按润滑"五定"要求编绘，要求图面清晰、引线有序、观看明白、便于记忆。

3）简洁明了。以表达清楚、正确为准，视图应尽可能少。

**4. 设备润滑的目视管理**

为了使操作工、润滑工、维修工对具体设备润滑的"五定"一目了然，常用塑料薄膜制成润滑标记，粘贴在距润滑点约 10mm 处。这种直观方法的应用称为设备润滑的目视管理。

润滑标记的样式可由各厂自定，但在厂内应一致。推荐的统一标准如下：

1）圆形标记为润滑油，三角形标记为润滑脂。

2）圆的直径及三角形的边长均为25mm。

3）红色表示由操作工加油，黄色表示由润滑工加油，绿色表示由维修电工加油。

4）标记中间按国家规定标准标出油脂牌号或统一代号。

设备润滑目视管理的润滑标记见表2-7。

表 2-7　设备润滑目视管理的润滑标记

| 项　目 | 名　称 | 图　例 | 项　目 | 名　称 | 图　例 |
|---|---|---|---|---|---|
| 定点 | 标线指出 | (圆形，三等分) | 定期 | 加油时间 | (圆形，标注"3月1次") |
| 定质 | 油牌号 | (圆形，标注"L-AN32") | 定人 | 操作工 | (圆形，三等分)（红色） |
| | 脂牌号 | (三角形，标注"ZG-3") | | 润滑工 | (圆形，三等分)（黄色） |
| 定量 | 油的质量 | (圆形，标注"2.5kg") | | 维修电工 | (三角形)（绿色） |

# 第四节　设备润滑管理

仅仅做到对设备润滑是不够的，设备润滑还有合理性、经济性的要求，还要进行有效监控，这就需要对设备润滑实施管理。设备润滑管理要求润滑工、操作工、维修工在每次为设备换油后，真实地记录设备换油卡片。因此，必须对设备润滑管理有所了解。

## 一、设备润滑管理的基本任务

设备润滑管理是用管理的手段，按照技术规范要求，实现设备的合理润滑并节省润滑成本，使设备安全、正常、高效地运行。设备的润滑管理是企业设备维护保养工作的重要组成部分，也是企业提高设备利用率，降低维修成本，保证生产持续、均衡进行的重要环节。

设备润滑管理的基本任务如下：

1）编制润滑工作所需的各种技术资料，绘制设备润滑图表。

2）实施润滑"五定"和"三过滤"，使设备得到正确、合理、及时的润滑。

3）做好设备润滑状态的定期检查与监测工作，及时采取改进措施，完善润滑装置，治理设备漏油，杜绝油品浪费。

4）收集新油品信息，做好短缺油品的代用和掺配工作，逐步做到进口设备用油国产化。

5）组织废油的回收、再生和利用。

## 二、设备润滑管理的组织与职责

为实施设备润滑管理工作，企业应根据生产规模和生产类型，合理设置相应的润滑组织形式，配备具有专业技术知识和工作能力的润滑技术员和润滑工。

**1. 大型企业的润滑管理组织形式**

对大型企业和车间分散的中型企业，可实行二级管理，即设置企业级设备动力部和分厂（车间）设备管理维修部门两级。其特点是由企业级负责统筹安排、对外联系、对内指导、协调和服务；分厂（车间）负责现场润滑管理。

**2. 中型企业的润滑管理组织形式**

中型企业的车间与厂房一般比较集中，厂区不大，其润滑管理多采用集中的形式，即由设备动力部一管到底。润滑组织形式及工作关系如图 2-15 所示。

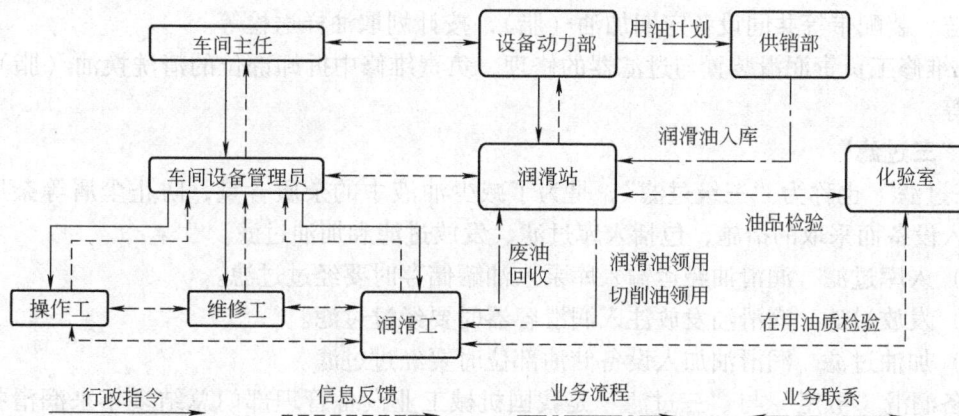

图 2-15　润滑组织形式及工作关系

**3. 小型企业的润滑管理组织形式**

小型企业一般由营销科所属的厂油库兼管润滑站的职能，设备动力科可不设润滑站，车间（工段）不设分站。

**4. 润滑工作人员的配备**

一般企业在设备动力部内设置专职润滑技术员，大型企业应配备润滑工程师，而润滑工可根据企业设备机械修理复杂系数总和进行配备。

润滑技术人员应受过高职以上机械类专业的教育，能够正确运用润滑材料，掌握有关润滑新材料、新技术的信息，并具备操作一般油品的分析和监测及鉴定油品优劣程度的能力，能不断改进企业设备润滑管理工作。润滑工是技术工种，除掌握润滑工应有的技术知识外，还应具有五级以上维修钳工（原八级工制中的二级工或初级工）的技能。

## 三、设备润滑管理制度

为使设备润滑管理工作有章可循，避免混乱，企业应建立健全的各项设备润滑管理制度。

**1. 润滑"五定"**

（1）定点　根据润滑图表上指定的润滑部位、润滑点、检查点（油标、油窗）等，实施定点加油、换油，检查液面高度及供油情况。

（2）定质　按照润滑图表规定的油脂牌号用油。润滑材料和掺配油品需经检验合格，润滑装置和加油器具必须保持清洁。

（3）定量　按润滑图表上规定的油、脂的数量对各润滑部位进行润滑。做好添油、加油和油箱清洗换油时的数量控制及定额消耗。

（4）定期　按润滑图表上规定的间隔时间进行添油、加油和换油。对储油量大的油箱，按规定时间进行抽样化验，视油质状况，确定清洗换油或循环过滤的时间以及下次抽验和换油的时间。

（5）定人　按润滑图表上的规定，明确操作工、维修工、润滑工对设备日常加油、添油和清洗换油分工，各负其责，互相监督，并确定取样送检人员。设备润滑分工原则一般为：

1）操作工负责每周加油（脂）或监视油窗来油及油位等。

2）润滑工负责为储油箱定期添油，清洗换油，向机动、手动润滑泵内添加油（脂），为输送链、装配带等共同设备定期加油（脂），按计划取油样送检等。

3）维修工负责润滑装置与过滤器的修理，负责维修中拆卸部位的清洗换油（脂）及治理漏油等。

**2. "三过滤"**

"三过滤"也称为"三级过滤"，是为了减少油液中的杂质含量，防止尘屑等杂质随润滑油进入设备而采取的措施，包括入库过滤、发放过滤和加油过滤。

（1）入库过滤　润滑油经运输入库泵入油罐储存时要经过过滤。

（2）发放过滤　润滑油发放注入润滑容器时要经过过滤。

（3）加油过滤　润滑油加入设备储油部位时要经过过滤。

设备润滑"五定"与"三过滤"是我国机械工业设备管理部门总结多年来润滑技术管理的实践经验而提出的。它把日常润滑技术管理工作规范化、制度化，内容精练，简明易记。贯彻与实施设备润滑"五定"和"三过滤"工作，是搞好设备润滑工作的重要保证。

**3. 润滑材料供应的管理制度**

1）供应部门根据设备动力部提供的年度或季度润滑材料申请计划，按时、按质、按量采购供应。

2）润滑材料进厂后，应经检验部门按油品质量指标抽样化验合格后方可入库。

3）润滑材料按其品种、牌号用专用容器盛放入库，容器应封盖严密，不得露天堆放。

4）做好润滑材料入库、发放的登记统计工作。

5）润滑材料库存 1 年以上的，应由检验部门重新化验，未合格者严禁发放使用。

**4. 润滑站管理制度**

1）油库的各种设施必须符合有关安全规程规定，按特级防火区要求设置防火设施。

2）油桶实行专桶专用，标明牌号，分类存放，封盖严密。

3）严格执行油品"三过滤"制度。

4）做好收发油品的登记统计工作，每月定期按要求汇总上报设备动力部。

5）保持站内清洁整齐，地面无油液，所用的储油箱（桶）每年至少清洗 1~2 次。

6）有条件的企业要进行废油再生工作，再生油经化验合格后方可发放使用。

7）按工艺要求配置切削液，并由中央试验室进行业务指导，定期检查其质量的稳定性。

8）对站内润滑工具、器皿及油品、油质、油量，应定期（如每季度一次）进行检查。

**5. 设备清洗换油制度**

1）采取集中维修管理的企业，由企业设备动力部润滑技术员编制设备清洗换油计划。采取分级维修管理的企业，由车间设备管理员编制设备清洗换油计划，并抄送设备动力部润滑技术员。

2）设备清洗换油计划应尽量与设备的定期维护和修理计划相结合进行编制。

3）新设备和大修后的设备，第一次清洗换油时间一般安排在运行30个班次之后，之后纳入正常换油周期。

4）对容油量大的油箱（油池）进行计划换油前，应先抽样化验，如油质未达到换油指标规定，则可延长油品使用时间。

5）设备清洗换油工作一般以润滑工为主，操作工与维修钳工必须配合，润滑技术员或车间设备管理员检查验收，并按规定填写设备换油卡片。

**6. 废油回收及再生管理制度**

1）企业所有废油应统一回收，集中处理，防止浪费及污染环境。

2）废油回收和再生工作应严格按下列要求进行：①回收的废油必须去除明显的水分和杂质；②不同种类的废油应分别回收保管；③污染程度不同的废油或混有切削液的废油，应分别回收保管，以利于再生；④储存废油的容器应有明显的标志，防止混淆，封盖严密，防止灰砂及水混入油内；⑤废油再生场地应清洁整齐，安全防火；⑥再生油经化验合格后方可发放使用；⑦废油回收及再生后，再生油发放均应记录在账，每月定期汇总上报企业设备动力部。

**四、润滑管理用表**

**1. 设备换油卡片**

设备换油卡片由润滑技术员编制，润滑工、操作工、维修工记录，供检查储油部位正常油耗与非正常泄漏情况以及换油周期的执行情况用，见表2-8。

表2-8　设备换油卡片

| 设备编号 | | 名称 | | | 型号、规格 | | 所在车间 | |
|---|---|---|---|---|---|---|---|---|
| 储油部位 | | | | | | | | |
| 油（脂）牌号 | | | | | | | | |
| 代用油牌号 | | | | | | | | |
| 储油量/kg | | | | | | | | |
| 换油周期/月 | | | | | | | | |
| 换油及添油记录<br>（换油标记为△） | 日期 | 油量/kg | 日期 | 油量/kg | 日期 | 油量/kg | 日期 | 油量/kg | 日期 | 油量/kg |
| | | | | | | | | | | |
| | | | | | | | | | | |

## 2. 年度设备清洗换油计划表

年度设备清洗换油计划表由润滑技术员或计划员编制，见表2-9。

表2-9　年度设备清洗换油计划表

| 序号 | 设备编号 | 设备名称 | 型号规格 | 储油部位 | 油(脂)牌号 | 储油量/kg | 开动班制 | 最后一次换油时间 | 计划换油月份 | | | | | 执行人 | 验收签字 | 备注 |
|---|---|---|---|---|---|---|---|---|---|---|---|---|---|---|---|---|
| | | | | | | | | | 1 | 2 | 3 | … | 12 | | | |
| | | | | | | | | | | | | | | | | |
| | | | | | | | | | | | | | | | | |
| | | | | | | | | | | | | | | | | |

1）根据设备换油卡片的记载资料，以最后一次换油时间为准，参照换油周期的规定和设备的开动班制，确定各台设备的清洗换油月份。

2）计划预修设备按维修月份编排一次换油计划。

3）当计划换油月份与计划预修月份相差不超过两个月时，应将计划换油时间调整到计划预修月份来编排清洗换油计划。

4）每次换完油都应在年度设备清洗换油计划表中予以注明。

## 3. 月清洗换油实施计划表

月清洗换油实施计划表是润滑工执行清洗换油工作的依据，由润滑技术员或计划员参照年度换油计划编制，见表2-10。月清洗换油由润滑工实施，维修工、操作工配合。

表2-10　月清洗换油实施计划表

| 序号 | 设备编号 | 设备名称 | 型号规格 | 储油部位 | 用油牌号 | 代用油品 | 换油量/kg | 清洗材料 | | 工时/h | | 执行人 | 验收签字 | 备注 |
|---|---|---|---|---|---|---|---|---|---|---|---|---|---|---|
| | | | | | | | | 名称 | 数量 | 计划 | 实际 | | | |
| | | | | | | | | | | | | | | |
| | | | | | | | | | | | | | | |

## 4. 年度换油台次、换油量、维护用油量统计表

年度换油台次、换油量、维护用油量统计表见表2-11，按车间、班组汇总统计，其作用是：①为编制年、月用油量计划提供总需用量；②参考平衡年度换油计划，使月换油量大致平衡；③对计划与实际用量进行对比分析。

表2-11　年度换油台次、换油量、维护用油量统计表

| 月份 | 换油台次 | | 换油量/kg | | 维护用油量/kg | | 用油量合计/kg | | 备注 |
|---|---|---|---|---|---|---|---|---|---|
| | 按年计划 | 实际 | 按年计划 | 实际 | 按年计划 | 实际 | 按年计划 | 实际 | |
| 1 | | | | | | | | | |
| 2 | | | | | | | | | |
| … | | | | | | | | | |
| 12 | | | | | | | | | |
| 全年 | | | | | | | | | |

### 5. 润滑材料需用申请表

润滑材料需用申请表供各车间向设备动力部申报用油量计划时使用，由企业设备动力部的润滑技术员负责汇总编制，见表2-12。

表2-12　润滑材料需用申请表

| 序号 | 材料名称 | 牌号 | 生产单位 | 需用量/kg | | | | | 单价/元 | 总金额/元 | 备注 |
|---|---|---|---|---|---|---|---|---|---|---|---|
| | | | | 全年 | 一季度 | 二季度 | 三季度 | 四季度 | | | |
| | | | | | | | | | | | |
| | | | | | | | | | | | |
| | | | | | | | | | | | |

### 6. 年度设备用油、回收综合统计表

年度设备用油、回收综合统计表是按油品牌号进行季用量及年总用量的综合统计表，可与年度润滑油需用申请表进行比较，又可为编制下年度需用量计划作参考，见表2-13。

表2-13　年、季度设备用油、回收综合统计表

| 润滑材料 | | 全年 | | 一季度 | | 二季度 | | 三季度 | | 四季度 | | 备注 |
|---|---|---|---|---|---|---|---|---|---|---|---|---|
| 名称 | 牌号 | 使用 | 回收 | 使用 | 回收 | 使用 | 回收 | 使用 | 回收 | 使用 | 回收 | |
| | | | | | | | | | | | | |
| | | | | | | | | | | | | |

## 复习思考题

1. 对设备操作工的"三好"、"四会"的具体内容是什么？
2. 对设备操作工的"五项纪律"要求的具体内容是什么？
3. "四定"的具体内容是什么？
4. 设备维护保养的"四项要求"是什么？
5. 设备润滑管理的基本任务是什么？
6. 运转机械设备的摩擦副作相对运动时会发生磨损，磨损过程可分为几个阶段？
7. 润滑的作用是什么？
8. 简述润滑油的质量指标和选择依据？
9. 简述润滑脂的质量指标和选择依据？
10. 常用的润滑方式有哪些？各有什么特点？
11. 设备润滑管理工作中的润滑"五定"和"三过滤"的具体内容是什么？

# 第三章 设备点检

设备技术状态是指设备所具有的工作能力，包括功能、精度、效率、运动参数、安全、环境保护、能源消耗等所处的状态及其变化情况。在设备的整个寿命周期中，设备都会磨损，磨损导致设备技术状态劣化。设备技术状态劣化的规律和设备管理的对策如图 3-1 所示。显然，在对抗设备技术状态劣化的办法中，设备点检处于首要位置。

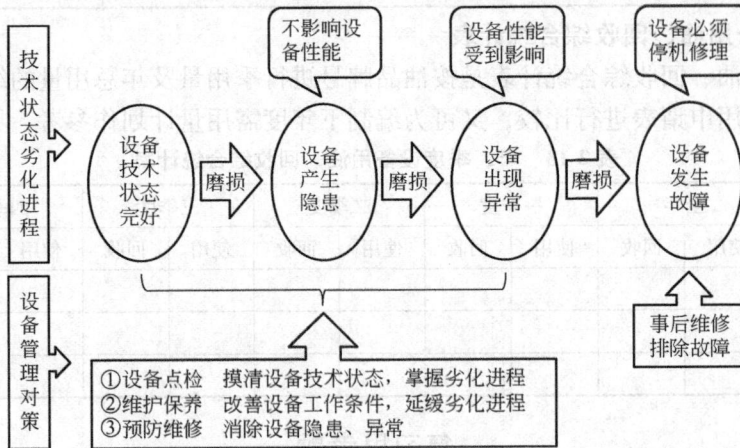

图 3-1 设备技术状态劣化规律和对策

设备点检是设备现场管理的一项基本制度，是设备操作与维修之间的桥梁。通过设备点检可以掌握设备的技术状态以及劣化趋势，从而有针对性地维护设备和安排维修计划，达到保持设备完好，延缓劣化进程，减少故障停机，预防事故发生，提高综合效率的目的。设备点检工作涉及操作工、维修工以及专业设备管理人员（如车间设备管理员、设备工程师、主修技师等），涉及的部门包括设备使用部门、专业设备管理部门（如设备动力部、维修车间等）。

根据设备管理的要求，要做好设备点检工作，首先要设置专业的设备管理机构，建立健全的设备点检制度，并明确专业设备管理人员的岗位职责。

## 第一节 设备管理机构与职能

企业设置设备管理机构，配备设备管理人员与维修工，可以参考全企业设备的修理复杂系数总和来进行。

### 一、设备修理复杂系数

设备修理复杂系数是表示设备修理复杂程度的一个假定单位。设备修理复杂系数的大小，主要取决于设备的维修性。设备易修，则复杂系数小；设备难修，则复杂系数大。一般情况下，设备的结构越复杂、尺寸越大、加工精度越高、功能越多、效率越高，修理复杂系数也就越大。

### 1. 设备修理复杂系数的定义

用来衡量设备修理复杂程度和修理工作量大小的指标，叫做设备修理复杂系数，以 $F$ 表示。设备修理复杂系数分为机械修理复杂系数（用 $JF$ 表示）、电气修理复杂系数（用 $DF$ 表示）、热工设备修理复杂系数（用 $F_热$ 表示）。

机械修理复杂系数是以标准等级（原工人技术等级的五级修理工）的机修钳工，彻底修理（即大修）一台 C620-1 卧式车床（最大加工长度为 1 000mm）所耗用劳动量的复杂程度，假定为 10 个机械修理复杂系数，作为相对基数。

电气修理复杂系数是以标准等级的电修钳工（原工人技术等级的五级电工）彻底修理一台额定功率为 0.6kW 的防护式三相异步电动机所耗用劳动量的复杂程度，假定为 1 个电气修理复杂系数，作为相对基数。

热工（又称热力）设备修理复杂系数是以标准等级的热工工人（五级工）彻底修理一台 IBA6（IK6）水泵所耗用劳动量的复杂程度，假定为 1 个热工修理复杂系数，作为相对基数。

### 2. 影响设备修理复杂系数的因素

设备结构越复杂、主要部件尺寸越大、加工精度越高、生产能力越大，设备修理复杂系数就越高。主要影响因素有：

1）设备结构的自动化程度、复杂程度和结构特性。

2）为满足生产工艺要求所需的主要动作项目。

3）设备主要运动的变速级数，需要研刮的重要接合面大小，设备的质量以及组成设备的零件数。

4）设备效能及设备主要部件的几何尺寸和精度。

5）设备工作条件（如压力、温度等）。

6）设备特性和修理的方便性。

7）设备电气控制部分的复杂程度。这是决定电气修理复杂系数的主要因素。

8）使用动能的类别及输送、储存介质（气体、液体等）的性质。

### 3. 确定设备修理复杂系数的方法

企业中绝大部分型号的设备（包括通用、动力、专用设备等）都有确定的修理复杂系数，并已由相关工业主管部门汇编成册，颁发执行。原机械工业部制定的部分机型的设备修理复杂系数见附录 A。

对于汇编中没有列出的设备，一般采用分析比较法确定其设备修理复杂系数。分析比较法的具体方法有以下几种：

1）整台比较法。整台比较法是用需要确定修理复杂系数的设备与统一标准的各种参照物进行比较，来确定该设备的修理复杂系数。

2）部件分析比较法。部件分析比较法是根据设备结构特点和部件复杂程度，与相似结构的、设备修理复杂系数已知的设备，按其部件逐一比较，得出各部件的修理复杂系数，其总和则为该设备的修理复杂系数。

3）修理工时分析比较法。修理工时分析比较法是根据设备大修理实际耗用工时和规定每一修理复杂系数的工时定额相比较而得，即

$JF$（或 $DF$、$F_热$）＝单台设备大修理实际耗用工时/单位修理复杂系数工时定额

**4. 设备修理复杂系数的主要用途**

1）衡量企业或车间设备修理工作量的大小。

2）表示企业设备修理管理工作量的大小，可用于合理地配备设备维修工，配备维修用设备。在核实生产能力和定员工作中，可用来核算、平衡、协调设备维修能力。

3）是制定设备修理的各种消耗定额（如设备修理工时、费用、材料、备件储备等定额）和停歇时间定额的基本依据。

4）是编制修理管理工作计划和统计分析各项经济技术指标的主要依据。

5）是确定设备等级标准的重要依据（如重点设备、主要生产设备等）。

**二、设备管理机构的设置**

企业设备管理机构的典型设置图如图 3-2 所示，由于各企业的生产规模和生产性质不同，其设备管理机构的建制相应有所区别。说明如下：

1）如图 3-2 所示的设备动力部下辖润滑站、局域网站、备品库、设备库。其中，备品库与设备库可合并为一个仓库，以节省人力资源。

2）因为设备管理和能源动力管理有着紧密联系，所以，许多企业将设备管理部与动力

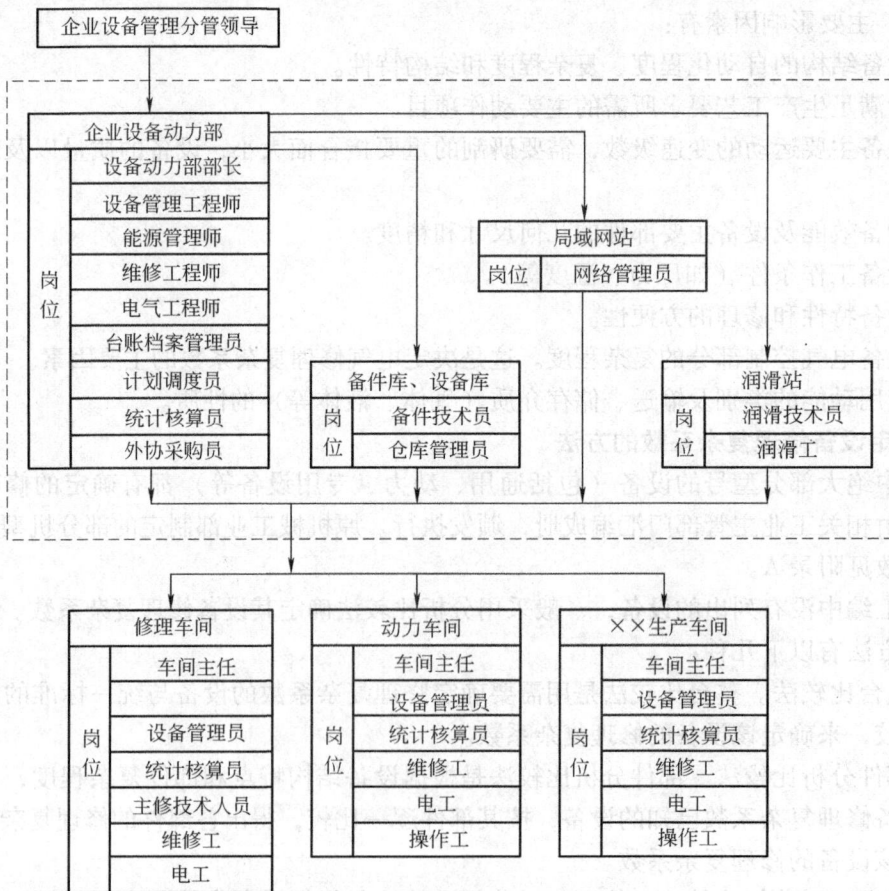

图 3-2　典型设备管理机构设置图

管理部合二为一，成立设备动力部，以便于集中统一管理。许多企业还将环境保护职责纳入设备动力部，如果将环境保护职责纳入设备动力部，需要再增设相应的职能岗位。

3）机械修理复杂系数总和小于9 000JF的企业可以不独立设置修理车间，而是将修理职能纳入设备动力部，成为设备动力部下辖的内设班组，修理班组的调度员、统计核算员由设备动力部的相应职能岗位兼任。

4）对于动力设备较少的企业，可以不单独设置动力车间，而是在设备动力部内部设置相应的职能班组，直接负责动力设备的运行与维护保养。

5）小型企业可以将能源动力管理、环境保护，以及修理车间、动力车间全部纳入设备动力部。

### 三、企业设备管理人员与维修工的配备

（一）设备管理人员的配备

1）企业设备管理机构的管理人员总数应占全企业总人数的1%~3%，其中技术人员应占设备管理人员总数的60%~80%。

2）设备动力部及其下辖站、库的人员编制，可以参考表3-1。

3）机械修理复杂系数总和在500JF以上的生产车间应配备专职设备管理员，并建立车间维修组；对机械修理复杂系数总和在1 000JF以上的车间，除应配备设备管理员外，根据需要还可增配一名机修技术员，对电气修理复杂系数总和在600DF以上的车间，应增加一名电修技术员。车间的设备管理员、机修技术员、电修技术员受车间主任领导，并领导维修工、电修工、操作工、润滑工实施设备维修工作；在业务上接受设备动力部指导。

**表3-1　设备动力部及其下辖站、库的人员编制**

| 岗位＼编制数量＼企业规模 | <3 000JF（已纳入动力、环保管理，以及管理修理车间、动力车间的职责） | 3 000~9 000JF（已纳入动力、环保管理，以及管理修理车间、动力车间的职责） | >9 000JF（已纳入动力、环保管理的职责） |
|---|---|---|---|
| 设备动力部部长 | 1人 | 1人 | 1人 |
| 设备管理工程师 | 1人 | 1人 | 2人 |
| 环保工程师 |  | 1人 | 1人 |
| 外协采购员 | 不设岗，职能由其他岗位兼任 | 1人 | 1人 |
| 能源管理师 | 1人 | 1人 | 1人 |
| 电气工程师 |  |  | 1人 |
| 维修工程师 | 1人（兼本部设备管理员） | 1人（兼本部设备管理员） | 1人 |
| 计划调度员 | 1人 | 1人 | 1人 |
| 统计核算员 | 1人 | 1人 | 视企业规模，可选择合并设岗，1人；也可设置统计核算员、台账档案管理员各1人 |
| 台账档案管理员 |  |  |  |
| 润滑技术员 | 1人 | 1人 | 1人 |

（续）

| 岗位 编制数量 企业规模 | <3 000JF（已纳入动力、环保管理，以及管理修理车间、动力车间的职责） | 3 000～9 000JF（已纳入动力、环保管理，以及管理修理车间、动力车间的职责） | >9 000JF（已纳入动力、环保管理的职责） |
|---|---|---|---|
| 润滑工 | 1人 | 2人 | 3～4人 |
| 备件技术员 | 1人 | 1人 | 1人 |
| 仓库管理员 | 1人 | 2人 | 3～4人 |
| 网络管理员 | 1人 | 2人 | 3～4人 |

（二）维修工的配备

1）维修工的配备人数取决于设备维修量的多少和复杂程度，同时，要考虑维修工的技术等级和实际业务水平。企业设备现代化程度越高，即机械化、电气化、自动化程度越高，则所需的操作工人数越少，而维修工人数还要相应地增多。

2）企业维修工人数一般应占全厂生产工人总数的10%～20%。

3）为了提高设备维修水平，减少设备停机率，企业在配备维修工时应注意挑选素质好、技术等级高的工人。新工人必须学习维修理论和维修技能，通过严格考核，择优充实到维修队伍中来。

4）维修工的平均技术等级应高于操作工的平均技术等级。

### 四、企业设备管理各主要部门的职能

设备动力部的职能见表3-2。润滑站、备件库的职能分别见表3-3、表3-4。车间设备管理员的岗位职责见表3-5。

表3-2 设备动力部职能

设备动力部职能

1. 负责企业的设备管理、能源管理、环境保护工作，贯彻执行国家、省、市有关设备管理、能源、环保方面的政策、法律、标准，构建并不断完善设备、能源、环保管理体系，制订并不断完善设备、能源、环保管理的各项规章制度、工作规程

2. 负责企业设备规划工作。包括设备更新规划、设备技术改造规划、新增设备规划；负责企业新设备采购（或自制）、安装、调试、验收、移交生产，以及新购设备质量理赔工作。在规划与实施中，要特别注重环保、节能新技术的采用，以符合国家的环保、能源政策

3. 负责企业生产设施（设备、生产厂房等）固定资产管理，负责建立完善企业生产设施的台账、技术资料、图样等档案资料，做好设备的使用、封存、借用、租赁、移装、转让、报废以及设备盘点工作

4. 确定主要设备的维修周期，负责汇总、编制企业的设备维修计划，并组织实施

5. 负责汇总、编制企业的备品配件计划，备品配件的加工、采购、管理及图样的保管

6. 定期召开设备例会，研究设备管理工作存在的问题，并提出对策；组织设备维护保养的检查评比，不断提高设备维护保养水平

7. 配合有关部门对职工进行技术教育、技术考核工作，指导工人"三好"、"四会"，严格制止一切违章作业和超负荷作业

8. 负责对各车间设备管理技术经济指标的检查考核，确保主要生产设备完好

9. 负责企业压力容器、桥式起重机、变压器等特种设备的预防性试验、年检和校验工作，负责企业设备事故的调查处理

（续）

| 设备动力部职能 |
| --- |

10. 负责企业能源的调度和输送管线的优化，研究并推广高效利用能源、节约使用能源的技术措施，不断提高能源利用率，降低能耗

11. 负责企业能耗监控与考核，对各部门的能耗实施有效的计量、统计、分析，制止浪费能源、非正常使用能源的现象

12. 负责企业各部门环保指标的考核，监控各部门污染物排放，对超排、偷排污染物事件进行调查处理

13. 编制企业环保规划，负责污染源的治理，逐步减少污染物排放。按时向上级环保部门报送环保统计报表

14. 积极推广应用新技术、新设备，以提高产品质量、降低能源消耗、减少污染物排放、减轻劳动强度改善作业环境

15. 完成企业领导交办的其他任务

### 表 3-3　润滑站职能

| 润滑站职能 |
| --- |

1. 在设备动力部部长的领导下，负责全企业设备润滑管理工作，确定设备润滑管理的方针和目标，拟定各项润滑管理制度及有关人员的岗位职责

2. 实施润滑"五定"和"三过滤"，使设备得到正确、合理、及时的润滑。根据设备的工作条件与产品的加工工艺要求，科学配制切削液，做好短缺油品的代用和掺配工作，逐步做到进口设备用油国产化

3. 制订重点设备润滑材料、擦拭材料、切削液的种类及消耗定额。根据设备开动计划，提出年度、季度、月份的润滑油采购申请计划

4. 监管重点设备的润滑状态。负责编制大型油池润滑油取样检验计划，会同企业有关检验部门对油样进行检验分析，以掌握在用油质的变化情况

5. 编制全厂设备润滑图表和有关润滑技术资料供润滑工、操作工和维修工使用

6. 对设备漏油和有缺陷的润滑装置，提出改进方案

7. 及时了解国内外有关设备润滑的先进技术和管理经验，定期组织润滑工、维修工、操作工进行业务培训，不断提高企业润滑工作水平

8. 组织润滑新材料、新工具、新装置的试验、鉴定和使用推广工作

9. 完成上级领导交办的其他任务

### 表 3-4　备件库职能

| 备件库职能 |
| --- |

1. 在设备动力部部长的领导下，负责全企业备件管理工作，确定备件管理的方针和目标，拟定各项备件管理制度及有关人员的岗位职责

2. 做好备件计划管理工作。通过对备件消耗量的预测，结合企业的生产维修能力、设备维修计划以及备件市场供应情况编制备件生产、订货、储备和供应等计划工作。并做好各项计划的组织、实施和检查工作

3. 做好备件的经济管理工作，主要包括备件库存资金的核定、出入库账目的管理、备件成本的审定、备件消耗统计、备件各项经济指标的统计分析等，尽量压缩储备资金，降低备件管理成本

4. 重点做好关键设备的备件供应工作，保证其正常运行，尽量减少停机损失

5. 经常收集备件的质量信息、消耗信息、供货信息、制造信息，以便科学合理地确定备件的储备品种、定额和储备形式，并及时改进备件质量、备件供应

6. 做好备件库的管理工作，严格执行备件入库、领用手续，严把备件入库质量关，库存备件要定期维护，做好防火、防盗、防潮、防锈、防虫等工作

7. 备件库要做到"三清"（规格、数量、材质）、"两整齐"（库容、码放）、"三一致"（账、卡、物）、"四定位"（区、架、层、号），每年盘点 1 次

8. 完成上级领导交办的其他任务

**表 3-5　车间设备管理员岗位职责**

车间设备管理员岗位职责

1. 在车间主任领导下，贯彻执行设备管理制度。负责本车间设备管理和维修工、电工的日常管理工作。业务上同时受企业设备动力部的指导

2. 将"三好"、"四会"活动日常化，督促本车间设备的正确合理使用，对违反操作规程和不合理使用设备的现象予以制止，提高操作工对设备正确使用与维护保养的技术水平

3. 负责本车间设备维护保养的管理工作，监督润滑工作的执行，做好节油、治漏工作，确保设备运行正常

4. 编制本车间设备技术状态完好标准。定期组织对设备及其安全防护设施进行点检，促进操作工认真做好日常点检工作、填好设备点检卡，掌握本车间设备的技术状态，发现问题及时整改

5. 根据生产实际情况，编制并按时上报维修申请计划，备品配件申请计划，以及设备管理工作的其他各项报表

6. 负责本车间备品配件的测绘

7. 合理组织维修人员做好本车间设备维修工作，完成设备维修指标，并做好维修验收工作

8. 坚持"三不放过"的原则，参加设备事故的调查、分析、处理工作，迅速组织力量及时抢修并采取有效的防范措施，杜绝类似事故的再发生

9. 组织本车间职工参加企业设备动力部组织的设备维护保养检查评比活动

设备管理员在车间设备维修管理工作中的组织关系如图 3-3 所示。

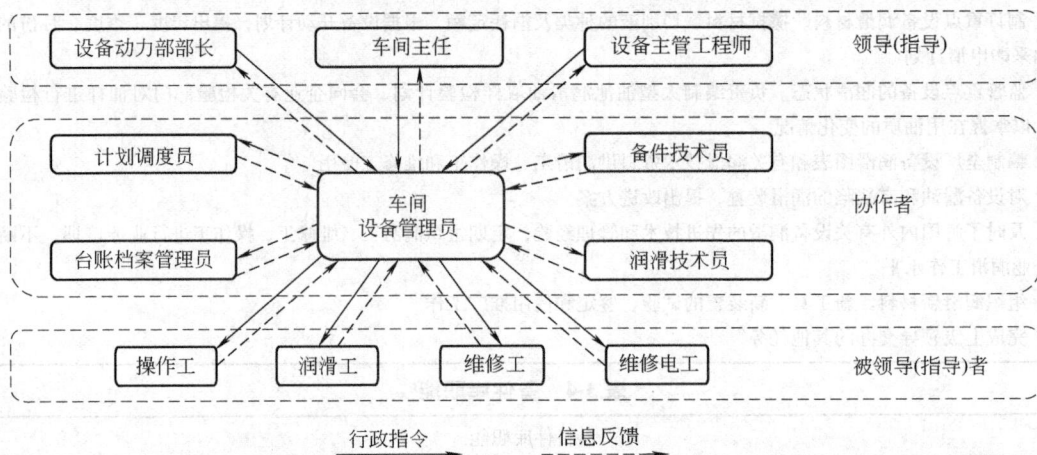

图 3-3　设备管理员在设备管理工作中的组织关系

# 第二节　设备完好标准与设备完好率

设备在使用过程中，受到工作负荷、工作条件和环境等因素的影响，会使设备原设计制造时所确定的功能和技术状态不断发生变化而有所降低或劣化。对企业来讲，设备技术状态如何，直接关系到企业产品的质量、数量、成本和交货期等经济指标能否顺利实现。为延缓设备技术状态劣化过程，预防和减少故障发生，除操作工严格执行操作规程、正确合理使用设备外，必须定期进行设备技术状态检查，加强对设备的维护、修理、改造，人为形成一个对抗和弥补设备技术状态劣化的过程。

设备技术状态检查的结果必须与一个标准相对比，才能判断设备技术状态是否有异常。

这个标准就是设备技术状态完好标准，简称设备完好标准。

### 一、设备技术状态完好标准

（一）设备完好的总要求

1）设备性能良好，机械设备的精度能稳定地满足生产工艺的要求；动力设备的功能达到原设计或规定标准，运转无超温、超压等现象。

2）设备运转正常，零部件齐全，安全防护装置良好，磨损、腐蚀程度不超过规定的标准，控制系统、计量仪器仪表和润滑系统工作正常。

3）原材料、燃料、润滑油、动能等消耗正常，基本无漏油、漏气（汽）、漏电现象，外表清洁、整齐。

（二）设备完好标准

设备完好标准应能对设备做出定量分析和评价，由各行业主管部门根据设备完好的总要求，结合本行业设备的特点制订，并作为本行业内企业检查设备完好的统一尺度。

**1. 金属切削机床完好标准**（前6项为主要项目）

适用范围：车床、铣床、磨床、刨床、钻床、镗床、刻线机、拉床、齿轮及螺纹加工加工机床、切断机床、组合机床、简易专用机床、超声波及电加工机床。

1）精度、性能能满足生产工艺要求，精密、稀有机床主要精度性能达到出厂标准。

2）各传动系统运转正常，变速齐全。

3）各操作系统动作灵敏可靠。

4）润滑系统装置齐全，管道完整，油路畅通，油标醒目，油质符合要求。

5）电气系统装置齐全，管线完整，性能灵敏，运行可靠。

6）滑动部位运转正常，各滑动部位及零件无严重拉、研、碰伤。

7）机床内外清洁，无黄袍，无油垢，无锈蚀。

8）基本无漏油、漏水、漏气（汽）现象。

9）零部件完整，随机附件基本齐全，保管妥善。

10）安全、防护装置齐全，可靠。

**2. 锻压设备完好标准**（前6项为主要项目）

适用范围：锻锤、锻造机、轧机、剪床、平板机、弯板机、弯管机、整形机、冷镦机、弹簧加工机、滚压机、压力机等。

1）精度、能力满足生产工艺要求。

2）各传动部位运转正常，变速齐全。

3）润滑系统装置齐全，管路完整，润滑良好，油质符合要求。

4）各操作系统动作灵敏可靠，各指示刻度准确。

5）电气系统装置齐全，管线完整，性能灵敏，运行可靠。

6）滑动部位运转正常，各滑动部位及零件无严重拉、研、碰伤。

7）机床内外清洁，无黄袍，无油垢，无锈蚀。

8）基本无漏油、漏水、漏气（汽）现象。

9）零部件完整，随机附件基本齐全，保管妥善。

10）安全、防护装置齐全，可靠。

**3. 铸造设备完好标准**（前3项为主要项目）

适用范围：造型机、抛砂机、造芯机、混砂机、落砂机、抛丸机、喷砂机等。

1）性能良好，能力满足生产工艺要求。

2）设备运转正常，操作控制系统完整可靠。

3）电气、安全、防护、防尘装置齐全有效。

4）设备内外整洁，零部件及各滑动面无严重磨损，滑动、导轨面无锈蚀。

5）基本无漏水、漏气（汽）、漏砂现象。

6）润滑装置齐全，效果良好。

**4. 起重设备完好标准**（前7项为主要项目）

适用范围：起重设备类。

1）起重和牵引能力能达到设计要求。

2）各传动系统运转正常，钢丝绳、吊钩符合安全技术规程。

3）制动装置安全可靠，主要零部件无严重磨损。

4）操作系统灵敏可靠，调速正常。

5）主、副梁的下挠上拱、旁弯等变形均不得超过有关技术规定。

6）电气装置齐全有效，安全装置灵敏可靠。

7）车轮无严重啃轨现象，与轨道有良好接触。

8）润滑装置齐全，效果良好，基本无漏油。

9）桥式起重机内外整洁，标牌醒目，零部件齐全。

## 二、完好设备的检查要求与设备完好率的考核、计算

（一）完好设备的检查要求

1）完好标准中的主要项目，有一项不合格，该设备即为不完好设备。

2）完好标准中的次要项目，有二项不合格，该设备即为不完好设备。

3）在检查人员离开现场前，能够整改合格的项目，仍算合格，但要作为问题记录。

（二）设备完好率（衡量整个企业设备技术状态的指标）

企业生产设备的技术状态完好程度，以"设备完好率"指标进行考核，企业应经常对主要生产设备进行设备完好率的专项检查。设备完好率 $\varphi$ 的计算式如下：

$$\varphi = \frac{主要生产设备完好台数}{主要生产设备总台数} \times 100\% \tag{3-1}$$

机械修理复杂系数大于5的已安装生产的设备为企业的主要生产设备，包括备用、封存和在修的生产设备，但不包括尚未投入生产、由基建部门或物资部门代管的设备。

企业设备完好台数应是逐台检查的结果，不得采用抽查和估算的方法推算。正在维修的设备，应按维修前的实际技术状态计算，维修完成的设备按维修后技术状态计算。大、中型企业主要生产设备完好率应稳定在90%以上。

当企业（或车间）的设备完好率已达到规定的目标时（例如 $\varphi \geq 90\%$），必须经常检查该企业（或车间）是否能保持这一设备完好率的水平。检查设备完好率的方法是在已上报的完好设备中随机抽查一部分，完好设备的抽查合格率用 $\beta$ 表示

$$\beta = \frac{抽查设备合格台数}{完好设备抽查台数} \times 100\% \tag{3-2}$$

抽查合格率达到规定指标时（一般 $\beta \geqslant 90\%$ ），才能认可该企业（或车间）所上报的完好率。

（三）考核一个车间的设备完好率

第一步：车间内部自检。应逐台检查本车间的主要生产设备，确定完好设备的台数，并使用式（3-1）计算本车间的设备完好率。

第二步：企业设备动力部抽查。抽查车间内部自检所确定的完好设备，抽查的台数为完好设备的 10%~15%，并使用式（3-2）计算完好设备的抽查合格率。

第三步：计算抽查后的设备完好率。抽查后的设备完好率 = 设备完好率 × 抽查合格率。

# 第三节 设备点检的要求、步骤与分类

设备点检是指按照一定标准、一定周期对设备的关键部位进行查看、测量、试验，以便掌握设备技术状态劣化的进程，尽早发现设备的故障隐患，及时并有针对性地采取维护保养或修理措施，使设备保持其规定技术状态（包括功能、精度、效率、运动参数、安全、环境保护、能源消耗等）的一种设备管理制度。设备点检也是维修活动重要的信息来源，是做好维修准备、安排好维修计划的基础。

设备点检中所指的"点"，是指设备的关键部位，通过检查这些"点"，能及时、准确地获得设备技术状态的有关信息。

## 一、设备点检的"八定"

1）定点。首先要确定一台设备有多少个维修点。确定维修点就是科学地分析这台设备，找准可能发生故障和老化的部位，一般包括 6 种部位：滑动部位、回转部位、传动部位、与原材料接触部位、荷重支撑部位、受介质腐蚀部位。点检人员必须对上述 6 种部位的维修点有计划地进行检查。另外，关系到安全生产的安全、保险、防护装置以及直接影响产品质量的部位也应考虑是否列入检查点。

2）定项。确定每一个检查点的检查项目和内容，每个点可能检查 1 项，也可能检查多项。

3）定标。根据制造厂家提供的技术要求和实践经验，对每个检查点的检查项目逐个制订判定技术状态是否正常的标准，如间隙、温度、压力、流量等。

4）定期。根据检查点在维持生产或安全上的重要性和生产工艺特点，结合设备的维修经验，制订点检周期。

5）定人。确定各类点检（如日常点检、定期点检、专项点检）的责任人（专职或兼职）是操作工、维修工还是其他专业技术人员。

6）定法。规定检查的方法。根据点检要求，确定各检查项目采用的方法和作业条件是目视查看、工具测量、仪器测录还是其他具体方法。

7）定卡。制作点检卡。将各检查点、检查项目、检查判定标准、检查周期、检查方法以及规定的记录符号等制成固定的表格，供点检人员检查时使用。

8）定流程。明确点检作业和点检结果处理的程序。

## 二、设备点检的"六步骤"

1）检查。对设备逐点逐项进行检查，检查的环境、步骤要有规定，例如是在运行中检查还是在停机时检查，是否要解体检查等。

2）记录。检查时作好记录，并且按规定格式填写清楚。要填写检查数据以及与标准的差值、判断印象、处理依据，检查者要签名，并且注明检查时间。

3）处理。检查时查出的问题或隐患，能当场处理的要及时进行处理，并且把处理结果记入处理记录，没有能力和条件进行处理的要及时报告有关人员，安排处理。

4）分析。检查记录和处理记录要定期进行系统分析，找出薄弱的维修点，提出改进意见。

5）改进。对薄弱的维修点进行改进，彻底消除薄弱环节。

6）评价。任何一项改进都要进行评价，观察其经济效果如何，只有这样才能不断完善。

点检管理的要点是"三位一体"制，即：以操作工为主的日常点检，以维修工为主的定期点检，以专业技术人员为主的专项点检相结合，实行全员管理，并且要与设备维修工作相结合。

## 三、设备点检的分类

按照点检的周期和业务范围，点检分为日常点检、定期点检和专项点检。

### （一）日常点检

设备日常点检是由设备操作工和维修工每日执行的例行作业，目的是为了及时发现设备异常，保证设备正常运转。

日常点检的检查时间一般在交接班过程中，由交接双方操作工人共同进行，此外，操作工还应在设备运行中对设备的运行状况随机检查。日常点检还包括维修工在维修区域内对分管设备的巡回检查。

**1. 日常点检的内容**

日常点检的主要内容见表3-6。

表3-6　日常点检内容

| 序号 | 名称 | 执行人 | 检查对象 | 检 查 内 容 或 依 据 |
|---|---|---|---|---|
| 1 | 班前检查 | 操作工 | 操作所涉及的设备 | 1）开车前检查操作手柄、变速手柄、刀具、夹具、模具等位置有无变动及固定情况，检查油标，各润滑点加油<br>2）检查安全防护装置是否完好、灵敏<br>3）开空车检查自动润滑来油情况，运转声音、液压、气动系统动作、压力等是否正常<br>4）确认一切正常后，开始运行、生产 |
| 2 | 巡回检查 | 维修工、维修电工、润滑工 | 维护区内分管的设备 | 1）听取操作工对设备问题的反映，经复查后及时排除缺陷<br>2）通过五感及便携式仪器对重要部位进行监测<br>3）查看油位，补充油量<br>4）监督正确使用设备 |

设备日常点检的对象主要是重点设备和对安全有特殊要求的设备。

点检时应严格采用专用的点检卡进行，检查结果记入点检卡中。一些进口设备往往由制造厂家提供专用点检卡。点检卡应按点检"八定"的要求编制，经过设备动力部审定的点检卡，任何人员不得随意改动。卧式车床日点检卡见表3-7，蒸汽工业锅炉日常点检卡见表3-8，空气压缩机日常点检卡见表3-9。

表3-7 卧式车床日点检卡

| 车间 | | 班组 | | | 资产编号 | | | 设备名称 | | | | | 型号规格 | | |
|---|---|---|---|---|---|---|---|---|---|---|---|---|---|---|---|
| 点检内容与点检正常标准 | | | 1 | 2 | 3 | 4 | 5 | 6 | 7 | 8 | 9 | 10 | 11 | 12 | 13 | … | 31 |
| 1 | 传动系统无异常响声 | | | | | | | | | | | | | | |
| 2 | 各手柄操作灵活，定位可靠 | | | | | | | | | | | | | | |
| 3 | 正反转及制动性能良好 | | | | | | | | | | | | | | |
| 4 | 各变速箱油量在油标刻线以上 | | | | | | | | | | | | | | |
| 5 | 主轴变速箱开机时油镜显示供油正常 | | | | | | | | | | | | | | |
| 6 | 光杠、丝杠、操纵杆表面无拉伤、研伤 | | | | | | | | | | | | | | |
| 7 | 各导轨润滑良好，无拉伤 | | | | | | | | | | | | | | |
| 8 | 各部位无漏油，冷却系统不漏水 | | | | | | | | | | | | | | |
| 9 | 油孔、油杯不堵塞，不缺油 | | | | | | | | | | | | | | |
| 10 | 无缺损零件 | | | | | | | | | | | | | | |
| 11 | 主轴变速箱温度无异常 | | | | | | | | | | | | | | |
| 12 | 主电动机温度无异常 | | | | | | | | | | | | | | |

| 交班问题记录 | 1 | | 4 | | 7 | | 本月点检发现问题 | | 处 |
|---|---|---|---|---|---|---|---|---|---|
| | 2 | | 5 | | 8 | | 本月维修解决问题 | | 处 |
| | 3 | | 6 | | 9 | | 其 他 | | |

| 检查方法 | 看、试、听 | 检查周期 | 每天 | 重大问题处理意见 | | 记录符号 | 正常 | 异常 | 已修好 |
|---|---|---|---|---|---|---|---|---|---|
| | | | | | | | √ | × | ◎ |

班组长：　　　　　点检者：　　　　　　　年　月　日

表3-8 蒸汽工业锅炉日常点检卡

设备编号＿＿＿＿　　设备名称＿＿＿＿　　型号规格＿＿＿＿　　所在车间＿＿＿＿

| 部位 | 序号 | 点检项目与点检正常标准 | 日期 班次 方法 | 星期一 | | | 星期二 | | | … | 星期日 | | |
|---|---|---|---|---|---|---|---|---|---|---|---|---|---|
| | | | | 甲 | 乙 | 丙 | 甲 | 乙 | 丙 | | 甲 | 乙 | 丙 |
| 水位表 | 1 | 水位指示清晰，各开关畅通、关闭严密 | 看、试 | | | | | | | … | | | |
| 压力表 | 2 | 指示数值符合要求 | 看 | | | | | | | … | | | |
| 安全阀 | 3 | 无漏气现象 | 看 | | | | | | | … | | | |
| 排污阀 | 4 | 关闭严密 | 摸 | | | | | | | … | | | |
| 水处理装置 | 5 | 运行正常，水质达标 | 看、试 | | | | | | | … | | | |
| 给水泵 | 6 | 运转正常，无杂音 | 听 | | | | | | | … | | | |
| 鼓、引风机 | 7 | 运转正常，无杂音 | 听 | | | | | | | … | | | |

（续）

| 部位 | 序号 | 点检项目与点检正常标准 | 日期＼班次＼方法 | 星期一 | | | 星期二 | | | … | 星期日 | | |
|---|---|---|---|---|---|---|---|---|---|---|---|---|---|
| | | | | 甲 | 乙 | 丙 | 甲 | 乙 | 丙 | … | 甲 | 乙 | 丙 |
| 上煤机构 | 8 | 运转正常 | 试、听 | | | | | | | … | | | |
| 出渣机构 | 9 | 运转正常 | 试、听 | | | | | | | … | | | |
| 除尘器 | 10 | 无漏气现象 | 看 | | | | | | | … | | | |
| 电气系统 | 11 | 动作正确，信号装置指示正确 | 试、看 | | | | | | | … | | | |
| 热工仪表 | 12 | 指示数值符合要求 | 看 | | | | | | | … | | | |
| 操作工（甲班） | | | | 维修工 | | | 运转班长 | | | | | | |
| 操作工（乙班） | | | | | | | | | | | | | |
| 操作工（丙班） | | | | | | | | | | | | | |

注：点检记录一般采用符号标注。正常用"√"号；异常或故障用"×"号；查出异常或故障并已被操作工排除用"◎"号；查出异常或故障并已被维修工排除用"○"号。

表 3-9　空气压缩机日常点检卡

设备编号＿＿＿＿＿　　设备名称＿＿＿＿＿　　型号规格＿＿＿＿＿　　所在车间＿＿＿＿＿

| 部位 | 序号 | 点检项目与点检正常标准 | 日期＼班次＼方法 | 星期一 | | | 星期二 | | | … | 星期日 | | |
|---|---|---|---|---|---|---|---|---|---|---|---|---|---|
| | | | | 甲 | 乙 | 丙 | 甲 | 乙 | 丙 | … | 甲 | 乙 | 丙 |
| 传动系统 | 1 | 运转正常，无杂音 | 试、听 | | | | | | | … | | | |
| 安全阀 | 2 | 一、二级缸安全阀无漏气 | 看 | | | | | | | … | | | |
| 压力调节装置 | 3 | 在规定压力内工作 | 试、看 | | | | | | | … | | | |
| 润滑系统 | 4 | 油泵、注油器工作正常 | 看 | | | | | | | … | | | |
| | 5 | 油管供油可靠，无漏油 | 看、试 | | | | | | | … | | | |
| | 6 | 油压表指示数值正常 | 看 | | | | | | | … | | | |
| 气路系统 | 7 | 一、二级缸、储气罐各压力表指示数值符合要求 | 看 | | | | | | | … | | | |
| | 8 | 各级进、排气阀工作正常 | 试、听 | | | | | | | … | | | |
| 冷却系统 | 9 | 冷却水供水压力、温度均符合要求 | 看、测定 | | | | | | | … | | | |
| 电气系统 | 10 | 电动机运转无杂音 | 听 | | | | | | | … | | | |
| | 11 | 电压、电流指示数值符合要求 | 看 | | | | | | | … | | | |
| 操作工（甲班） | | | | 维修工 | | | 运转班长 | | | | | | |
| 操作工（乙班） | | | | | | | | | | | | | |
| 操作工（丙班） | | | | | | | | | | | | | |

**2. 日常点检的方法和手段**

日常点检主要以"视、听、触、摸、嗅"五感为基本方法，有些重要部位要借助于工具（扳手、螺钉旋具、油枪、油壶等）、简单仪器或装在设备上的仪表和信号标志，如压力表、温度表、电流表、电压表和油标等来观测和检查。

（1）用视觉方法进行的点检

1）仪表。掌握各仪表（包括电流、旋转、压力、温度和其他）的指示值以及指示灯的状态，将观察值与正常值对照。

2）润滑。观察润滑状态、油量、漏油及污染。

3）磨损。设备的损伤、腐蚀、磨损、蠕动、堵塞及其他。

4）清理。设备及周围的清洁。

（2）用听觉方法进行的点检 检查有无异常声音，充分掌握设备日常正常运转状态下的声响。常见的异常声响如下：

1）碰撞声。紧固部位螺栓松动、压缩机金属磨损。

2）金属声。齿轮咬合不良，联轴器轴套磨损，轴承润滑不良。

3）轰鸣声。电气部件磁铁接触不良，电动机缺相。

4）噪声（如"喳—喳—"的周期响声）。泵的空化，鼓风机的喘振。

5）断续声。轴承中混入异物。

（3）用触觉方法进行的点检

1）用手感觉温度有无异常。感觉与体温程度相当的温度在 $30 \sim 35℃$ 的范围内，浴水温度为 $40℃$ 左右，手摸能忍耐数秒钟的温度为 $60℃$ 左右，手摸不能忍耐的温度为 $70℃$ 以上。

2）有无异常振动。发生振动的原因，多半为往复运转设备的紧固螺栓松动以及旋转设备的不平衡等。高速运转的设备若发生振动，将导致设备损坏，故应特别注意。

（4）用嗅觉方法进行的点检 电动机、变压器等有无因过热或短路引起的火花，或绝缘材料被烧坏的气味等；药剂、气体等有无泄漏。

（二）定期点检

定期点检以维修人员为主，操作工参加，定期对设备进行检查，记录设备异常、损坏及磨损情况，确定维修部位、更换零件、修理类别和时间，以便安排维修计划。除日常点检的工作内容外，定期点检主要是测定设备的性能、精度以及设备劣化程度，查明设备不能正常工作的原因，并记录在点检卡下次维修时应消除的缺陷项中。定期点检的主要目的是查明设备的缺陷和隐患，确定维修的方案和时间，确定设备维修后应达到的性能和精度。定期点检主要是凭借人的感官进行，但也使用一定的监测工具和仪器。定期点检一般与清除污垢和清洗换油工作配合进行。

定期点检间隔期的确定需考虑工作条件、使用强度、经济价值、安全要求、作业时间、劣化特性等因素的影响，一般参考说明书，并听取操作工和维修人员的意见，可以初步确定在一个月以上（例如起重设备为一个月），一年以内。在实施过程中还需要不断调整定期点检间隔期，以使定期点检间隔期逐步切合实际。

定期点检的对象是重点生产设备、故障多的设备和有特殊安全要求的设备，由于定期点检的内容比较复杂，一般需要停机进行，因此，应注意点检计划与生产计划之间的协调。

设备定期点检的对象、内容和目的见表3-10，桥式起重机定期点检卡见表3-11。

**表 3-10 设备定期点检的对象、内容和目的**

| 序号 | 名称 | 执行人 | 检查对象 | 检查内容和目的 | 检查时间 |
|---|---|---|---|---|---|
| 1 | 性能检查 | 主要：维修工、点检员 协作：操作工 | 主要生产设备（包括重点设备及质控点设备） | 掌握设备的故障征兆及缺陷，消除在一般维修中可以解决的问题，保持设备正常性能，并为下次计划修理的准备工作提供意见 | 按定检计划规定时间 |
| 2 | 精度检查 | 主要：维修工、点检员 协作：操作工 | 精密机床、大型、重型、稀有及关键设备 | 掌握设备的故障征兆及缺陷，消除在一般维修中可以解决的问题，保持设备正常性能，并为下次计划修理的准备工作提供意见 | 每 6 ~ 12 个月进行一次 |
| 3 | 可靠性试验 | 指定试验检查人员、持证检验人员 | 起重设备、动能动力设备、高压容器、高压电器等有特殊试验要求的设备 | 按安全规程要求进行负荷试验、耐压试验、绝缘试验等，以确保设备安全运行 | 以安全要求为准 |

**表 3-11 桥式起重机定期点检卡**

设备编号_____ 设备名称_____ 型号规格_____ 所在车间_____

| 序号 | 分类 | 点检要求与内容 | 201 年 次数 日期（月/日） | 1 | 2 | 3 | 4 | 5 | 6 |
|---|---|---|---|---|---|---|---|---|---|
| 1 | 机械 | 1. 传动轴、联轴器、吊钩的螺栓、键销是否松动 | | | | | | | |
| | | 2. 轴承、齿轮、油封、填料是否需要更换 | | | | | | | |
| | | 3. 制动器（包括电动机制动）调节良好制动可靠 | | | | | | | |
| | | 4. 大小车的车轮是否损坏、起皮、啃轨、严重磨损 | | | | | | | |
| | | 5. 轨道平行性、平直度，压板、接头是否完好，无松动 | | | | | | | |
| | | 6. 车体无开焊、开铆、螺钉松动，吊钩磨损正常 | | | | | | | |
| | | 7. 桥式起重机启动声音正常，前后、左右、升降动作灵敏正常 | | | | | | | |
| 2 | 电气 | 1. 电动机接线桩头是否良好，电刷是否磨损至极限，集电环是否起毛，轴承是否松动 | | | | | | | |
| | | 2. 按钮或开关触点是否烧坏，拖线、辫子线是否断脱，接触是否良好 | | | | | | | |
| | | 3. 各限位开关、联锁保险开关是否灵敏可靠 | | | | | | | |
| | | 4. 鼓形开关、电器箱内各接触器的触点是否有损坏，电阻是否失效 | | | | | | | |
| | | 5. 低压断路器或铁壳开关触点是否完好 | | | | | | | |
| 3 | 安全 | 1. 钢丝绳是否断股磨损，是否符合安全标准，卷扬筒压板是否松动，卷绕、导向是否正常 | | | | | | | |
| | | 2. 梯子栏杆是否安全，缓冲装置是否良好 | | | | | | | |
| | | 3. 吊起重物下滑是否在安全系数之内 | | | | | | | |

（续）

| 序号 | 分类 | 点检要求与内容 | 201 年 次数 | | 1 | 2 | 3 | 4 | 5 | 6 |
|---|---|---|---|---|---|---|---|---|---|---|
| | | | 日期（月／日） | | | | | | | |
| 4 | 润滑 | 1. 齿轮箱、轴承每年更换润滑油，钢丝绳适量润滑 | | | | | | | | |
| | | 2. 油杯、油嘴是否有油，润滑畅通 | | | | | | | | |
| 点检人签字 | 第1次点检 | | | | | | | | | |
| | 第2次点检 | | | | | | | | | |
| | 第3次点检 | | | | | | | | | |
| | 第4次点检 | | | | | | | | | |
| | 第5次点检 | | | | | | | | | |
| | 第6次点检 | | | | | | | | | |

（三）专项点检

专项点检一般指由专业维修技术人员针对某些特定的项目，如设备的精度、某项或某些功能参数等进行的定期或不定期的检查测定，例如对精、大、稀设备和选定的精加工设备进行的精度检查和调整，对起重设备、压力容器、高压电器等有特殊试验要求的设备定期进行的负荷试验、耐压试验、绝缘试验等。专项点检的目的是了解设备的技术性能和专业性能。点检时通常需使用专用工具和仪器。

设备点检是一项烦琐的工作，实际点检结果的输入更是一项艰巨的任务，因此，目前已引入了点检管理信息系统。首先建立点检标准数据库，将点检业务流程、点检部位及标准等信息输入计算机，使其发挥对点检业务的监督、提示功能。第二步利用传感器采集信息，变原来的手工填写点检卡为计算机输入。点检管理信息系统能及时将输入的点检结果与标准进行比较，进行点检数据的分析处理，还能逐步实现从人工调用数据判断向计算机自动判断过渡，并能进行倾向管理和残存寿命预测，辅助维修决策和修正维修计划。

**四、特种设备的预防性试验**

特种设备是指生产设备中的承压、有毒、易燃、易爆、高空、重载、污染环境、运行幅度大、工作传动链多、修复周期长、容易产生事故以及涉及人身安全的成套设备。特种设备在企业的生产过程中处于支配地位，是生产活动的心脏和动脉。只有确保特种设备安全、可靠、经济、合理地运行，才能保证生产的正常进行。特种设备包括：

1）动力设备。高、低压变配电设备、发电动机组、锅炉、空压机、乙炔发生器、制冷设备、制氧设备、煤气发生设备等。

2）起重运输设备。桥式起重机、电梯、电瓶车、内燃机、铲车等。

特种设备的生产运行具有三个主要特点：

1）运行时间长，生产具有连续性。中途不能中断和停顿，否则会造成部分或全厂停产，给企业带来重大的经济损失。

2）危险性大、安全要求高。动力设备所生产和传导的物质或介质一般都具有高温、高压、易燃、易爆、易触电等特点。起重运输设备的运行具有高空、重载、机动性强，联动装置多的特点。

3）部分特种设备在生产运行过程中会产生污染物。特种设备所排放的废气、废水、废物、粉尘和噪声直接影响职工的身体健康，并对环境产生污染。因此，国家和有关业务主管部门颁布了一系列的法规和制度，对工业污染严格限制和管理。

要加强对特种设备的管理，在扩建、改建或新建特种设备及其配套设施时，更应特别注重做好以下三个方面的工作。

1）安全。要确保特种设备及其配套设施竣工后能长期安全地运行，就应考虑：与其他建筑物的安全距离、耐火等级和各种防爆、防火、防雷击等措施；运行带来的污染和公害的预防、治理措施；确保安全运行的各种预防性试验和定期检验手段等。

2）可靠。要确保所建的特种设备及其配套设施在竣工后能长期连续地正常运转，使用可靠，满足生产需要，应考虑生产需要与特种设备及其配套设施的能力匹配，并留有适应负荷变化的发展余地；要考虑特种设备及其配套设施在检查、保养、修理时供替换运行的备用机组；要合理配备具有一定技术水平的操作工和维修工。

3）经济。要确保特种设备及其配套设施竣工后生产运行的经济性，就要求对各种设计方案进行技术经济论证，在安全、可靠、满足生产需要的前提下，从中选择经济性最好的方案。

要加强对特种设备生产运行过程的管理，其基本任务是保证动力设备在安全、可靠、经济、合理运行的前提下，达到寿命周期费用最低和综合效益最高的目的。具体措施是：

1）贯彻"安全、可靠、经济、合理"的特种设备管理方针，实行专业管理和群众管理相结合的原则，建立健全的以岗位责任制为核心的各种规章制度，做好生产运行过程中的技术状态管理工作。

2）贯彻预防为主、维护与计划检修相结合的设备管理方针，加强对特种设备的维护保养、巡回检查、状态监测、预防性试验和计划维修工作，保证特种设备运行处于良好的技术状态下。

3）贯彻和执行特种设备的安全与操作规程，加强检查，严肃工艺纪律，杜绝各种事故隐患。

对被企业列为重点、关键的特种设备，要严格实行重点维护（特级维护）、监察、预防制度，严禁带病运行、超负荷运行、超规范使用。

为确保特种设备的正常运行，预防和控制事故的发生，必须采取各种方法和手段，监察并掌握特种设备的技术状态。掌握特种设备技术状态的主要方法是点检和定期进行预防性试验。

对热力和动能设备、受压容器，要按规定的时间进行耐压和严密性试验，并定期校验安全阀、压力表等有关的仪器仪表。对锅炉生产设备要定期检查本体内外的磨损、腐蚀是否在正常范围之内，拉撑是否有裂纹或断裂等。对受压容器要定期测定材料厚度，检查容器内外的焊缝有无裂纹、裂口等。对变电所的操作防护用具要定期试验其绝缘性能，避雷器的接地电阻要定期测定，继电保护装置和安全指示装置要定期进行试验等。对起重机械要定期进行动、静负荷试验，刚度、强度测定，路轨和安全防护装置的定期校验。对运输设备的各项性能指标也应按有关规定进行定期试验，如起运能力、制动、转速、轮距、变速、转向和安全装置等。

### 五、设备技术状态监测技术

设备点检制度中的关键步骤是技术状态检查。随着科学技术的进步，设备的精度、效率、自动化程度越来越高，仅靠人的感观检查设备技术状态越发困难，准确性也不高，另外，科学技术的进步也催生了许多监测设备技术状态的专业仪器，用这些专业仪器对设备技术状态实施监测，可以快速、准确地掌握设备的实际技术状态。所以，现代设备点检制度中的技术状态检查正朝着设备技术状态监测的方向发展。

（一）设备技术状态监测的种类

设备技术状态监测分为主观监测和客观监测两种，在这两种方法中均包括动态监测和静态监测。

#### 1. 主观监测

主观监测是以人的经验为主，借助简单的工具，通过人的感觉器官直接观测设备现象，并凭经验主观判断设备技术状态的监测方法。主观监测的经验是在长期的生产维修活动中积累起来的，在各行各业中，人们对不同特点和不同功能的设备、装置都掌握了许多既可靠又简而易行的主观监测的好经验、好方法。在工业发达国家，主观监测仍占有很大的比重。

#### 2. 客观监测

客观监测就是利用各种工具、仪器对设备的技术状态进行监测。简单的监测工具很多，如千分尺、百分表、塞尺、温度计等，用这些工具直接接触监测物体表面，直接获得磨损、变形、间隙、温度、损伤等异常现象的信息。近年来出现了许多专业性较强的监测仪器，如电子听诊器、振动脉冲测量仪、红外热像仪、铁谱分析仪、频闪观测仪、轴承检测仪等，大大提高了设备技术状态监测的可行性与准确性。但是，有些监测仪器价格比较昂贵，在实际使用中受到了一定限制。

（二）设备技术状态监测技术简介

#### 1. 振动的监测

造成设备的振动和噪声的原因较多，主要是由于零件加工或装配中的偏心、弯曲以及材质的不均衡和轴承的磨损、损坏或齿轮磨损、疲劳剥离、齿面点蚀等因素的影响。因此，根据测定的振动幅值或振动速度，就能识别和判断设备的运行状态。振动的监测属于动态监测的一种。

用振动监测法监测和判断主要轴承的磨损状态较为常见。例如，用脉冲振动测量仪监测滚动轴承，能测出滚动体的磨损和点蚀所造成的运转中的最大冲击振动量，也可测出轴承圈滚道的磨损和润滑不良造成的运转中的振动量，从而绘制出振幅和时间的变化曲线，及时掌握和判别轴承磨损的过程和故障发生的可能性。

#### 2. 噪声的监测

随着现代电子技术的发展，噪声测量仪器日益多样化、小型化、自动化。目前常用的噪声测量仪器有：声级计、频谱分析仪、录音机、自动记录仪和实时分析仪等。

在测量机械设备的噪声时，由于测点位置不同，可能得到的结果也不同。因此应按照监测规范进行布点和测量，同时应注明测点位置。

### 3. 裂纹的监测

目前常用的裂纹监测设备有多通道超声波自动检测系统、数字超声检测仪、裂纹深度测试仪、X射线检测机、磁探钳、涡流检测仪等。这些设备都采用无损检测技术，利用物理的方法对零件材料的隐蔽缺陷和损伤进行探测，同时又不损伤零件基体。通常无损检测是在停机拆卸状态下实施的，属于静态监测。

无损检测可以鉴别先天性基体材料缺陷、加工缺陷及使用中产生的缺陷。无损检测不仅用于设备维修，也广泛用于机械制造、改进工艺、提高产品可靠性等许多技术领域，特别是动力设备、压力容器、冶炼及化工等设备。

### 4. 润滑油的监测

润滑油的监测通常采用润滑油油样分析法。润滑油在设备中循环流动，必然携带着设备中零部件运行状态的大量信息。这些信息可提示设备中零件磨损的类型、程度，据此可预测设备中零部件的剩余寿命，从而进行计划性维修。

油样分析工作分为采样、检测、诊断、预测和处理五个步骤：

1）采样。采集能反映当前设备中各零部件运行状态的油样，即油样应具有代表性。

2）检测。对油样进行分析，测定油样中磨损残渣的数量和粒度分布，初步判定设备的磨损状态是正常磨损还是异常磨损。

3）诊断。如果设备属于异常磨损时，则还需进一步诊断，确定磨损零件和磨损类型（如磨料磨损、疲劳剥落等）。

4）预测。预测处于异常磨损状态的设备零件的剩余寿命和今后的磨损类型。

5）处理。根据所预测的磨损零件、磨损类型和剩余寿命，对设备进行处理。即确定维修方式、维修时间以及确定需要更换的零部件等。

目前常用的润滑油油样分析法有光谱分析法、铁谱分析法和磁塞法。后两种方法主要适用于观测铁磁性材料零件的磨损情况。

### 5. 温度的监测

温度的异常往往是故障的前兆。轴承磨损或润滑不良、电气设备绝缘层损伤、炉衬破损等均会使温度异常。

常用的测温方法和手段很多，一般的测温仪有接触式的，也有非接触型辐射式的，其感温器常以电阻式和热电偶式居多。接触式的测温方法有温度指示漆、温度指示笔、温度指示带等，使用极为方便，可直接贴放于温度监测部位，如电动机、变压器、机床主轴轴承、油池等。红外技术的应用促进了非接触型辐射式测温仪的发展，如红外热像仪可在显示屏上映出温度图像，显示出温度分布情况，图像可以记录、摄像，灵敏度极高，并能在大面积上确定缺陷的位置，快速、安全、经济。红外热像仪可用于检查各种配电装置，如检查电气装置过热、接触不良、绝缘缺陷等；还可用于检测各种炉窑、反应堆、管道、容器等的内衬缺陷、残渣沉积、液面高度、泄漏等。

### 6. 泄漏的监测

管道损坏和泄漏不仅损耗能源，还会造成严重污染。对管道上细小的泄漏或对于埋在地下需要迅速检测出来的泄漏，不仅要有灵敏的仪器，还要有长期积累的判断经验。

泄漏监测的简易办法有：用肥皂水探测一般管道的泄漏；用甲烷灯探测氟利昂的泄漏；用氨水棉花球探测氯气的泄漏；用触媒燃烧器检测管道、暗沟、容器及其他设备的可燃气和蒸汽的泄漏；用声学检漏仪捕捉气体或液体泄漏时所发出的声信号或超声信号等。此外，还有灵敏度更高的氦质谱仪、红外分光仪、热传导探测器、气体检测仪等。

### 7. 频闪观测仪

频闪观测仪能在可调时间间隔内产生极短促的闪光，将闪光照射到转动着的机件上。调整单位时间的闪光次数与转动件的转数一致，则闪光总能照射到机件相同的位置上。由于人眼的视觉停留作用，便可形成运动件"固定不动"的现象。

利用频闪观测仪可观测运转中的零部件是否有缺陷，如联轴器橡胶衬套是否磨损或两半体是否错位；检查机件运动速度或频率；调整机件平衡；检查机件上温度指示带颜色的变化；对铆接、螺纹联接、焊接等连接部分涂密封漆，用频闪观测仪观测其是否松动或出现裂纹；高速摄像等。

# 第四节　设备故障全过程管理

设备的技术状态有完好状态、异常状态和故障状态之分。

所谓故障，一般是指设备丧失或降低其规定功能的事件或现象。通常是由于组成设备的某些零部件失去了原有的精度或性能，或零部件之间的关系失常，或设备正常工作条件被破坏等，使设备不能正常运行、技术性能降低，致使设备中断生产或效能降低而影响生产。

故障发生之前总会有一些征兆，我们称之为异常。设备点检以及特种设备预防性试验的目的之一就是要发现异常，把握故障征兆，以便及时消除故障隐患，防故障于未然。

（一）故障的分类

### 1. 按故障功能丧失的程度分类

（1）非永久性故障　只在短期内故障，造成零部件丧失某些功能，通过修理或调整立刻可恢复全部运行标准，不需要更换零部件。

（2）永久性故障　设备某些零件已损坏，需更换后丧失的功能才能恢复。

### 2. 按故障发生速度的程度分类

（1）突发性故障　突发性故障是各种不利因素及偶然的外界影响共同作用，超出设备所能承受的限度而引起的。这类故障往往事先无任何征兆，如润滑油突然中断、过载引起的零件断裂等。

（2）渐发性故障　渐发性故障是由于设备初始参数逐渐劣化而产生的，使用时间越长，发生故障的可能性越大，如零件的磨损、腐蚀、疲劳、蠕变、老化等。大部分设备的故障都属于这一类，可以事先检测或监控。

### 3. 按故障产生的原因分类

（1）磨损性故障　因设备的正常磨损引起的故障。

（2）错用性故障　因操作错误、维护不当造成的故障。

（3）固有薄弱性故障　因系统或部件的设计和制造原因引起的正常使用时发生的故障。

### 4. 按故障的危险性程度分类

（1）危险性故障　保护系统在需要动作时发生故障；制动系统失灵造成的故障；导致损害工件或人身伤害的故障等。

（2）安全性故障 保护系统不需要动作而动作所造成的故障；牵引系统不需制动而制动所造成的故障；机床起动时的故障等。

**（二）故障的全过程管理**

目前，大多数设备远未达到无维修设计的程度，因而时有故障发生，维修工作量大。为了全面掌握设备的技术状态，搞好设备维修，改善设备的可靠性，提高设备利用率，必须对设备的故障实行全过程管理。

设备故障全过程管理的内容包括：故障紧急处理；故障调查；故障信息采集、储存、统计；故障分析；故障综合治理；治理效果评价；信息反馈（包括使用单位内部反馈和向设计制造单位反馈）。设备故障全过程管理如图3-4所示。

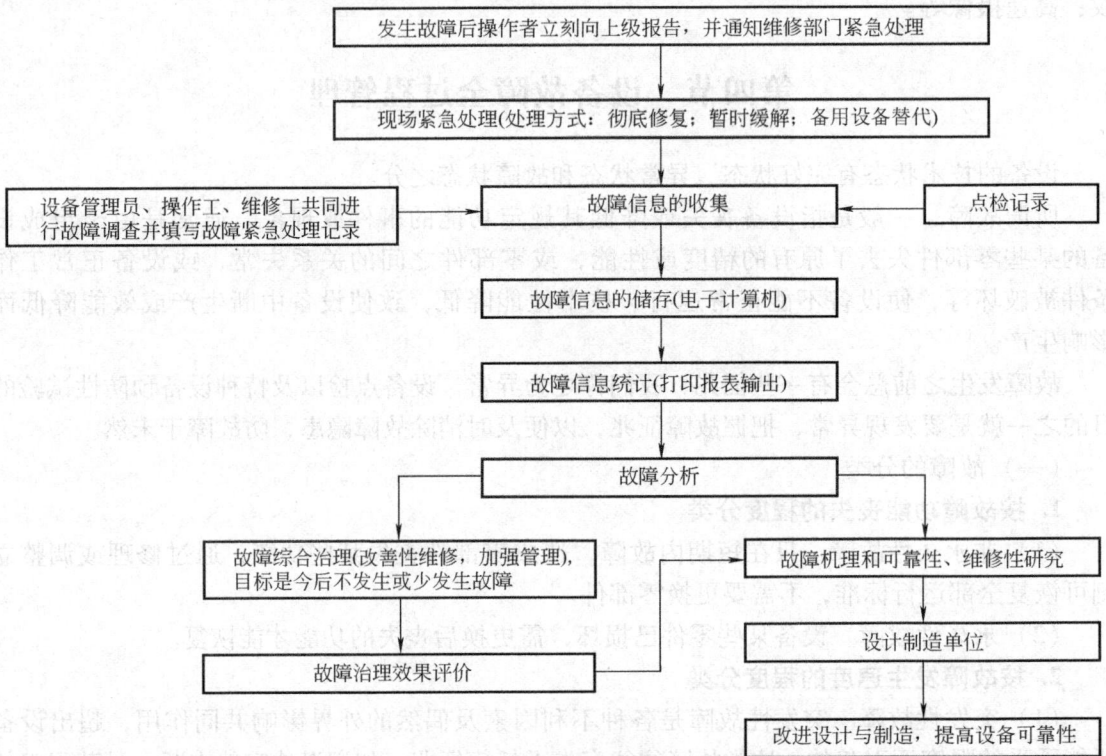

```
┌─────────────────────────────────────────────────────────┐
│ 发生故障后操作者立刻向上级报告，并通知维修部门紧急处理      │
└─────────────────────────────────────────────────────────┘
                          ↓
┌─────────────────────────────────────────────────────────┐
│ 现场紧急处理(处理方式：彻底修复；暂时缓解；备用设备替代)    │
└─────────────────────────────────────────────────────────┘
                          ↓
┌──────────────────────┐   ┌──────────────┐   ┌──────────┐
│设备管理员、操作工、维修│→ │ 故障信息的收集 │ ← │ 点检记录  │
│工共同进行故障调查并填写│   └──────────────┘   └──────────┘
│故障紧急处理记录        │           ↓
└──────────────────────┘   ┌──────────────────┐
                           │ 故障信息的储存(电子计算机) │
                           └──────────────────┘
                                   ↓
                           ┌──────────────────┐
                           │ 故障信息统计(打印报表输出) │
                           └──────────────────┘
                                   ↓
                           ┌──────────────┐
                           │   故障分析    │
                           └──────────────┘
```

┌────────────────────────────┐        ┌──────────────────────────┐
│故障综合治理(改善性维修，加强管理)，│  →    │ 故障机理和可靠性、维修性研究 │
│目标是今后不发生或少发生故障        │        └──────────────────────────┘
└────────────────────────────┘                      ↓
            ↓                               ┌──────────────┐
┌────────────────────────────┐             │  设计制造单位  │
│      故障治理效果评价          │             └──────────────┘
└────────────────────────────┘                      ↓
                                    ┌────────────────────────────┐
                                    │ 改进设计与制造，提高设备可靠性 │
                                    └────────────────────────────┘

图3-4 设备故障全过程管理

**1. 故障的紧急处理**

当生产现场的设备出现故障后，操作工能自己修复的应马上修复，不能自己修复的必须立刻向上级报告，并通知维修部门紧急处理。维修部门接到通知后应立刻进行故障紧急处理，由于因故障而中断的生产需要迅速恢复，所以故障必须得到快速处理。紧急处理的方式：能彻底修复的应彻底修复；时间不允许彻底修复的应设法暂时缓解故障，尽快恢复生产，等生产任务完成后再彻底修复故障；短时间内故障无法修复和缓解的，应启用备用设备。

**2. 故障信息的收集**

（1）收集方式 设备故障信息按规定的表格收集，设备故障紧急处理单见表3-12。在维修部门进行故障紧急处理的同时，设备管理员、操作工、维修工共同进行故障调查并填写设备故障紧急处理单，作为设备动力部收集故障信息的原始记录。

**表 3-12 设备故障紧急处理单**

年 月 日

| 车间 | | | 工段 | | | 班组 | |
|---|---|---|---|---|---|---|---|
| 设备编号 | | 设备名称 | | | 型号规格 | | |
| 故障发生时间 | | 年 月 日 时 | | 修理完工时间 | | 年 月 日 时 | |

故障发生情况：

操作工：

| 原 因 分 析 | | 修 理 更 换 零 件 | | | | |
|---|---|---|---|---|---|---|
| | | 名 称 | 图号 | 数量 | 金额 | |
| | | | | | 单 价 | 合 计 |
| 1. 设计不良 | 10. 安装不良 | | | | | |
| 2. 制造不良 | 11. 润滑不良 | | | | | |
| 3. 零件不良 | 12. 保养不良 | | | | | |
| 4. 操作不良 | 13. 精度不良 | | | | | |
| 5. 维修不良 | 14. 原因不明 | | | | | |
| 6. 超负荷 | 15. 事故 | | | | | |
| 7. 老化 | 16. 其他 | | | | | |
| 8. 修理不良 | 17. 正常 | | | | | |
| 9. 电气元件不良 | | | | | | |

故障紧急处理情况：

维修工：

| 责任分析及防止故障再发生的建议： | 停机时间 | | 损失费用 | |
|---|---|---|---|---|
| | 名 称 | 修理工时 | 修理费用 | |
| 修理费用 | 钳 工 | | | |
| | 电 工 | | | |
| | 其 他 | | | |
| | 合 计 | | | |

车间设备管理员： 车间主任： 维修部门负责人：

（2）收集故障信息的内容

具体内容包括：

1）故障时间信息。包括统计故障设备开始停机时间、开始修理时间、修理完成时间等。

2）故障现象信息。故障现象是故障的外部形态，它与故障的原因有关。因此，当故障现象出现后，应立即停车，观察和记录故障现象，保持或拍摄故障现象，为故障分析提供真实可靠的原始依据。

3）故障部位信息。确切掌握设备故障的部位，不仅可为分析和处理故障提供依据，还可直接了解设备各部分的设计、制造、安装质量和使用性能，为改善维修、设备改造提供依据。

4）故障原因信息。产生故障的原因通常有以下几个方面：①设备设计、制造、安装中存在的缺陷；②材料选用不当或有缺陷；③使用过程中的磨损、变形、疲劳、振动、腐蚀、变质、堵塞等；④维护、润滑不良，调整不当，操作失误，过载使用，长期失修或修理质量不高等；⑤环境因素及其他原因。

5）故障性质信息。有两类不同性质的故障：一种是硬件故障，即由于设备本身设计、制造质量或磨损、老化等原因造成的故障；另一种是软件故障，即环境和人员素质等原因造成的故障。

6）故障处理信息。包括故障紧急处理信息与故障综合治理信息。故障处理信息的收集，可为评价故障处理的效果和提高设备的可靠性提供依据。

（3）故障信息的准确性　影响信息收集准确性的主要因素是人员因素和管理因素。操作工、维修工、车间设备管理员与计算机操作人员的技术水平、业务能力、工作态度等均直接影响故障信息采集、输入、统计的准确性。在管理方面，设备故障紧急处理单的完善程度、故障管理工作的制度、流程及考核指标、人员的配置，均影响故障信息管理工作的成效。因此，必须加强员工的故障管理及信息采集、输入、统计方面的培训，才能提高故障信息采集、输入、统计的准确性。

**3. 故障信息的储存**

开展设备故障全过程管理以后，故障信息数据的采集、储存、统计与分析的工作量与日俱增，全靠人工填写、整理、运算、分析，不仅工作效率很低，而且易出错误。企业应采用计算机数据库来处理故障信息，因此，开发设备故障管理信息系统软件便成为不可缺少的手段。软件系统应包括设备故障紧急处理单输入模块，随机故障统计分析模块，根据企业生产特点建立的周、月、季度、年度故障统计分析模块及维修人员修理工时定额考核模块等。在开发设备故障管理信息系统软件时，还要考虑设备一生管理的大系统，把设备故障管理看成是设备管理信息系统的一个子系统，并与其他子系统无缝集成。

**4. 故障信息的统计**

设备故障信息输入计算机后，管理人员可根据工作需要，打印输出各种图表，为分析、处理故障，做好改善性维修和可靠性、维修性研究提供依据。

**5. 故障分析**

故障分析是从故障现象入手，分析各种故障产生的原因和机理，找出故障随时间变化的宏观规律，判断故障对设备的影响。研究偶发故障的预测及预防方法，从而控制和预防故障的发生。

设备在使用过程中发生故障的一般规律可用故障率曲线来表示，如图 3-5 所示。

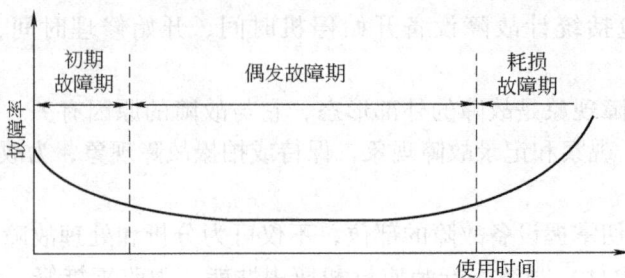

图 3-5　设备的典型故障率曲线

1）初期故障期。初期故障期又称为磨合期，这一阶段的故障率较高，且多为随机故障，但随着时间的推移，故障率迅速下降。初期故障期的时间长短与设备的设计与制造质量相关，故障的产生主要是由设计、制造上的缺陷，或使用环境不当造成的。

2）偶发故障期。这一阶段故障率最低，而且大致处于稳定状态，是设备的最佳状态期或正常工作期，偶发故障期的时间长度为设备的有效寿命。此期间故障的发生与时间无关，是随机突发的，如机械零件、电子元件的突然损坏等，多起因于可靠性设计中的隐患、使用不当与维修不力。

3）耗损故障期。进入此阶段，故障率开始上升，故障频发，故障率随时间推移越来越高，设备进入急剧磨损阶段。原因是组成设备的零部件与子系统长期使用后，由于疲劳、磨损、老化等原因寿命已渐近衰竭，最终会导致设备的功能终止。

（1）故障分析的具体方法　根据采集汇总的故障信息，统计故障频率、故障强度，采用直方图、故障树分析（FTA）、因果图等方法，全面分析故障频率、故障强度、故障部位、故障原因，从而找出故障规律，提出对策。

查找故障原因时，先按大类划分，再层层细分，直到找出主要原因。通常采用故障因果图的方法，如图3-6所示。

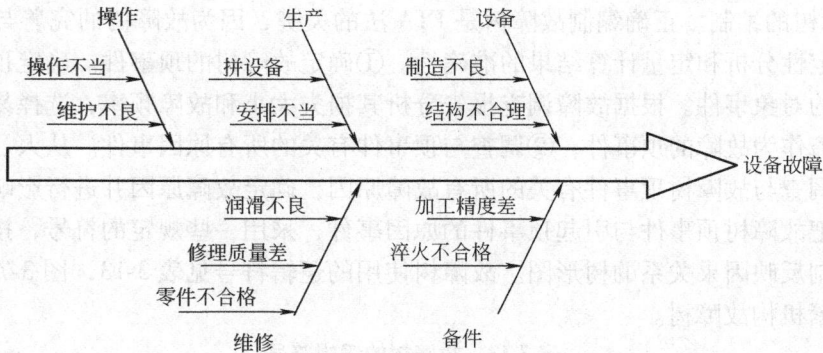

图 3-6　故障因果图

（2）故障树分析法　故障树分析（Fault Tree Analysis，FTA）法是一种演绎推理法，FTA法将系统可能发生的某种故障与导致故障发生的各种原因之间的逻辑关系用树形图表示出来，通过对故障树的定性与定量分析，找出故障发生的主要原因，如分析设备零部件对整个设备产生故障的影响。采用FTA法，对有效防止故障和事故、减少停产损失、提高企业经济效益有着积极的作用。FTA法具有以下特点：

1）FTA法是一种图形演绎方法，是故障事件在一定条件下的逻辑推理方法。它可以围绕某特定的故障进行层层深入的分析，因而在清晰的故障树图形下，表达了系统内各事件间的内在联系，并指出单元故障与系统故障之间的逻辑关系，便于找出系统的薄弱环节。

2）FTA法具有很大的灵活性，可以分析由单一构件故障所诱发的系统故障，还可以分析两个以上构件同时发生故障时所导致的系统故障。可以用于分析设备、系统中零部件故障的影响，也可以考虑维修、环境因素、人为操作或决策失误的影响，即不仅能反映系统内部单元与系统的故障关系，也能反映出系统外部因素所可能造成的后果。

3）FTA法分析的过程，是一个对系统更深入认识的过程，它要求分析人员把握系统内各要素间的内在联系，弄清各种潜在因素对故障发生影响的途径和程度，因而许多问题在分析的过程中就被发现和解决了，从而提高了系统的可靠性。

4）利用故障树模型可以定量计算复杂系统发生故障的概率，为改善和评价系统安全性提供了定量依据。

FTA法的不足之处主要有：①需要花费大量的人力、物力和时间，难度较大，建树过程复杂，需要经验丰富的技术人员参加，即使这样也难免发生遗漏和错误；②FTA法只考虑（0，1）状态的事件，而大部分系统存在局部正常、局部故障的状态，因而建立数学模型时会产生较大误差；③FTA法虽然可以考虑人的因素，但人的失误很难量化。

FTA法一般可按下述步骤进行。

1）准备阶段。①确定所要分析的系统。在分析过程中，合理地处理好所要分析的系统与外界环境及其边界条件，确定所要分析系统的范围，明确影响系统安全的主要因素；②熟悉系统。这是故障树分析的基础和依据。对于已经确定的系统进行深入的调查研究，收集系统的有关资料与数据，包括系统的结构、性能、工艺流程、运行条件、故障类型、维修情况、环境因素等；③调查系统发生的故障。收集、调查所分析系统曾经发生过的故障和将来有可能发生的故障，同时还要收集、调查本单位与外单位、国内与国外同类系统曾发生的所有故障。

2）故障树的编制。正确编制故障树是FTA法的关键，因为故障树的完善与否将直接影响到故障树定性分析和定量计算结果的准确性。①确定故障树的顶事件。确定顶事件是指确定所要分析的对象事件。根据故障调查报告分析其损失大小和故障频率，选择易于发生且后果严重的故障作为故障的顶事件；②调查与顶事件有关的所有原因事件。从人、机、环境和信息等方面调查与故障树顶事件有关的所有故障原因，确定故障原因并进行影响分析；③编制故障树。把故障树顶事件与引起顶事件的原因事件，采用一些规定的符号，按照一定的逻辑关系，绘制反映因果关系的树形图。故障树使用的逻辑符号见表3-13，图3-7所示为卧式镗床拖板夹紧机构故障树。

表3-13　故障树的逻辑符号

| 符　　号 | 含　　义 |
| --- | --- |
| ▭ | 顶事件或中间事件：待展开分析的事件 |
| ◯ | 基本事件：不能或不需要展开的事件，表示导致故障的基本原因 |
| ◇ | 省略事件：原因不明，没有必要进一步向下分析或其原因不明确的原因事件 |
| ⬠ | 开关事件：在正常条件下，必然发生或必然不发生的事件 |
| △ ▽ | 转移符号：表示部分故障树图的转入或转出 |
| ⬭ | 条件事件：限制逻辑门开启的事件 |

（续）

| 符 号 | 含 义 |
|---|---|
|  | 与门：下端的各输入事件同时出现时，才能导致发生上端输出事件 |
|  | 或门：下端的各事件中只要有一个输入事件发生，即可导致输出事件的发生 |
|  | 禁门：下端有条件事件时，才能导致发生上端事件 |

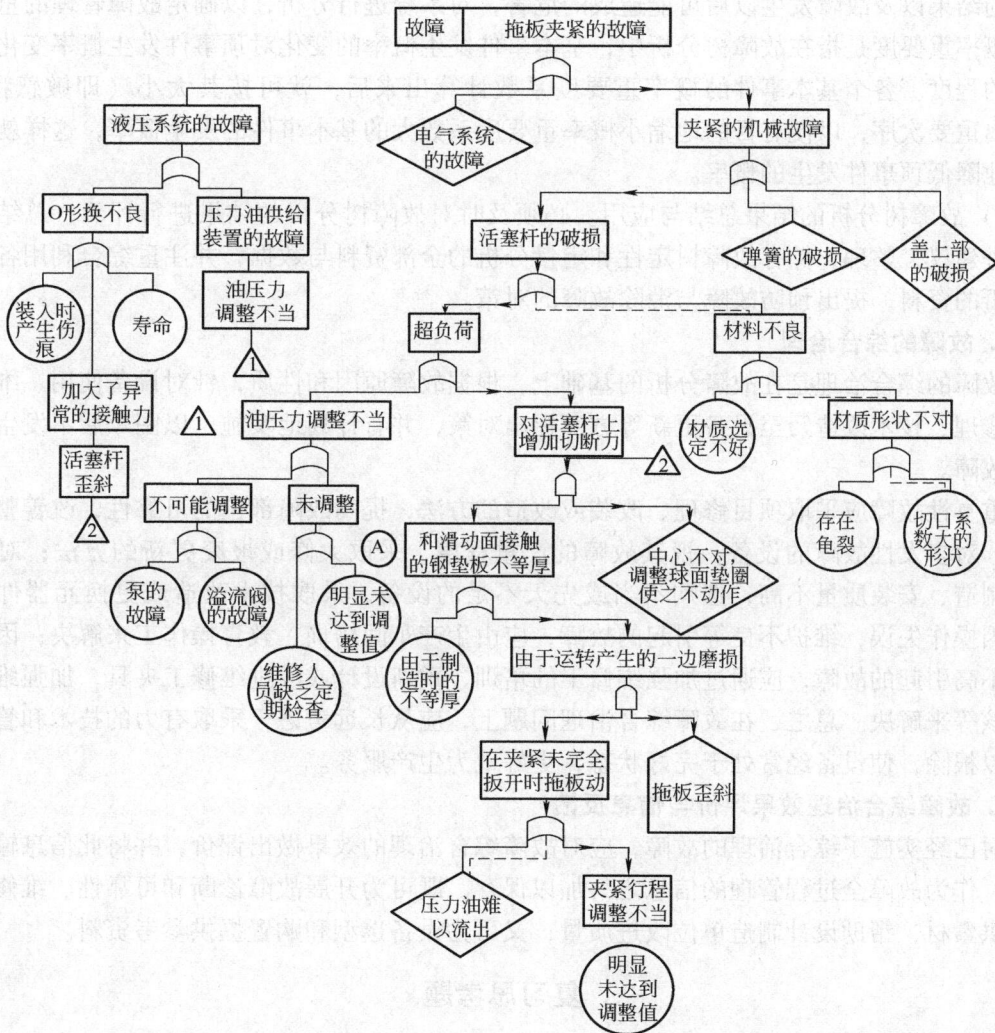

图 3-7 卧式镗床拖板夹紧机构故障树

3）故障树定性分析。故障树定性分析主要是按故障树结构，求取故障树的最小割集或最小径集，以及基本事件的结构重要度，根据定性分析的结果，确定预防故障的安全保障措施。

FTA法分析中，把能使顶事件发生的基本事件集合叫做割集，最小割集是导致顶事件发生的最低限度的基本事件集合。

最小径集与最小割集最相对，是保证顶事件不发生的最小的不发生事件的组合。即顶事件不发生所必需的最低限度的基本事件不发生的集合。

结构重要度分析是从故障树结构上入手分析各基本事件的重要程度。结构重要度分析一般可以采用两种方法，一种是精确求出结构重要度系数，一种是用最小割集或用最小径集排出结构重要度顺序。

4）故障树定量分析。故障树定量分析主要是根据引起故障发生的各基本事件的发生概率，计算故障树顶事件发生的概率；计算各基本事件的概率重要度和关键重要度。根据定量分析的结果以及故障发生以后可能造成的危害，对系统进行分析，以确定故障管理的重点。

概率重要度是指在故障树分析中，基本事件发生概率的变化对顶事件发生概率变化产生影响的程度。各个基本事件的概率重要度系数计算出来后，就可按其大小（即敏感程度）排列出重要次序，以便有目的地缩小概率重要度系数大的基本事件的发生概率，这样就能更有效地降低顶事件发生的概率。

5）故障树分析的结果总结与应用。必须及时对故障树分析的结果进行评价、总结，提出改进建议，整理、储存故障树定性和定量分析的全部资料与数据，并注重综合利用各种故障分析的资料，提出预防故障与消除故障的对策。

**6. 故障的综合治理**

故障的综合治理是在故障分析的基础上，根据故障原因和性质，针对设备使用、维护保养、修理、技术改造乃至设备更新等方面提出对策，并有计划地实施，以图今后不发生或少发生故障。

重复性故障应采取项目修理、改装或改造的方法，提高故障部位的可靠性，改善整机的性能；对多发性故障的设备，视其故障的严重程度，采取大修或报废更新的方法；对于设计、制造、安装质量不高，选购不当或先天不足的设备，采取技术改造或更换元器件的方法；因操作失误，维护不良等引起的故障，应由生产车间培训、教育操作工来解决；因修理质量不高引起的故障，应通过加强维修工的培训、重新设计或改进维修工夹具，加强维修工的考核等来解决。总之，在故障综合治理问题上，应从长远考虑，采取有力的技术和管理措施加以根除，使设备经常处于完好状态，更好地为生产服务。

**7. 故障综合治理效果评价与信息反馈**

对已经实施了综合治理的故障，应对故障综合治理的效果做出评价，并将此信息输入计算机，作为故障全过程管理的信息之一加以保存，既可为开展故障诊断和可靠性、维修性研究提供素材，帮助设计制造单位改进质量，又可为设备选型和购置提供参考资料。

## 复习思考题

1. 什么是设备技术状态？
2. 设备修理复杂系数的概念是什么？主要分成哪几种修理复杂系数？影响设备修理复杂系数的因素是

什么？

3. 设备完好的总体要求包括哪些内容？

4. 设备点检的"八定"、"六步骤"是什么？点检中的"点"是如何确定的？

5. 点检分为哪几类？各类的主要执行人员和工作范围如何？

6. 特种设备主要包括哪些设备？

7. 设备故障的概念是什么？设备故障怎样分类？

8. 设备在使用过程中发生故障的一般规律是什么？

9. 某企业有设备1 000台，机械修理复杂系数大于5并已安装生产的设备为900台，在这900台设备中，经逐台检查，完好设备为810台，请计算该企业的设备完好率。上级主管部门对该企业的设备完好率进行抽查，共抽查了20台，其中完好设备的台数为17台，请计算完好设备的抽查合格率。

# 第四章 设 备 维 修

设备维修是设备维护保养和设备修理的统称。设备管理强调设备维护保养和设备修理相结合，维护保养中有修理，修理中有维护保养。本章为专业设备管理人员了解设备维修管理方面的知识、内容、流程而编写。

## 第一节 维修方式与修理类别

设备在使用过程中，零部件会逐渐发生磨损、变形、断裂、锈蚀等现象。设备修理就是对技术状态劣化到某一临界状态的设备通过拆装、调整，更换或修复磨损失效的零件等技术活动，使设备恢复应有的功能和精度，从而保证设备正常运行，延长设备使用寿命。同时，结合修理进行必要的改善修理，提高设备的可靠性、维修性，充分发挥设备的效能。

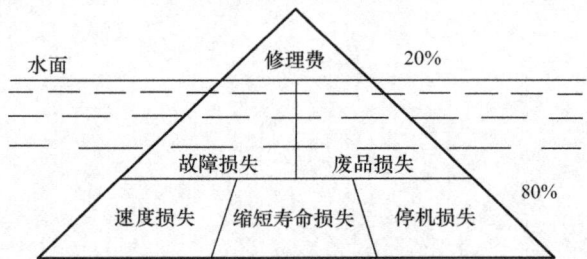

图 4-1 冰山效应

修理效益好像如图 4-1 所示的一座冰山，浮在水面上的修理费用容易被人们看见；但由于修理不善而造成的各种损失（淹没在水里的部分）往往易被人们忽视。

### 一、设备维修方式

设备维修，必须贯彻"预防为主"的方针，以生产为中心，为生产服务。根据企业的生产性质、设备特点及设备在生产中所起的作用，选择适当的设备维修方式。

设备维修方式具有维修策略的含义。现代设备管理强调对不同设备采用不同的维修方式，就是强调设备维修应遵循设备物质运动的客观规律，在保证生产的前提下，合理利用维修资源，追求设备综合效率最大化，达到寿命周期费用最经济的目的。

（一）事后维修——BM（Breakdown Maintenance）

事后维修就是对一些生产设备，不将其列入预防维修计划，发生故障后或性能、精度降低到不能满足生产要求时再进行维修。采用事后维修策略（即坏了再修）可以发挥主要零件的最大寿命，维修经济性好。事后维修作为一种维修策略，不同于 19 世纪以前的原始落后的事后修理，不适用于对生产影响较大的设备，一般适用范围有：

1）对故障停机后再维修不会给生产造成损失的设备。

2）修理技术不复杂而且修理所需的备件又能及时获取的设备。

3）一些利用率低或者有备用替换的设备。

（二）预防维修——PM（Preventive Maintenance）

预防维修是以检查为基础的维修，利用点检所积累的设备技术状态监测数据和故障诊断技术对设备进行预测，按事先规定的维修计划和技术要求对设备实施维修，有针对性地对故障隐患加以排除，从而避免和减少停机损失，防止设备性能及精度劣化。对重点设备实行预防维修，是贯彻《设备管理条例》规定的"预防为主"方针的重要工作。预防维修主要有以下维修方式：

**1. 定期维修**

定期维修是在规定时间的基础上执行的预防维修活动，具有周期性特点。它是根据零件的失效规律，事先规定修理间隔期、修理类别、修理内容和修理工作量。前苏联的计划预修制是定期维修的典型形式。它主要适用于已掌握设备磨损规律且生产稳定、连续生产的流程式生产设备、动力设备、流水作业和自动线上的主要设备以及其他可以统计开动台时的设备。

我国目前实行的设备定期维修制度主要有计划预防维修制和计划保修制两种。

（1）计划预防维修制　计划预防维修制简称计划预修制。它是根据设备的磨损规律，按预定的修理周期结构对设备进行维护、检查和修理，以保证设备经常处于良好的技术状态的一种设备维修制度。其主要特征如下：

1）按规定要求，对设备进行日常清扫、检查、润滑、紧固和调整等，以延缓设备的磨损，保证设备正常运行。

2）按规定的日程表对设备的运动状态、性能和磨损程度等进行定期检查和调整，以便及时消除设备隐患，掌握设备技术状态的劣化情况，为设备定期维修做好物质准备。

3）有计划、有准备地对设备进行预防性维修。

（2）计划保修制　计划保修制又称为保养修理制。它是把维护保养和计划修理结合起来的一种修理制度，其主要特点是：

1）根据设备的特点和状况，按照设备运转小时（产量和里程）等，规定不同的修理保养类别和间隔期。

2）在保养的基础上制定设备不同的修理类别和修理周期。

3）当设备运转到规定时限时，不论其技术状态如何，也不考虑生产任务的轻重，都要严格地按要求进行检查、保养和计划修理。

**2. 状态监测维修**

这是一种以设备技术状态为基础，按实际需要进行维修的预防维修方式。它是在技术状态监测和诊断技术的基础上，掌握设备技术状态劣化发展情况，在高度预知的情况下，适时地安排预防性维修，又称为预知维修。

这种维修方式的基础是将各种检查、维护、使用和修理，尤其是诊断和监测提供的大量信息，通过统计分析，正确判断设备的劣化程度、发生（或将要发生）故障的部位、技术状态的发展趋势，从而采取正确的维修类别。这样既能提高设备的可利用率，又能充分发挥零件的最大寿命。由于受到诊断技术发展的限制，它主要适用于重点设备，利用率高的精、大、稀类设备等，即值得花诊断与监测费用的设备，以使设备故障后果影响最小和避免盲目安排维修。状态监测维修是今后企业设备维修的发展方向。

（三）改善修理——CM（Corrective Maintenance）

为消除设备先天性缺陷或频发故障，对设备局部结构和零件设计加以改进，结合修理进行改装以提高其可靠性和维修性的措施，称为改善修理。

设备的改善修理与技术改造的概念是不同的，主要区别为：前者的目的在于改善和提高局部零件（部件）的可靠性和维修性，从而降低设备的故障率和减少修理时间和费用；而后者的目的在于局部补偿设备的无形磨损，从而提高设备的性能和精度。

（四）维修预防——MP（Maintenance Prevention）

维修预防实际就是可维修性设计，提倡在设备规划、设计阶段就认真考虑设备的可靠性和维修性问题，从规划、设计、制造上提高设备素质，从根本上防止故障的发生，减少和避免维修。

## 二、修理类别

预防维修的修理类别有大修、项修、小修、定期精度调整等。

### 1. 大修

设备大修是工作量最大的一种计划修理。它是因设备基准零件磨损严重，主要精度、性能大部分丧失，必须经过全面修理才能恢复其效能时使用的一种修理形式。设备大修需对设备进行全部解体，修理基准件，更换或修复磨损件；全部研刮和磨削导轨面；修理、调整设备的电气系统；修复设备的附件以及翻新外观等，从而全面消除修前存在的缺陷，恢复设备的规定精度和性能。为了补偿设备的无形磨损，还应结合设备大修，采用新技术、新工艺、新材料对设备进行改造、改进和改装，提高设备效能。

### 2. 项修

项目修理（简称项修）是对设备精度、性能的劣化缺陷进行针对性的局部修理。项修时，一般要进行局部拆卸、检查，更换或修复失效的零件，必要时对基准件进行局部修理和修正坐标，从而恢复所修部分的性能和精度。项修的工作量视实际情况而定。

### 3. 小修

设备的小修是修理工作量最小的一种计划修理。对于实行状态监测维修的设备，小修的工作内容主要是针对日常点检和定期检查发现的问题，拆卸有关的零部件进行检查、调整、更换或修复失效的零件，以恢复设备的正常功能；对于实行定期维修的设备，小修的内容主要是根据掌握的磨损规律，更换或修复在修理间隔期内失效或即将失效的零件，并进行调整，以保证设备的正常工作能力。

### 4. 定期精度调整

定期精度调整是对精、大、稀设备的几何精度进行定期调整，使其达到（或接近）规定标准。精度调整的周期一般为 1~2 年，调整时间适宜安排在气温变化较小的季节。实行定期精度调整，有利于保持设备精度的稳定性，以保证产品质量。

设备大修、项修、小修、定期精度调整的工作内容比较见表 4-1。

## 三、修理周期和修理周期结构

设备修理周期与修理周期结构是建立在设备磨损与摩擦的理论基础上的，是指导计划修理的基础。

表4-1 设备大修、项修、小修、定期精度调整的工作内容比较

| 标准要求＼修理类别 | 大修 | 项修 | 小修 | 定期精度调整 |
|---|---|---|---|---|
| 拆卸分解程度 | 全部拆卸分解 | 针对检修部位部分拆卸分解 | 拆卸检查部分磨损严重的机件和污秽部位 | 同小修 |
| 修复范围和程度 | 修理基准件，更换或修复主要件、大型件及所有不合格的零件 | 根据修理项目，对修理部位进行修复，更换不合用的零件 | 清除污秽积垢，更换或修复不能使用的零件，修复达不到完好程度的部位 | 清除污秽积垢，调整零件间隙及相对位置，更换或修复不能使用的零件，修复达不到完好程度的部位 |
| 研刮程度 | 加工和研刮全部滑动接触面 | 根据修理项目决定研刮部位 | 必要时局部修刮，填补划痕 | 局部研刮，填补划痕，研刮伤凹痕 |
| 精度要求 | 按大修理精度及通用技术标准检查验收 | 按预定要求验收 | 按预定要求验收 | 按设备完好标准验收，加工精度达到工艺要求 |
| 表面修饰要求 | 全部外表面刮腻子、打光、涂装。手柄等零件重新电镀 | 补漆或不进行 | 不进行 | 不进行 |
| 工作量比率（%） | 100 | 30 | 20 | 30～40 |
| 经费来源 | 大修基金 | 生产费用 | 生产费用 | 生产费用 |

**1. 修理周期**

对已在使用的设备来说，修理周期是指两次相邻大修理之间的间隔时间；对新设备来说，修理周期是指开始使用到第一次大修理之间的间隔时间（单位：月或年）。

**2. 修理间隔期**

修理间隔期是指两次相邻计划修理之间的工作时间（单位：月）。确定修理间隔期需遵循"设备计划外停机时间应达到最低限度"的原则。

**3. 修理周期结构**

修理周期结构指在一个修理周期内应采取的各种修理类别的次数和排列顺序。例如：前苏联金属切削机床实验科学研究所 1976 年公布统一的计划预修制度第六款中规定：中小型金属切削机床的修理类别顺序为 M-M-C-M-M-K（M 表示小修，C 表示中修，K 表示大修），以开动台时计算的大修理间隔期为 34 300h。各企业在实行计划修理时，应根据自己的生产、设备特点，确定各种修理类别的排列顺序，既要符合设备的实际需要，又要满足修理的经济性。

热力设备及动力机械设备修理周期结构见表4-2。

表 4-2　热力设备及动力机械设备修理周期结构表（计划保修制）

| 设备名称 | | 修理周期结构 | D：Ⅱ 次数 | 修理周期/年 | 修理间隔期/月 | 备注 |
|---|---|---|---|---|---|---|
| 水管锅炉 | | D-Ⅱ-Ⅱ-Ⅱ-Ⅱ-D | 1:4 | 5 | 12 | 连续开炉者，一年定期检修一次；断续开炉者，半年定期检修一次 |
| 火管锅炉 | | D-Ⅱ-Ⅱ-Ⅱ-D | 1:3 | 4 | 12 | |
| 快装锅炉 | | D-Ⅱ-Ⅱ-Ⅱ-D | 1:3 | 4 | 12 | |
| 省煤器 | | D-Ⅱ-Ⅱ-……-Ⅱ-Ⅱ-D | 1:7 | 8 | 12 | 必要时可与锅炉设备一起安排大修 |
| 锅炉除尘设备 | | D-Ⅱ-Ⅱ-……-Ⅱ-Ⅱ-D | 1:5 | 6 | 12 | |
| 锅炉水处理设备 | | D-Ⅱ-Ⅱ-……-Ⅱ-Ⅱ-D | 1:7 | 8 | 12 | |
| 制氧设备 | | D-Ⅱ-Ⅱ-Ⅱ-Ⅱ-D | 1:4 | 5 | 12 | 每三个月校验仪表一次 |
| 煤气发生设备 | | D-Ⅱ-Ⅱ-……-Ⅱ-Ⅱ-D | 1:9 | 10 | 12 | |
| 乙炔发生设备 | | Ⅱ-Ⅱ | | | 12 | |
| 空气压缩机 | | D-Ⅱ-Ⅱ-Ⅱ-Ⅱ-D | 1:5 | 6 | 12 | |
| 鼓风机 | | D-Ⅱ-Ⅱ-Ⅱ-D | 1:3 | 4 | 12 | |
| 引风机 | | D-Ⅱ-D | 1:1 | 2 | 12 | |
| 离心水泵 | | D-Ⅱ-Ⅱ-Ⅱ-Ⅱ-D | 1:4 | 5 | 12 | |
| 活塞式水泵 | | D-Ⅱ-Ⅱ-D | 1:2 | 3 | 12 | |
| 氨冷冻机组 | | D-Ⅱ-Ⅱ-Ⅱ-Ⅱ-D | 1:5 | 6 | 12 | |
| 氟利昂冷冻机组 | | D-Ⅱ-Ⅱ-Ⅱ-Ⅱ-D | 1:6 | 7 | 12 | |
| 真空泵 | | D-Ⅱ-Ⅱ-D | 1:2 | 3 | 12 | |
| 通风系统设备 | | D-Ⅱ-Ⅱ-Ⅱ-Ⅱ-D | 1:5 | 6 | 12 | |
| 给水管道（铸铁） | | D-Ⅱ-Ⅱ-……-Ⅱ-Ⅱ-D | 1:9 | 20 | 12 | |
| 蒸汽、热水管道 | | D-Ⅱ-Ⅱ-……-Ⅱ-Ⅱ-D | 1:9 | 15 | 12 | |
| 加热炉 | 1 000℃以下 | D-Ⅱ-Ⅱ-Ⅱ-Ⅱ-Ⅱ-D | 1:5 | 3 | 12 | |
| | 1 000℃以上 | D-Ⅱ-Ⅱ-Ⅱ-D | 1:3 | 2 | 12 | |
| 烘干炉 | | D-Ⅱ-Ⅱ-Ⅱ-Ⅱ-D | 1:4 | 5 | 12 | 每次开炉后应补炉，损坏较大时应进行检修 |
| 熔炼炉 | | D-Ⅱ-Ⅱ-……-Ⅱ-Ⅱ-D | 1:11 | 3 | 3 | |
| 冲天炉 | | D-D | | 1 | | |

注：D 表示大修，Ⅱ 表示二级保养。

# 第二节　编制设备维修计划

设备维修计划不仅是企业生产经营计划的重要组成部分，也是企业设备维修组织与管理的依据。计划项目编制得正确与否，主要取决于采用的依据是否确切，是否科学地掌握了设备真实的技术状态及劣化规律。

## 一、维修计划的类别及内容

企业的设备维修计划，通常分为按时间进度安排的年、季、月计划和按修理类别编制的年度设备大修理计划、定期维护计划两类。

（一）按时间进度编制的计划

**1. 年度维修计划**

年度维修计划包括大修、项修、技术改造、小修和定期维护保养，以及更新设备的安装等项目。

**2. 季度维修计划**

季度维修计划包括按年度计划分解的大修、项修、技术改造、小修、定期维护保养以及更新设备的安装，还包括年度维修计划外的，经使用部门提出的设备技术状态劣化到必须维修的项目。

**3. 月份维修计划**

月份维修计划的内容有：①按年度分解的大修、项修、技术改造、小修、定期维护以及更新设备的安装；②精度调整；③根据上月设备故障修理遗留的问题及定期检查发现的问题，必须且有可能安排在本月的小修项目。

设备年度、季度、月份维修计划是考核企业及车间设备维修工作的依据。设备年度、季度、月份维修计划分别见表4-3～表4-5。

**表4-3　设备年度修理计划表**

制表时间：　年　月　日

| 序号 | 使用单位 | 设备编号 | 设备名称 | 型号规格 | 设备类别 | 修理复杂系数 | | | 修理类别 | 主要修理内容 | 修理工时定额 | | | | | 停歇天数 | 计划进度 | | | | 修理费用 | 承修单位 | 备注 |
|---|---|---|---|---|---|---|---|---|---|---|---|---|---|---|---|---|---|---|---|---|---|---|---|
| | | | | | | 机 | 电 | 热 | | | 合计 | 钳工 | 电工 | 机加工 | 其他 | | 一季度 | 二季度 | 三季度 | 四季度 | | | |
| | | | | | | | | | | | | | | | | | | | | | | | |
| | | | | | | | | | | | | | | | | | | | | | | | |
| | | | | | | | | | | | | | | | | | | | | | | | |

企业分管设备领导：　　　　　　设备动力部部长：　　　　　计划员：

**表4-4　设备季度修理计划表**

制表时间：　年　月　日

| 序号 | 使用单位 | 设备编号 | 设备名称 | 型号规格 | 设备类别 | 修理复杂系数 | | | 修理类别 | 主要修理内容 | 修理工时定额 | | | | | 停歇天数 | 计划进度 | | | 修理费用 | 承修单位 | 备注 |
|---|---|---|---|---|---|---|---|---|---|---|---|---|---|---|---|---|---|---|---|---|---|---|
| | | | | | | 机 | 电 | 热 | | | 合计 | 钳工 | 电工 | 机加工 | 其他 | | 月 | 月 | 月 | | | |
| | | | | | | | | | | | | | | | | | | | | | | |
| | | | | | | | | | | | | | | | | | | | | | | |
| | | | | | | | | | | | | | | | | | | | | | | |

企业分管设备领导：　　　　　　设备动力部部长：　　　　　计划员：

**表4-5　设备月份修理计划表**

制表时间：　年　月　日

| 序号 | 使用单位 | 设备编号 | 设备名称 | 型号规格 | 设备类别 | 修理复杂系数 | | | 修理类别 | 主要修理内容 | 修理工时定额 | | | | | 停歇天数 | 计划进度 | | 修理费用 | 承修单位 | 备注 |
|---|---|---|---|---|---|---|---|---|---|---|---|---|---|---|---|---|---|---|---|---|---|
| | | | | | | 机 | 电 | 热 | | | 合计 | 钳工 | 电工 | 机加工 | 其他 | | 起 | 止 | | | |
| | | | | | | | | | | | | | | | | | | | | | |
| | | | | | | | | | | | | | | | | | | | | | |
| | | | | | | | | | | | | | | | | | | | | | |

企业分管设备领导：　　　　　　设备动力部部长：　　　　　计划员：

## （二）按修理类别编制的计划

企业按修理类别编制的计划，通常为设备年度大修理计划和设备年度定期维护计划（包括预防性试验）。设备年度大修理计划见表4-6，设备年度定期维护计划见表4-7。

**表4-6　设备年度大修理计划表**

制表时间：　年　月　日

| 序号 | 使用单位 | 设备编号 | 设备名称 | 型号规格 | 设备类别 | 修理复杂系数 | | | 主要修理内容 | 修理工时定额 | | | | | 停歇天数 | 计划进度 | | 修理费用 | 承修单位 | 备注 |
|---|---|---|---|---|---|---|---|---|---|---|---|---|---|---|---|---|---|---|---|---|
| | | | | | | 机 | 电 | 热 | | 合计 | 钳工 | 电工 | 机加工 | 其他 | | 起 | 止 | | | |
| | | | | | | | | | | | | | | | | | | | | |
| | | | | | | | | | | | | | | | | | | | | |

企业分管设备领导：　　　　　　设备动力部部长：　　　　　　计划员：

**表4-7　年度设备定期维护计划表**

制表时间：　年　月　日

| 序号 | 使用单位 | 设备编号 | 设备名称 | 型号规格 | 设备类别 | 修理复杂系数 | | | 主要维护内容 | 维护工时定额 | | | | | 维护天数 | 计划进度 | | 维护费用 | 维护单位 | 备注 |
|---|---|---|---|---|---|---|---|---|---|---|---|---|---|---|---|---|---|---|---|---|
| | | | | | | 机 | 电 | 热 | | 合计 | 钳工 | 电工 | 操作工 | 其他 | | 起 | 止 | | | |
| | | | | | | | | | | | | | | | | | | | | |
| | | | | | | | | | | | | | | | | | | | | |

企业分管设备领导：　　　　　　设备动力部部长：　　　　　　计划员：

## 二、维修计划的编制依据

### 1. 设备的技术状态

由车间设备管理员根据点检记录、状态监测记录、故障处理及综合治理记录所积累的设备技术状态信息，结合年度设备普查鉴定的结果，经综合分析后向设备动力部填报"设备技术状态普查表"（表4-8）。对于技术状态劣化需进行修理的设备，应将其列入年度维修计划的申请项目。

企业的设备普查一般安排在每年的第三季度，由设备动力部组织实施。

**表4-8　设备技术状态普查表**

| 设备编号 | | 设备名称 | | 型号规格 | | 复杂系数 | |
|---|---|---|---|---|---|---|---|
| 制造厂 | | 出厂编号 | | 出厂日期 | | 投产日期 | |
| 使用单位 | | 上次修理日期 | | 类别 | | 使用情况 | |
| 目前使用情况及存在问题 | 1. 各传动、导轨面部分： | | | | | | |
| | 2. 各转动、传动部分： | | | | | | |
| | 3. 各润滑系统： | | | | | | |
| | 4. 加工产品的精度、表面粗糙度情况： | | | | | | |
| | 5. 电气系统、电气设备运行情况： | | | | | | |
| | 6. 外观、附件、安全装置： | | | | | | |
| 车间设备管理员 | | 操作工 | | 检查者 | | 普查日期 | |

**2. 生产工艺及产品质量对设备的要求**

由企业工艺部门根据产品工艺要求提出。如设备的实际技术状态不能满足工艺要求，应安排计划修理。

**3. 安全与环境保护的要求**

根据国家和有关主管部门的规定，设备的安全防护装置不符合规定，排放的气体、液体、粉尘等污染环境时，应安排改善修理。

**4. 设备的修理周期与修理间隔期**

设备的修理周期和修理间隔期是根据设备磨损规律和零部件使用的寿命，在考虑到各种客观条件影响程度的基础上确定的。设备的修理周期和修理间隔期也是编制维修计划的依据之一。

**5. 其他因素**

编制季度、月份计划时，应根据年度维修计划，并考虑到各种因素的变化（修前生产技术准备工作的变化、设备事故造成的损坏、生产工艺改变对设备的要求的变化、生产任务的变化对停歇时间的改变等），进行适当调整和补充。

编制维修计划还应考虑下列问题：

1）生产急需的、影响产品质量的、关键工序的设备应重点安排维修。力求减少重点、关键设备的生产与维修的矛盾。

2）应考虑到修理工作量的平衡，使全年修理工作能均衡地进行。对应修设备尽量按轻重缓急安排计划。

3）应考虑修前生产技术准备工作的工作量和时间进度（如图样、关键备件、铸锻件供应、修理工、夹具制造等）。

4）精密设备维修的特殊要求。

5）生产线上的单一关键设备应尽可能安排在节假日中维修，以缩短停歇时间。

6）连续或周期性生产的设备（热力、动力设备）必须根据其特点适当安排，使设备维修与生产任务紧密结合。

7）同类设备尽可能安排连续修理。

8）综合考虑设备修理所需的技术、物资、劳动力及资金来源的可能性。

**三、维修计划的编制**

**（一）年度维修计划**

年度设备维修计划是企业全年设备维修工作的指导性文件。对年度设备维修计划的要求是：力求达到既准确可行，又有利于生产。

**1. 编制年度维修计划的五个环节**

1）切实掌握需修设备的实际技术状态，分析其修理的难易程度。

2）与生产管理部门协商重点设备可能交付修理的时间和停歇天数。

3）预测修前技术、生产准备工作可能需要的时间。

4）平衡维修劳动力。

5）对以上四个环节出现的矛盾提出解决措施。

**2. 计划编制的程序**

一般在每年九月编制下一年度设备维修计划，编制过程按以下四个程序进行（图4-2）：

1）搜集信息。计划编制前，要做好信息搜集和分析工作。主要包括两个方面：一是设备技术状态方面的信息，如点检记录、故障处理及综合治理记录、设备技术状态普查表以及有关产品工艺要求，质量信息等，以确定修理类别；二是年度生产大纲、设备修理定额、有关设备的技术资料以及备件库存情况。

2）编制草案。在正式提出年度维修计划（草案）前，设备动力部应先编制年度设备修理计划论证稿，在企业分管设备领导的主持下，组织财务、工艺、计划、使用、维修等部门进行技术经济分析论证，力求达到必要性、可靠性和技术经济上的合理性。在技术经济分析论证的基础上，编制年度维修计划（草案）。

3）平衡审定。计划草案编制完毕后，分发财务、工艺、计划、使用、维修等部门讨论，征求维修项目的增减、修理停歇时间长短、停机交付修理日期等各类修改意见，经过综合平衡，正式编制出年度设备修理计划，由设备动力部部长审定，报企业分管设备的领导批准。

图4-2 编制年度设备维修计划的工作流程

4）下达执行。每年十二月以前，由企业生产计划部门下达下一年度设备维修计划，作为企业生产、经营计划的重要组成部分进行考核。

（二）季度维修计划

季度维修计划是年度维修计划的实施计划，必须在落实停歇时间、修理技术、生产准备工作及劳动组织的基础上编制。按设备的实际技术状态和生产的变化情况，季度维修计划可能使年度维修计划发生变动。季度维修计划在前一季度第二个月开始编制。可按编制计划草案、平衡审定、下达执行三个基本程序进行，一般在上季度最后一个月10日前由生产计划部门下达到车间，作为其季度生产计划的组成部分加以考核。

（三）月份维修计划

月份维修计划是季度维修计划的分解，是季度维修计划的具体执行计划，是检查和考核企业修理工作好坏的最基本的依据。在月份维修计划中，应列出应修项目的具体开工、竣工日期，对跨月份项目可分阶段考核。应注意与生产任务的平衡，要合理利用修理资源。一般每月中旬编制下一个月份的维修计划，经有关部门会签、企业分管设备领导批准后，由生产计划部门下达，与生产计划同时检查考核。

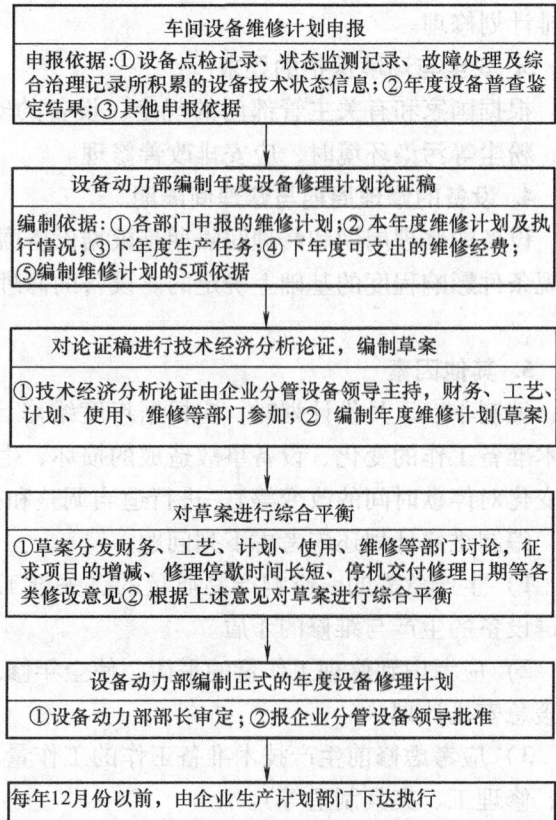

## 第三节　设备修前准备

对企业生产影响比较大的设备，在其大修、项修之前都要做好准备工作。修前准备工作做得充分与否，将直接影响到设备的修理质量、修理停歇时间和修理经济效益。设备修前准备工作涉及设备使用部门、维修部门、设备动力部等部门的有关人员。图 4-3 所示为设备修前准备工作程序。它包括修前技术准备和生产准备两方面的内容。

### 一、修前技术准备

修前技术准备工作内容主要有：修前预检、修前设计准备和修前工艺准备。

（一）修前预检

修前预检是对设备进行全面的检查，它是修前准备工作的关键。其目的是要准确掌握修理设备的实际技术状态（如精度、性能、缺损件等），查出损坏的部位，以便有针对性地编制设备修理任务书、修理设备更换件明细表、修理设备修理件明细表、修理设备材料明细表，准备修理技术文件。并为随后的修前生产准备工作奠定基础。

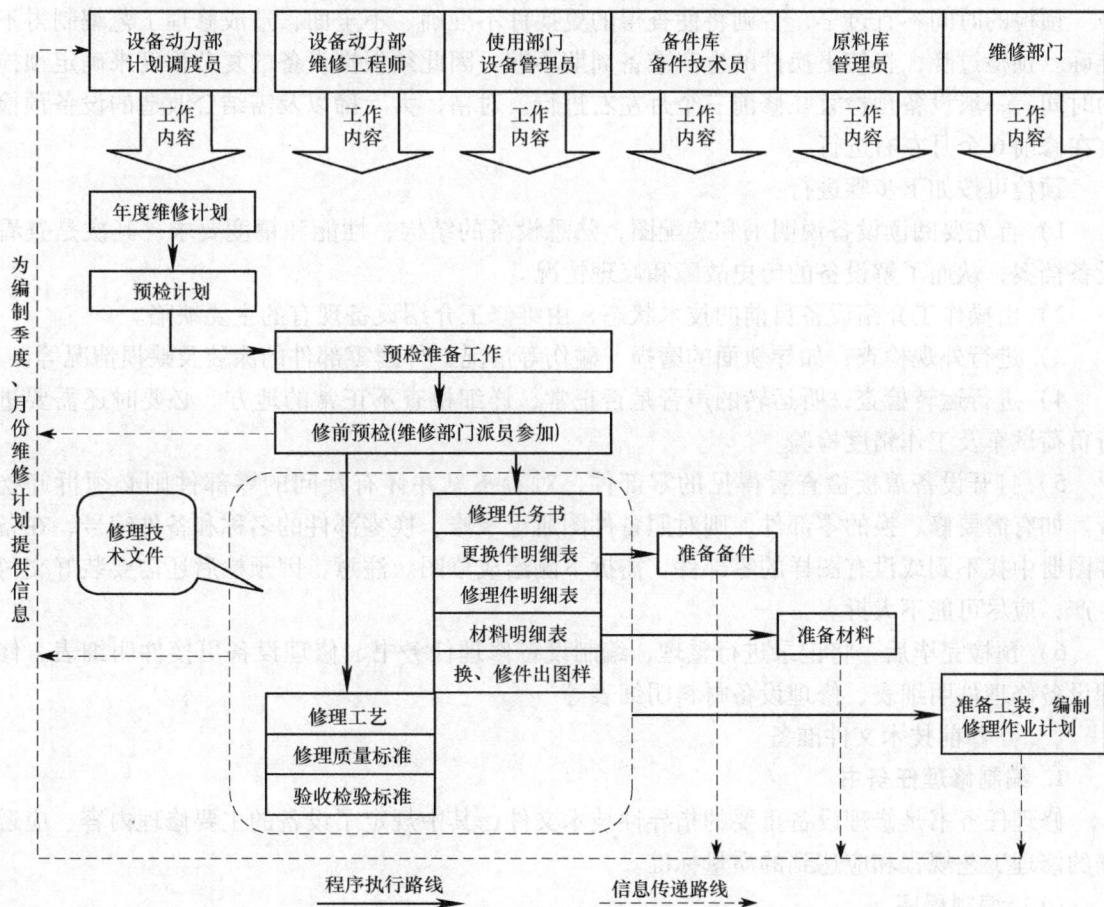

图 4-3　设备修前准备工作程序

通过预检，做到准确而全面地编制修理设备更换件明细表、修理设备修理件明细表，更换件和修理件提出的齐全率要在 80% 以上，特别是铸锻件、加工周期长的零件以及需要外协的零件更不应漏提。另外，还要编制修理设备材料明细表。

更换件和修理件明细表的准确性，在设备修理完毕后可用"命中率"来衡量，"命中率"的计算公式如下

$$命中率 = \left(\frac{B}{A} - \frac{C}{B+C}\right) \times 100\% \tag{4-1}$$

式中　A——更换件明细表和修理件明细表中零件的总价格；

　　　B——更换件明细表和修理件明细表中实际被使用的零件总价格；

　　　C——实际修、换的零件中未列入更换件明细表和修理件明细表的零件总价格。

实际修、换的零件总价格中，不包括易损件，常备件和临时制造（或采购）的结构简单且加工工序少的零件。

通常，"命中率"按零件的种数或件数计算。考虑到重要零件和使用量多的零件在实际修换零件总价格中所占的比重较大，而且更换件明细表和修理件明细表中漏提重要零件给维修造成的影响较大，因此，以价格计算"命中率"更为合理。

预检的时间不宜过早，否则将使查得的更换件不准确、不全面，造成修理工艺编制得不准确。预检过晚，将使更换件的生产准备周期不够。因此须根据设备的复杂程度来确定预检的时间。一般设备预检宜在修前三个月左右进行。对精、大、稀以及需结合改造的设备预检宜在修前 6 个月左右进行。

预检可按如下步骤进行：

1）首先要阅读设备说明书和装配图，熟悉设备的结构、性能和精度要求；其次是查看设备档案，从而了解设备的历史故障和修理情况。

2）由操作工介绍设备目前的技术状态，由维修工介绍设备现有的主要缺陷。

3）进行外观检查，如导轨面的磨损、碰伤等情况，外露零部件的涂装及缺损情况等。

4）进行运转检查，听运转的声音是否正常，详细检查不正常的地方。必要时还需要进行负荷试车及工作精度检验。

5）打开设备盖板检查看得见的零部件，对看不见并怀有疑问的零部件则必须拆卸检查。如有需要修、换的零部件，则对照备件图册记录修、换零部件的名称和备件编号，在备件图册中找不到或没有图样的零部件，需拆下测绘成草图。注意，因预检后还需要装好交付生产，应尽可能不大拆。

6）预检完毕后，将记录进行整理，编制设备修理任务书、修理设备更换件明细表、修理设备修理件明细表、修理设备材料明细表等。

（二）修前技术文件准备

**1. 编制修理任务书**

修理任务书是修理设备重要的指导性技术文件，其中规定了设备的主要修理内容、应遵守的修理工艺规程和应达到的质量标准。

（1）编制程序

1）通过对设备进行修前预检，详细调查设备修前的技术状态、存在的主要问题及生产、工艺对设备的要求。

2）针对设备的磨损情况，分析确定采用的修理方案、主要零部件的修理工艺以及修后的质量要求。

3）将草案送设备使用部门征求意见并会签，然后由设备动力部有关技术负责人审查批准。

（2）编制内容

1）设备修前技术状态。如工作精度、几何精度、主要性能、主要零部件磨损情况、电气装置及线路的缺损情况、液压和润滑系统的缺损情况、安全防护装置的缺损情况以及其他需要说明的缺损情况。

2）主要修理内容。①要解体、清洗、检查和修换的部位和项目，特别要强调必须仔细检查、调整、修理的传动机构以及安全防护装置；②基准件、关键件的修理方法，注明所使用的修理工艺规程的资料编号；③需治理的水、油、气泄漏；④设备外观修复的要求；⑤结合修理进行预防性试验的内容和要求；⑥结合修理需要进行改善性修理或技术改造的内容；⑦其他需要进行修理的内容。

3）修理质量要求。逐项说明应按哪些通用、专用修理质量标准检查和验收。

（3）修正与归档 设备解体检查后所确定的修理内容，一般不可能与修理任务书规定的内容完全相同。设备修理竣工后，应由主修技术人员对修理变更情况进行记录，附于修理任务书后，随同修理竣工验收单一起归档。

（4）修理任务书格式 设备修理任务书的格式见表4-9。

表4-9 修理任务书

| 使用部门 | | 修理复杂系数（机/电） | |
|---|---|---|---|
| 设备编号 | | 修理类别 | |
| 设备名称 | | 承修部门 | |
| 型号规格 | | 施工令号 | |

设备修前技术状态：

第 页，共 页

主要修理内容：

第 页，共 页

修理质量要求：

| 使用部门设备管理员 | 主修技术人员 | 审核 | 批准 |
|---|---|---|---|
| 年 月 日 | 年 月 日 | 年 月 日 | 年 月 日 |

第 页，共 页

**2. 编制更换件、修理件明细表**

更换件明细表的格式见表 4-10。修理件明细表的格式见表 4-11。

表 4-10　修理设备更换件明细表

| 设备编号 | | | 设备名称 | | | | | 施工令号 | | |
|---|---|---|---|---|---|---|---|---|---|---|
| 型号规格 | | | 修理复杂系数（机/电） | | | | 修理类别 | | | |
| 序号 | 零件名称 | | 图号、标准号 | | 材质 | 单位 | 数量 | 单价/元 | 总价/元 | 备注 |
| | | | | | | | | | | |
| | | | | | | | | | | |
| | | | | | | | | | | |
| 编制人 | | | 年　月　日 | | 本页费用小计 | | | | | |

第　页，共　页

表 4-11　修理设备修理件明细表

| 设备编号 | | | 设备名称 | | | | | 施工令号 | | |
|---|---|---|---|---|---|---|---|---|---|---|
| 型号规格 | | | 修理复杂系数（机/电） | | | | 修理类别 | | | |
| 序号 | 零件名称 | | 图号、标准号 | | 材质 | 单位 | 数量 | 修理单价 | 总价/元 | 备注 |
| | | | | | | | | | | |
| | | | | | | | | | | |
| | | | | | | | | | | |
| 编制人 | | | 年　月　日 | | 本页费用小计 | | | | | |

第　页，共　页

**3. 编制材料明细表**

设备修理常用材料品种有：

1) 各种型钢。如圆钢、钢板、钢管、槽钢、工字钢、钢轨等。

2) 有色金属型材。如铜管、铜板、铝合金管、铝合金板等。

3) 电气材料。如电线、电缆、绝缘材料等。

4) 塑胶、塑料及石棉制品。

5) 管道用保温材料。

6) 砌炉用各种砌筑材料及保温材料。

7) 润滑油脂。

8) 其他直接用于设备修理的材料。

材料明细表的格式见表 4-12。

表 4-12　设备修理材料明细表

| 设备编号 | | | 设备名称 | | | | | 施工令号 | | |
|---|---|---|---|---|---|---|---|---|---|---|
| 型号规格 | | | 修理复杂系数（机/电） | | | | 修理类别 | | | |
| 序号 | 材料名称 | | 标准号 | | 材质 | 单位 | 数量 | 单价/元 | 总价/元 | 备注 |
| | | | | | | | | | | |
| | | | | | | | | | | |
| | | | | | | | | | | |
| 编制人 | | | 年　月　日 | | 本页费用小计 | | | | | |

第　页，共　页

**4. 修前设计准备**

预检结束后，需准备结构装配图，传动系统图，液压、电气、润滑系统图，以及其他技术文件等。对没有图样的修、换零部件，需测绘画出正规的图样。

**5. 修理工艺的准备**

设计准备工作完成后，就需着手编制零件制造和设备修理的工艺，并设计必要的工艺装备等。

修理工艺又称为修理工艺规程，是设备修理时必须认真贯彻执行的修理技术文件。其中具体规定了设备的修理程序、零部件的修理方法、总装配试车的方法及技术要求等，以保证达到设备修理的质量标准。

（1）典型维修工艺与专用修理工艺

1）典型修理工艺。对某一同类型设备或结构形式相同的部件，按通常可能出现的磨损情况编制的修理工艺称为典型修理工艺。它具有普遍指导意义，但对某一具体设备则缺少针对性。由于各企业用于修理的装备设施的条件不同，对于同样的零部件采用的修理工艺也有所不同。因此，各企业应按自己的具体条件并参考有关资料，编制出适用于本企业的典型修理工艺。

2）专用修理工艺。对某一型号的设备，针对其实际磨损情况，为该设备某次修理所编制的修理工艺称为专用修理工艺。它对该设备以后的修理仍有较大的参考价值，但如再次使用时，应根据设备的实际磨损状况和修理技术的进步进行必要的修改与补充。

一般来说，企业可对通用设备的大修采用典型修理工艺，并针对设备的实际磨损情况编写补充工艺和说明。对无典型修理工艺的设备，则编制专用修理工艺。后者经两、三次实践验证后，可以修改完善成为典型修理工艺。

（2）修理工艺的内容

1）整机的拆卸程序，以及拆卸过程中应检测的数据和注意事项。

2）主要零、部件的检查、修理和装配工艺，以及应达到的技术条件。

3）总装配程序及装配工艺，以及应达到的技术条件。

4）关键部位的调整工艺，以及应达到的技术条件。

5）试车程序及应达到的技术条件。

6）需用的工、检、研具和量仪明细表，其中对专用工、检、研具应加以注明。

7）施工中的安全措施等。

一般来说，整机的拆卸程序是先拆卸部件，然后再解体部件，至于拆卸各部件的先后顺序，视设备的结构而定。有些设备在拆卸部件时须检测必要的技术数据。例如：在拆卸镗铣床主轴箱时，考虑到主轴箱的重力对立柱产生一个力矩，使立柱导轨产生弹性变形，因此，在拆卸主轴箱前后，应在立柱导轨上的同一位置用水平仪检验立柱导轨垂直度的变化值，以便采取工艺措施，来保证总装配后整机的几何精度。

在设备大修工艺中，一般只规定那些直接影响设备性能、精度的主要零、部件的检查、修理和装配工艺。设备关键部位的装配与调整（如机床上仿形机构的调整，滚齿机分度蜗杆副齿面接触精度和齿侧隙的调整）往往是结合在一起同时进行的，可以在装配工艺中一并说明。

一般情况下，企业应制定各类设备修理通用技术条件，并在设备修理工艺中尽量应用通用技术条件；如通用技术条件不能满足需要，再另行规定。需要的工、检、研具及量仪应在各零部件的修理、装配工艺中说明，并汇总成工、检、研具及量仪明细表。

施工中的安全措施是指除应遵守安全操作规程外，尚需采取的安全措施。

### 6. 修理质量标准的准备

通常所说的修理质量标准是衡量设备整体技术状态的标准，它包括以下三方面内容：设备零部件装配、总装配、运转试验、外观和安全环境保护等的质量标准；设备的性能标准；设备的几何精度和工作精度标准。

对上述第一方面的内容，通常在企业制定的"分类设备维修通用技术条件"中加以规定。当修理某型号设备时，如分类设备维修通用技术条件中的某些条款不适用，可在修理任务书中说明并另行规定。

设备修理后的性能标准一般均按设备说明书的规定执行。如按产品工艺要求，设备的某项性能不需使用，可在修理任务书中说明修后免检；如需要提高某项性能时，除采取必要的修理技术措施外，在修理任务书中也应加以说明。

设备的几何精度和工作精度应充分满足修后产品的工艺要求。如出厂精度标准不能满足要求，先查阅同类设备新国家标准、分析判断能否满足产品工艺要求，如个别精度项目仍不能满足要求，应加以修改。修改后的精度标准可称为某设备大修精度标准。

（1）设备大修通用技术条件的内容

1）机械装备的质量要求。

2）液压、气动、润滑系统的质量要求。

3）电气系统的质量要求。

4）外观、涂装的质量要求。

5）安全防护装置的质量要求。

6）空运转试验的程序、方法及检验内容。

7）负荷试验及精度检验应遵循的技术规定。

（2）设备大修精度标准的制定　经分析确定，设备按出厂精度标准修后不能满足产品加工精度要求，但有可能通过大修达到精度要求，在这样的条件下，应经分析后制定设备大修精度标准。

制定某一设备大维修精度标准时，应遵循以下原则：

1）大修后的工作精度应满足产品精度要求，并有足够的精度裕量。一般精度裕量应不小于产品精度公差的 $1/4 \sim 1/3$。对于批量生产用设备，其工序能力指数应 $\geqslant 1.33$。预留精度裕量的目的是补偿设备动态精度与静态精度的差异，并可保证在较长时期内产品精度稳定合格。

2）以出厂精度标准为基础，对标准中不能满足产品精度的主要几何精度项目，通过采取提高精度修理法或局部改装等技术措施；可以达到产品精度的，对出厂精度标准加以修改，提高有关主要几何精度项目的公差。

3）对个别精度要求高的产品，必须对设备的主要部件进行较复杂的技术改造才能满足该产品精度要求的，应与产品工艺部门协商，或修改加工工艺（如增加精加工工序），或列入设备技术改造计划，以达到在技术上和经济上更加合理。

4）与产品工艺不需用的设备功能有关的精度项目，设备修后可以免检。但在修理设备的大件时，对大件与不需用功能部件有关的部位应照常修好。这样在大修后，一旦需用该功能，在修复后可以减少影响甚至不影响生产。

一般可按下述方法步骤制定设备大修精度标准：

1）仔细调查需大修设备的具体磨损情况，全面测出几何精度误差，并调查该设备加工产品精度误差。分析产品的哪些精度项目误差过大是由于设备的有关精度项目误差过大形成的。

2）向有关部门收集当前及今后一定时期内在计划需大修设备上加工的产品图样、工艺文件及生产批量。

3）对计划加工产品分类型统计分析，选出几种有代表性的产品，明确其精度要求，作为制定需大修设备精度标准的依据。并选择一两种代表性产品作为设备修后工作精度检验的试件。

4）以产品的精度要求为依据，应用几何精度对工作精度的复映系数，对出厂精度标准进行分析，弄清哪些主要精度项目应提高精度并确定其公差，哪些精度项目可以免检，从而拟出设备大维修精度标准草案。在分析时应注意各项几何精度项目的相关性，避免提高个别项目精度后与有关项目发生矛盾。

5）分析研究采取什么技术措施可以提高精度。必要时拟出几个方案，分析各方案的优缺点，最后选出技术上和经济上最合理的方案。

6）测算大修费用，应不超过设备大修的合理经济界限。然后正式提出设备大维修精度标准，并附技术经济论证书，报主管领导审定批准。

**二、修前生产准备**

修前生产准备包括：材料及备件的准备，工、检具以及工艺装备的准备，修理作业计划的编制。

（一）材料、备件的准备

根据年度维修计划以及设备修前预检编制的修理设备材料明细表，企业设备动力部编制材料计划，提交企业供应部门采购。编制的修理设备材料明细表是设备修理时领用材料的依据。

备件技术员按修理设备更换件明细表核对库存后，不足部分编制外购备件计划表，交外协采购员外采购。对可以自制的配件，编制自制备件计划表交企业计划部门安排加工。铸、锻件毛坯是备件生产的关键，因其生产周期长，故必须重点抓好，保证按期完成。

设备预检时发现标准件损坏，如滚动轴承、固紧件、键销、胶带、密封件、电气元件、液压件等，也应列入修理设备更换件明细表中。这些标准件和常用件在多数大、中型企业中都纳入备件的管理范围，可按备件管理程序组织采购。

（二）修理用工艺装备的准备

工具、检具以及其他工艺装备以外购为主。无法外购的专用工具、检具以及其他工艺装备的制造必须列入生产计划，组织生产、检验，并编号入库实施管理。

（三）修理作业计划的编制

修理作业计划是主持修理施工作业的具体行动计划，其目标是以最经济的人力和时间，在保证质量的前提下力求缩短停歇天数，达到按期或提前完成修理任务的目的。

　　修理作业计划由修理部门的计划员负责编制，并组织维修工程师、电气工程师、主修技术人员讨论审定。对于结构复杂的精、大、稀等关键设备的大修，应采用网络计划技术，以优化修理资源，达到缩短工期的目的。

　　编制修理作业计划的主要依据是：

　　1）设备修理任务书以及其他各种修理技术文件规定的修理内容、工艺、技术要求、质量标准。

　　2）维修计划规定的时间定额及停歇天数。

　　3）修理部门有关工种的能力和技术水平以及装备条件。

　　4）可能提供的作业场地、起重运输、能源等条件。

　　修理作业计划的主要内容是：①作业程序；②每一项具体作业所需的工人数、作业天数，对修理装备、材料、配件、能源、场地的要求；③每一项具体作业之间相互衔接的要求；④需要委托企业内、外劳务协作的事项及时间要求；⑤对设备使用部门配合协作的要求等。

　　（四）设备停歇前的准备工作

　　按维修计划具体落实设备停歇日期，切断电源及其他动力管线，放出切削液和润滑油，清理作业现场，办理交修手续。

# 第四节　设备修理施工

　　设备修理施工包括设备交修、修理作业、修理竣工验收等环节。

## 一、设备交付修理

　　设备使用部门应按修理计划规定的日期，在修前认真做好生产任务的安排，按期移交给修理部门进行修理施工。移交时，应认真交接并填写"设备交修单"（表4-13）一式两份，交接双方各执一份。

表4-13　设备交修单

| 设备编号 | | 设备名称 | | | 型号规格 | | |
|---|---|---|---|---|---|---|---|
| 交修日期 | | 年　月　日 | 合同名称、编号 | | | | |
| 随机移交的附件及专用工具 | | | | | | | |
| 序号 | 名称 | | 规格 | | 单位 | 数量 | 备注 |
| 1 | | | | | | | |
| 2 | | | | | | | |
| 3 | | | | | | | |
| ⋮ | | | | | | | |
| 10 | | | | | | | |
| 需记载的事项 | | | | | | | |
| 使用部门 | 部门名称 | | | 承修部门 | 部门名称 | | |
| | 负责人 | | | | 负责人 | | |
| | 交修人 | | | | 接收人 | | |

　　注：本表一式二份，使用部门、承修部门各执一份。

设备竣工验收后,双方按"设备交修单"清点设备及随机移交的附件和专用工具。

设备在安装现场进行修理,使用部门应在移交设备前彻底擦洗设备,并将设备所在的场地清扫干净,移走产成品或半成品,为修理作业提供必要的场地。

**二、修理作业**

在修理过程中,一般应抓好以下几个环节。

**1. 解体检查**

设备解体后,由主修技术人员与修理工人密切配合,及时检查零部件的磨损、失效情况,特别要注意有无在修前未发现或未预测的问题,并尽快发出以下技术文件和图样:

1)按检查结果修改、补充修理设备更换件明细表、修理设备修理件明细表。

2)按检查结果修改、补充修理设备材料明细表。

3)设备修理任务书的局部修改与补充。

4)按修理装配的先后顺序要求,尽快测绘临时配件(前修前预检时漏提,修理解体检查时才发现需要更换或修复的零部件)的图样,供外协采购员采购或供本企业自制。

计划调度人员会同主修技术人员,根据解体检查的实际结果及修改补充修理技术文件,及时修改和调整修理作业计划,并将作业计划张贴在作业施工的现场,以便于参加修理的人员随时了解施工进度要求。

**2. 生产调度**

主修技术人员必须每日了解各部件修理作业的实际进度,并在作业计划上作出实际完成进度的标志。如发现某项作业进度延迟,可根据网络计划技术上的时差,调动修理工人增加力量,把进度赶上去;对本班组不能解决的问题,应及时向计划调度人员汇报。

计划调度人员应每日检查作业计划的完成情况,特别要注意关键线路上的作业进度,并到现场实际观察检查,听取修理工人的意见和要求。还应重视各工种之间作业的衔接,利用班前、班后各种工种负责人参加的简短"碰头会"了解情况,这是解决各工种作业衔接问题的好办法。总之,要做到不发生待工、待料和延误进度的现象。

**3. 工序质量检查**

修理工人在每道工序完毕经自检合格后,需经质量检验员检验,确认合格后方可转入下道工序。对重要工序(如导轨磨削),质量检验员应在零部件上作出"检验合格"的标志,避免以后发现漏检的质量问题时引起更多的麻烦。

**4. 临时配件的修造进度**

修复件和临时配件的修造进度,往往是影响修理工作不能按计划进度完成的主要因素。应按修理装配的先后顺序,对修复件和临时配件逐件安排加工工序作业计划,找出薄弱环节,采取措施,保证满足修理进度的要求。

**三、修理竣工验收**(以大修为例)

(一)竣工验收程序

设备大修完毕经修理部门试运转并自检合格后,按图4-4所示的程序办理竣工验收。

| 检验内容 | 检验依据 | 参加部门及人员 | 形成文件 |
|---|---|---|---|

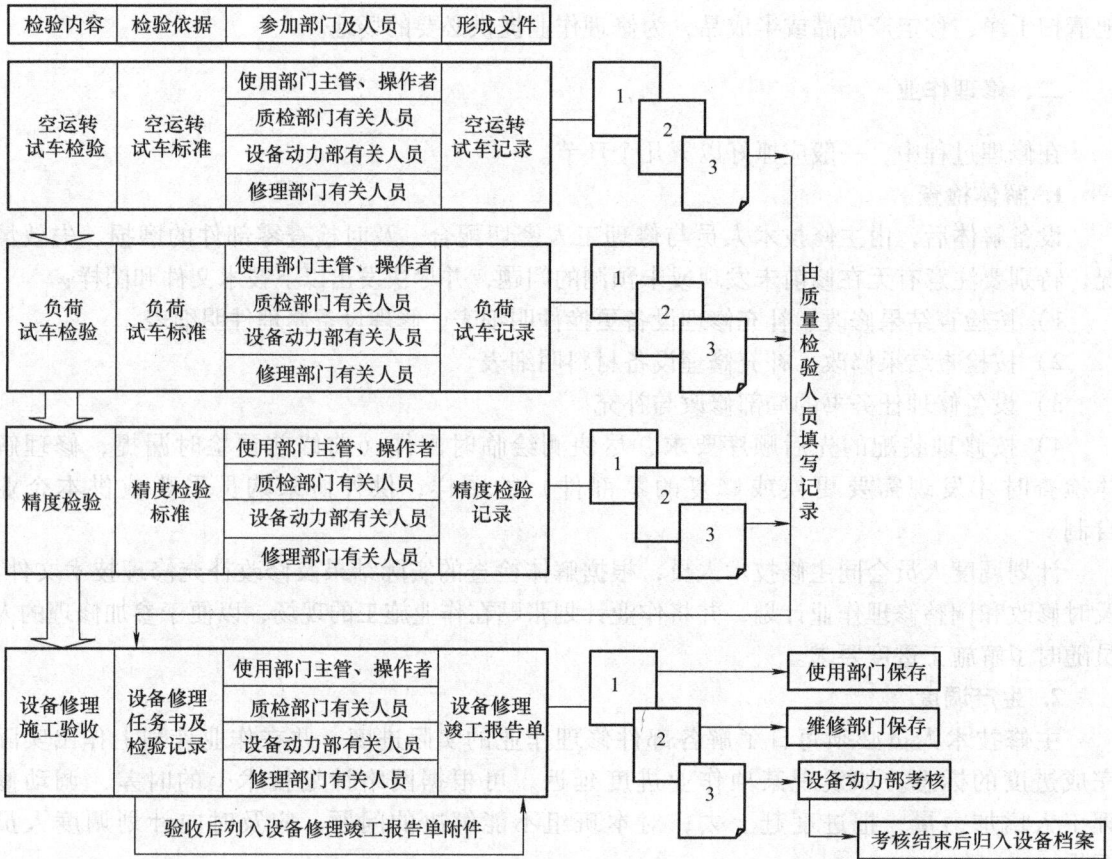

图 4-4　设备大修竣工验收程序

验收由企业设备动力部的代表主持，要认真检查修理质量和查阅各项修理记录是否齐全、完整。经设备动力部、质量检验部门和使用部门的代表一致确认，通过修理已完成修理任务书规定的修理内容并达到规定的质量标准及技术条件后，各方代表在设备修理竣工报告单（表 4-14、表 4-15）上签字验收。如验收中交接双方意见不一致，应报请企业分管设备领导裁决。

设备大修竣工验收后，修理部门将设备修理任务书（修改、补充过的）、修理设备更换件明细表（实际使用量）、修理设备修理件明细表（实际修理量）、修理设备材料明细表（实际使用量）、试车及精度检验记录等作为附件随同设备修理竣工报告单报送设备动力部，作为考核维修计划完成的依据。

（二）用户服务

设备修理竣工验收后，修理部门应定期访问用户，认真听取用户对修理质量的意见。对修后运转中发现的缺点，应及时圆满地解决。

设备大修后应有保修期，具体期限由企业自定，但一般应不少于三个月。

### 表 4-14　设备修理竣工报告单（正面）

使用部门：　　　　　修理部门：　　　　　　　　　　　　　　　年　月　日

| 设备编号 | 设备名称 | 型号与规格 | 修理复杂系数 | |
|---|---|---|---|---|
| | | | *JF* | *DF* |
| 设备类别 | 精　大　稀　重　关键　一般 | 修理类别 | 施工令号 | |

| 修理时间 | 计划 | 年　月　日至　年　月　日共停歇　天 |
|---|---|---|
| | 实际 | 年　月　日至　年　月　日共停歇　天 |

修理工时 /h

| 工种 | 计划 | 实际 | 工种 | 计划 | 实际 |
|---|---|---|---|---|---|
| 钳工 | | | 其他 | | |
| 电工 | | | | | |
| 机加工 | | | | | |

修理费用/元

| 名称 | 计划 | 实际 | 名称 | 计划 | 实际 |
|---|---|---|---|---|---|
| 人工费 | | | 管理费 | | |
| 备件费 | | | | | |
| 材料费 | | | 总费用 | | |

| 修理技术文件及记录 | 1. 设备修理任务书　　份<br>2. 修理设备更换件明细表　份<br>3. 修理设备修理件明细表　份<br>4. 修理设备材料明细表　份 | 5. 电气检查记录　　份<br>6. 空运转试车记录　份<br>7. 负荷试车记录　　份<br>8. 精度检验记录　　份 |
|---|---|---|

**表 4-15 设备修理竣工报告单（反面）**

| | |
|---|---|
| 主要修理及改装内容 | |
| 遗留问题及处理意见 | |

| 企业分管领导批示 | 验收部门 | | 修理部门 | | 质检部门检验结论 |
|---|---|---|---|---|---|
| | 使用 | 操作者 | | 电修技师 | |
| | | 设备管理员 | | 主修技术人员 | |
| | | 部门主管 | | | |
| | 设备动力部 | | | 部门主管 | |

## 四、设备维修计划的考核

企业生产设备的预防维修，主要是通过完成各种维修计划来实现的。在某种意义上，维修计划完成率的高低反映了企业设备预防维修工作的优劣。因此，对企业及其各生产车间和维修部门，必须考核年度、季度、月份维修计划的完成率，并列为考核车间的主要技术经济指标之一。

考核维修计划的依据是"设备竣工报告单"，由企业设备动力部负责考核。

设备维修计划的考核指标参见表4-16，此外，还可按计划定额考核工时及修理费用完成率。

**表 4-16　设备维修计划考核指标**

| 序号 | 指标名称 | 计算式 | 考核期 | 按年初计划考核的参考值 | 备注 |
|---|---|---|---|---|---|
| 1 | 项修计划完成率 | $\dfrac{\text{实际完成修理台数}}{\text{计划完成修理台数}}\times100\%$　　(4-2) | 月、季、年 | ±10% | |
| 2 | 大修计划完成率 | | 月、季、年 | ±5% | |
| 3 | 大修（项修）返修率 | $\dfrac{\text{大修（项修）返修台数}}{\text{大修（项修）总台数}}\times100\%$　　(4-3) | 季、年 | <1% | |

# 第五节　设备委托修理

设备委托修理是指企业中的独立核算生产单位（如分厂、分公司等），由于内部在维修技术条件或维修能力方面不能满足生产对维修的要求，或者从经济效果方面权衡，自行修理不如委托专业维修企业进行修理更为经济时，往往需要将一些修理项目委托给其他企业进行修理。目前，在我国一些大型企业内部，生产分厂和修造分厂之间也实行了设备委托修理的办法，利用经济杠杆的作用来促进设备修理和管理水平的提高。

设备对外委托修理的承修企业一般可以分为三类：一是企业内部独立核算单位之间的相互委托修理；二是经行业管理部门资质认证合格的专业修理企业；三是经过资质等级认证的专业设备制造厂或设备原制造厂家。

## 一、外委修理的原则和条件

设备动力部负责设备外委修理的对外联系，签订委修合同，协调计划的实施。具体负责办理外委修理的外协员，应熟悉设备维修业务，充分了解经济合同法，以预防工作失误，造成经济损失。

**1. 托修企业应掌握的原则**

1）本企业修理车间可以承修的设备修理任务，原则上应安排由本企业完成，以尽可能发挥企业内部潜力。

2）对需要外委修理的设备维修项目，要通过调查研究，选择取得国家有关部门资质认定证书，并持有营业执照，维修质量高，能满足进度要求，费用适中，服务信誉好的承修企业。

3）优先考虑本地区的专业维修企业、设备制造企业。

4）对于有特殊专业技术要求的外委修理项目，应尽量选择专业设备制造企业。如起重设备、电梯、锅炉、受压容器等，承修单位必须有主管部门颁发的生产、制造、安全许可证。

5）对于重大、复杂的工程项目及费用超过一定额度的大项目，应通过招标来确定承修企业。

**2. 承修企业应具备的条件**

从事设备维修的企业应具备必要的条件，以保证设备维修质量和进度，保障外委修理的利益。

1）需具有城市有关主管部门认定的资质等级证书。

2）要有合法的营业执照、银行开户行账号和正规的发票。

3）注册资金应达到一定的数额。

4）维修场地、工艺装备及其他设施要达到承修任务所必需的基本要求。

5）必须拥有与承修项目相关的技术资料、质量标准，同时应拥有相应数量、经验丰富、掌握多方面知识和技能的维修工程师及主修技师指导或参与设备维修工作。

6）有符合实际需要的质量保证体系和完善的检测手段。

7）有计算承修费用和价格标准的规范方法及有关规定，作为委修与承修双方议定价格的基础。

**二、委托修理费用预算**

外委修理费用预算是委托单位的计划人员根据委托修理任务书中提出的维修项目，内容和技术要求，参考以往同类委托修理实际支付费用并依据现行有关定额计算的修理费用，并在年度计划中列入预算的计划费用。承修单位则通过修前预检，提出施工工艺方案，按照城市设备维修行业通用的规范计算出修理工程成本和运营费用。双方在有准备的基础上议定合同价格，以便根据工程进度进行拨款和竣工后的结算。预算工作的质量直接影响委托方的支出与承修方的收入，双方必须认真对待，慎重从事。

委托企业估算修理费用可采用以下三种方法。

**1. 根据维修费用定额估算**

需修设备的维修类别确定后，以本企业统一制定的相应定额（即分类设备每一修理复杂系数按维修类别制定的工时定额、材料消耗定额、维修费用定额等）估算维修费用。

例如：某台设备大修，该设备的机械修理复杂系数为 $F_1$、电气修理复杂系数为 $F_2$，单位机械维修复杂系数大修费用定额为 $C_J$，单位电气修理复杂系数大修费用定额为 $C_D$，则估算的大修费为：

$$C = F_1 \cdot C_J + F_2 \cdot C_D \tag{4-4}$$

**2. 与以往同类设备外委修理结算费用类比估算**

根据以往同类设备同一维修类别的实际委托修理结算费用，计算出平均每一修理复杂系数实际支付的费用，作为估算的依据。

例如：某台设备委托项修，其项修部分的机械修理复杂系数为 $F_1$、电气修理复杂系数为 $F_2$，根据以往实际外委修理结算费用计算出的平均每一机械修理杂系数实际支付的费用为 $C_{JA}$，平均单位电气维修复杂系数实际支付的费用为 $C_{DA}$，则估算的项修费为

$$C_A = F_1 \cdot C_{JA} + F_2 \cdot C_{DA} \tag{4-5}$$

在应用实际外委修理结算费用来计算平均 $C_{JA}$、$C_{DA}$ 时，要考虑由于年份币值的变动和工程量的差异，进行适当的调整。

**3. 根据修理任务书、施工图样、工艺方案与各类定额、价格手册等编制预算**

下列公式可提供参考。

外委修理预算费用 = 维修成本费 × （1 + 运营费率）

= （材料费 + 备件费 + 工时费 + 外委劳务费）× （1 + 间接费用率）

× （1 + 运营费率）　　　　　　　　　　　　　　　　(4-6)

式中　材料费——材料费 = $\sum_{i=1}^{n}$ 材料 $i$ 预计耗用量 × 材料 $i$ 计划单价（$i$ = 1、2、3、…、$n$），材料单价依据企业财务部门与供应部门合作编定的或认可的适用于本地区的《材料预算计划价格手册》确定；

备件费—— 备件费（包括自制备件费与外购备件费）= $\sum_{i=1}^{n}$ 备件 $i$ 预计更换量 × 备件 $i$ 计划单价（$i$ = 1、2、3、…、$n$），备件计划单价依据企业财务部门规定的自制备件与外购备件的出库价格。一般为入库价格 × （1 + 保管费率）；

工时费—— 工时费 = $\sum_{i=1}^{n}$ 分类工种 $i$ 的工时量 × 分类工种 $i$ 的每工时费用（$i$ = 1、2、3、…、$n$），每工种的工时费用依据财会部门与劳资部门合作编定的普通各类工种、特定设备工种（含该设备的台班费）的工时计划（预算）费用。

外委劳务费是指承修企业委托外单位施工部分需付出的劳务费用，可分项目估算后汇总。

间接费用包括未计入上述费用的动能、常用工具、辅助材料、辅助工时、折旧费、管理人员工资等车间管理费应分摊的费用。由企业财务部门制定各独立核算的专业车间的间接费用率，一般为成本费用的5%～7.8%，如果企业已将上述间接费用摊入工时费中，则不应再计入间接费用率，即式（4-6）中的间接费用率为零。

运营费是企业经营运销工作中发生的运营管理费，上交利税、企业利润等工程、产品所应分摊的费用。运营费率一般按成本费用的百分比确定。城市行业管理部门为使其规范化，通常规定了本行业的有关的运营费率范围，一般为8.2%～10%。

根据上述三种估算结果，经有关人员议定出本年度计划费用，由部门领导批准，作为外委修理费用预算。

为保证外委修理费用预算的质量，设备动力部有关人员要充分重视原始资料的积累、汇总整理和研究分析，为今后应用打好基础。

**三、办理设备外委修理的工作程序**

1) 分析确定设备外委修理项目。

2) 选择承修企业。委托企业根据外委修理的原则、承修企业应具备的条件初选出承修企业并进行业务联系，对各初选企业反馈的信息进行综合分析，重点从生产安排、维修质量、费用支付、服务信誉等方面权衡利弊，最后择优确定承修企业。对所选的承修专业维修厂、设备制造厂应考虑建立较长期的、稳定的协作关系。

3) 承修企业修理费用预算与报价。承修企业根据修理任务书和现场预检结果，制定修理工艺和施工方案，同时按照地区、城市主管部门颁发的规程，编制工程费用预算。在预算的基础上提出报价。托修企业应及时审查预算质量，双方协商解决有关问题，议定合同价格，为签订合同创造条件。工程竣工验收后作出的决算，应对照预算找出较大的差异及其产生的原因，作出盈亏分析，以便吸取经验教训，纠正差错。

4）与承修企业协商签订合同。签订承修合同一般应经过以下步骤：

第1步：委托企业（甲方）向承修企业（乙方）提出"设备修理委托书"，其内容包括设备的编号、名称、型号、规格、制造厂及出厂年份，设备实际技术状态，主要修理内容，修后应达到的质量标准，要求的停歇天数及修理的时间范围。

第2步：乙方到甲方现场实地调查了解设备技术状态、作业环境及条件，如乙方提出要局部解体检查，甲方应予以协助。

第3步：双方就设备是否要拆运到承修企业修理、主要部位的修理工艺、质量标准、停歇天数、验收办法及相互配合事项等进行协商。

第4步：乙方在确认可以保证修理质量及停歇天数的前提下，提出修理费用预算（报价）。

第5步：通过协商，双方对技术、价格、进度以及合同中必须明确规定的事项取得一致意见后，签订合同。

**四、设备委托修理合同的内容**

1）委托单位（甲方）及承修单位（乙方）的名称、地址，法人（或法人代理人）及业务联系人姓名、开户银行、账号、邮编。

2）所签合同的时间与地点。

3）所修设备的资产编号、名称与型号、规格及数量。

4）修理作业地点。

5）主要修理内容。

6）甲方应提供的条件及配合事项。

7）修理费用总额（即合同成交额）及付款方式。

8）验收标准和方法，以及乙方在修理验收后应提供的技术记录和图样资料。

9）修理停歇天数及甲方可供修理的时间范围。

10）合同任何一方的违约责任。

11）双方发生争议事项的解决办法。

12）双方认为应写入合同的其他事项。例如：保修期，安全施工协议的签订及乙方人员在施工现场发生人身事故的救护，技术资料、图样的保密要求，包装与运输要求及费用的负担等。

13）如需要提供担保，另立合同担保书，作为本合同附件。

有些内容若在乙方标准格式的合同用纸中难以写明时，可另写成附件，并在合同正本中说明附件是合同的组成部分。

**五、执行合同中应注意的事项**

在执行合同中，除双方要认真履行合同规定的责任外，甲方还应着重注意以下事项：

1）设备解体后，如发现双方在签订合同前均未发现的严重缺损情况，甲方应主动配合乙方研究补救措施，以保证按期完成设备修理合同。

2）指派人员监督、检查修理质量及进度，如发现问题应及时向乙方反映，并要求乙方采取措施纠正、补救。

3）在企业内部，做好工艺部门、使用部门和设备动力部之间的协调工作，以保证试车验收工作有计划地认真进行。

4）修理验收后，应及时向承修单位反馈质量信息，特别是发生较大故障时，应及时与承修单位联系予以修复。

### 六、设备委托修理的验收

委托修理验收是保证设备修后达到规定的质量标准和要求，减少返工维修，降低返修率的重要环节。承、托修双方在修理作业中一定要严把质量关，及时发现质量问题并及时解决。

1）设备大修必须按技术文件中标明的内容完成，并按精度（性能）标准验收。

2）修好的设备首先由承修企业质量检查部门进行外观检查、精度检验，并经空运转试车符合规定的标准与要求后，签发维修合格证，之后再由承、托修双方共同进行负荷试车（即加工产品，检查加工质量），合格后双方在"修理竣工验收单"上签字，即可将设备运回生产场地安装调试生产。

3）承修企业在修理作业将要完成交质量检查部门全面验收之前，应及早通知托修企业准备试车验收，托修单位接到通知后应立即做好试车准备工作，派人前往联系，商定具体时间进度，按期进行设备试车验收，不得拖延。

4）对于项修设备的验收，应根据修理技术文件中的验收标准和合同中的说明进行，并以满足生产工艺要求为基本验收条件。

5）承修方在设备修理验收后。应将全部修理文件（包括修理方案、改装部位、更换件明细表等）交给委托方，以便委托方查阅。

6）托修的设备应规定保修期，具体期限由甲乙双方事先议定，写入合同中，目前国内许多企业定为半年。在保修期内承修企业接到托修企业由于发生故障要求返修的通知，应及时派人前往现场了解故障原因。属于修理质量造成的故障，应由承修企业负责抢修，其费用由承修企业承担，并按合同中的规定负担用户的停产损失。如解体检查前难以确定故障原因和责任，承修企业也应先承担排除故障的修理，其修理费用应由最后确定的责任者一方承担。

7）承、托修双方在检查验收中，对修理内容、修理标准、验收与否有争议时，应尽量协商解决。如合同发生纠纷难以协商解决时，双方均可申请经济合同仲裁机构或行业主管部门协商仲裁解决。

## 第六节　备 件 管 理

在设备维修工作中，为了恢复设备的性能和精度，需要用新制的或修复的零部件来更换磨损的旧件，通常把这种新制的或修复的零部件称为配件。为了缩短修理停歇时间，减少停机损失（指设备损坏而停机，导致生产中断而造成的损失），对某些形状复杂、要求高、加工困难、生产（或订货）周期长的配件，在仓库内预先储备一定数量，这种配件称为备品，总称为备品配件，简称备件。

备件是设备维修工程必不可少的物质基础。一个固定资产上亿元的企业，要储备上千种备件，占用流动资金几百万元。科学、合理地确定备件储备定额，做到既满足维修需要，又尽可能降低储备量，减少备件对流动资金的占用，是备件管理工作追求的目标。

### 一、备件的范围

1）所有的维修用配件，如滚动轴承、带、链条、继电器、低压电器开关、热元件、皮碗、油封等。

2）在设备中传递主要负荷或承受重负荷而结构又较薄弱的零部件。

3）保持设备精度和性能的主要运动件。

4）精密、大型、稀有设备以及企业特有设备的一切更换件。

5）因设计、制造先天不足而易经常损坏或发生故障的零部件。

6）因受热、受压、受冲击、受摩擦、受交变载荷、受腐蚀而易损坏的一切零部件。

7）需经常拆装或操作频繁而易损坏的零部件。

在确定备件时应注意与设备附件、低值易耗品、材料、工具等区分开来。但是，少数物品难于准确划分，各企业的划分范围也不相同，只能在方便管理和领用的前提下，根据企业的实际情况确定。

### 二、备件的分类

备件的分类方法很多，下面主要介绍两种常用的分类方法。

**1. 按备件传递的能量分类**

1）机械备件。指在设备中通过机械传动传递能量的备件。

2）电器配件。指在设备中通过电器传递能量的备件，如电动机、电器、电子元件等。

**2. 按备件的来源分类**

1）自制备件。是指企业自行加工制造的专用零部件。

2）外购备件。是指设备制造厂生产的标准产品零部件，这些产品均有国家标准或有具体的型号规格，有广泛的通用性。这些备件通常由设备制造厂和专门的备件制造厂生产和供应。

备件管理是指备件的计划、生产、订货、储备、供应的组织与管理，是设备维修资源管理的主要内容，也是设备管理的重要组成部分。只有遵循"既要满足维修需要，又要尽可能降低备件储备量"的原则，合理地确定备件储备定额，精心安排备件的计划、生产、订货、储备、供应，才能使设备维修工作完成得既保质保量又经济省时，减少备件对流动资金的占用，加速企业流动资金的周转，降低成本。

### 三、备件管理的目标与任务

**1. 备件管理的目标**

备件管理的目标是在保证提供设备维修需要的备件，提高设备的使用可靠性、维修性和经济性的前提下，尽量减少备件对流动资金的占用。具体要求做到以下四点：①把设备计划修理的停歇时间和修理费用减少到最低程度；②把设备突发故障所造成的生产停机损失减少到最低限度；③把备件储备压缩到合理供应的最低水平；④把备件的采购、制造和保管费用压缩到最低水平。

**2. 备件管理的任务**

备件管理的主要任务是：①及时供应维修所需的合格备件。为此，必须建立相应的备件管理机构和必要的设施，科学合理地确定备件的储备品种、定额和储备形式，做好保管供应工作；②重点做好关键设备的备件供应工作，保证其正常运行，尽量减少停机损失；③做好备件使用情况的信息收集和反馈工作。备件库管理员和维修人员要经常收集备件使用中的质量信息、经济信息，及时反馈给备件技术员，以便改进备件的使用性能；④在保证备件供应的前提下，尽量减少备件的储备资金。构成备件管理成本的因素有：备件资金占用率，库房占用面积，管理人员数量，备件制造采购的质量、价格，以及库存损失等。因此，应努力做好备件的计划、生产、订货、储备、供应等工作，压缩储备资金，降低备件管理成本。

备件管理工作流程如图4-5所示。

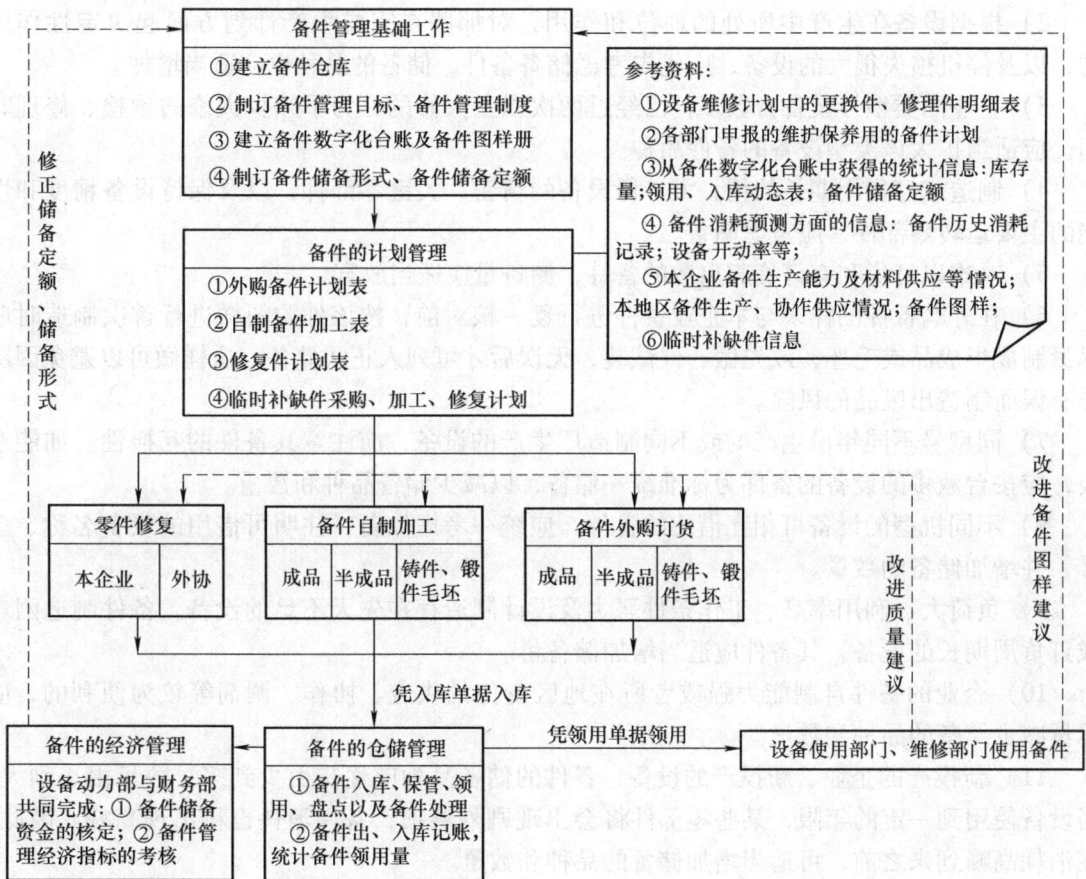

图4-5 备件管理工作流程图

**四、备件的技术管理**

备件管理工作要紧紧围绕合理储备备件这个中心展开，只有科学合理地储备与供应备件，才能使设备的维修任务完成得既经济又能保证进度。否则，如果备件储备过多，造成积压，不但增加库房面积，增加保管费用，而且影响企业流动资金的周转，增加产品成本；储备过少，就会影响备件的及时供应，拖延设备的修理进度，延长停歇时间，使企业的生产活动和经济效益遭受损失。因此，如何做到合理储备，是备件技术管理要解决的主要问题。

（一）备件储备的原则

构成一台设备的零部件种类和数量是非常多的，但属于备件的却只有少部分。不能将那些不属于备件范围的零部件列入备件进行储备，也不能将因某些事故或偶然情况损坏的零部件视作备件，而扩大备件储备品种。确定备件及其储备品种，应根据以下几项原则。

1）零部件的使用寿命是确定备件储备的基本原则。确定备件使用寿命最好的方法是根据企业历年备件消耗量进行统计、分析，这样才能比较准确和符合本企业的具体情况。对于零部件的使用寿命不超过设备修理间隔期，且订货周期在2、3天以上的易损件，应作为备件储备；对于使用寿命超过设备修理间隔期，但企业年平均消耗量较多的零部件，也可作为备件储备。

2）根据设备在生产中所处的地位和作用，对那些在完成生产计划方面起决定性作用的，以及停机损失很大的设备，应优先考虑储备备件，储备的品种也应适当增加。

3）企业同类型号设备台数多，已经过两次以上大修的，为了减少大修的预检、修理时间，应适当扩大该类型设备的备件品种。

4）制造或订货周期长的精、大、稀设备的精密、关键零部件，以及保持设备精度和性能的主要运转零部件，应考虑储备。

5）对难以订货和有订货起点数的备件，储备量应适当放宽。

6）在外购备件图样未与本企业备件进行逐一核对前，按该外购图样进行首次制造时应尽量制成半成品或毛坯，或先做一件试装，无误后才可列入正式储备。这样做可以避免因图样有误而制造出废品的风险。

7）同型号不同年份生产的或不同制造厂生产的设备，应注意其备件的互换性。如能互换，应按台数多的设备的备件为标准统一储备，以减少储备品种和数量。

8）不同机型的设备可相互借用的备件，应统一考虑储备，注明可借用的设备名称、型号，并增加储备的数量。

9）负荷大、利用率高、工作条件恶劣及设计制造存在先天不足的设备，备件制造困难或订货周期长的设备，其备件应适当增加储备量。

10）企业的备件自制能力强或者所在地区备件的供应、协作、调剂等较为便利的，应尽量减少储备的品种和数量。

11）新投产的企业、新投产的设备，备件的储备品种应逐步由少到多，数量由小到大。当设备使用到一定的年限，某些零部件将会出现剧烈磨损，备件消耗也将出现高峰。因此，在消耗高峰到来之前，可适当增加储备的品种和数量。

12）由于企业的产品生产计划的调整以及设备的更新、改造、转让等原因，都应及时调整备件的储备品种和数量。

13）进口设备的备件要立足于国产化，应尽量地采用国产的零部件、元器件代用。确实无法在国内解决的，应通过规定渠道，及时办理订购手续，提前储备，防止备件缺货而影响进口设备的正常运转。

14）由于氧化、腐蚀而易磨损的零部件，要提前做好备件储备工作。

上述十四项确定备件的储备原则，各企业在实际工作中不能生搬硬套，而应结合企业特点以及设备构成的比例，进行综合考虑，全面权衡利弊，然后再确定备件的储备品种与数量。

（二）备件的储备形式

备件的储备形式通常按下列两个方面进行分类。

**1. 按备件的库存情况分类**

按备件的库存情况分类可分为经常储备、间断储备两种形式。

经常储备是为保证企业设备日常维修，满足前后两批备件进厂间隔期内的维修需要而建立的备件储备。经常储备的备件的库存量是变化的，从最大储备量逐渐降低到最小储备量，再从最小储备量增加到最大储备量。经常储备的备件一般不允许库存量为零，即最小储备量要大于零，以防止因发生运输延误、交货拖欠或收不到合格备件需要退换，以及维修需用量猛增等情况而导致备件缺货，停机损失扩大。

间断储备是为保证设备大修、项修，或者二保对备件需求而进行的事先储备，当设备维修结束后，这些备件被用光，库存量为零。等设备下次大修、项修或二保时，再事先储备备件。间断储备适用于单价昂贵、使用寿命长的备件，也适用于使用频率低或因缺货而造成的停机损失小的备件。

**2. 按备件的储备形态分类**

按备件的储备形态分类可分为成品储备、半成品储备、毛坯储备、成对（成套）储备、部件储备。

在设备的任何一种修理类别中，有绝大部分备件要保持原有的精度和尺寸，在安装时不需要再进行任何加工，这部分备件可采用成品储备的形式进行储备。

有些零件需留有一定的修配余量，以便在设备修理时进行修配或作尺寸链的补偿。对这些零件来说，可采用半成品储备的形式进行储备。

对某些机加工工作量不大的以及难以决定加工尺寸的铸锻件和特殊材料的零件，可采用毛坯储备的形式进行储备。

为了保证备件的传动精度和配合精度，有些备件必须成对（成套）制造和成对（成套）更换使用，对这些零部件来说，宜采用成对（成套）储备的形式进行储备。

对于停机损失大的关键设备上的主要部件，或制造工艺复杂、精度要求高、修理时间长的部件，以及拥有量很多的通用标准部件，可采用部件储备的形式进行储备。

（三）备件的储备定额

**1. 备件储备定额的构成**

理想情况下，备件储备量随时间的变化规律如图 4-6 所示。当时间为 0 时，储备量为 $Q$；随着时间的推移，备件陆续被领用，储备量逐渐递减；当储备量递减至订货点 $Q_d$ 时，采购人员以 $Q_p$ 批量去订购备件，并要求在 $T$ 时间段内到货（$T$ 称为订货周期）；当储备量降至 $Q_{min}$ 时，新订购的备件入库，备件储备量增至 $Q_{max}$，从而走完一个"波浪"，又开始

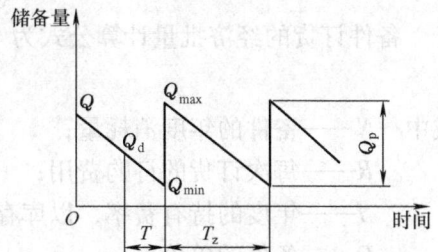

图 4-6　理想情况下备件储备量
随时间的变化规律

走一个新"波浪"。因此，备件储备定额包括：最大储备量 $Q_{max}$、最小储备量 $Q_{min}$、每次订货的经济批量 $Q_p$、订货点 $Q_d$。

图 4-7 所示为备件储备量的实际变化情况。因为备件储备量的实际变化情况不会像图 4-6 那样有规律，所以必须有一个最小储备量，以供不时之需。最小储备量定得越高，发生缺货的可能性越小；反之，则发生缺货的可能性越大。因此，最小储备量实际上是保险储备。

最小储备量在正常情况下是闲置的，企业还要为它付出储备流动资金及持有费用。但又不能盲目降低最小储备量，否则可能发生备件缺货。最小储备量取决于对未来备件消耗量做出的预测。

对备件过去的消耗量进行统计分析，可以预测备件将来的消耗趋势。目前，还没有一个通用的预测方法，企业可根据实际情况灵活制定预测方法。

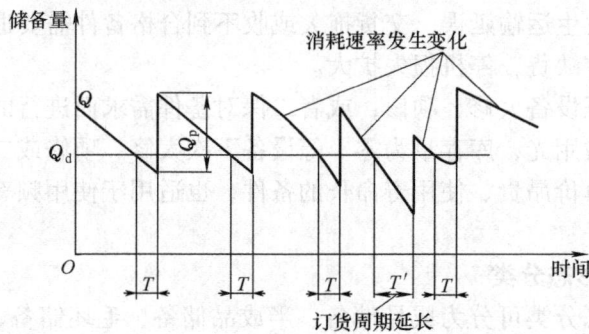

图 4-7　备件储备量的实际变化情况

### 2. 备件储备定额的确定

确定备件订货点应以订货周期内备件消耗量预测值（用 $N_h$ 表示）为依据，要求订货点储备量必须足够用到新备件进库，即订货点 $Q_d$ 大于订货周期内备件消耗量。

备件订货点计算公式为

$$Q_d = kN_h \tag{4-7}$$

式中　$k$——保险系数，一般取 $k = 1.5 \sim 2$；

　　　$N_h$——订货周期内备件消耗量预测值。

备件的最小储备量计算公式为

$$Q_{min} = (k-1)N_h \tag{4-8}$$

备件订货的经济批量计算公式为

$$Q_p = \sqrt{2NR/ID} \tag{4-9}$$

式中　$N$——备件的年度消耗量；

　　　$R$——每次订货的订购费用；

　　　$I$——年度的持有费率，以库存备件金额的百分率来表示；

　　　$D$——备件的单价。

备件的最大储备量计算公式为

$$Q_{max} = Q_{min} + Q_p \tag{4-10}$$

**例 4-1** 某厂有两台啤酒装箱机和两台卸箱机，它们都使用同一种备件—夹瓶罩（橡胶制品）。夹瓶罩的单价为 1 元，年持有费率为 20%，年消耗量为 522 件（往年统计数字），订货周期为 30 天，订货周期内夹瓶罩消耗量的预测值为 105 件。每次订货费为 20 元。试确定夹瓶罩的储备定额。

根据题意：已知 $N_h = 105$ 件，$N = 522$ 件，$R = 20$ 元，$I = 20\%$，$D = 1$ 元/件。另外，$k$ 取 1.7。

备件订货点

$$Q_d = kN_h = 1.7 \times 105 \text{ 件} = 179 \text{ 件}$$

备件的最小储备量

$$Q_{min} = (k-1) N_h = (1.7-1) \times 105 \text{ 件} \approx 74 \text{ 件}$$

备件订货的经济批量

$$Q_p = \sqrt{2NR/ID} = (\sqrt{2 \times 522 \times 20/0.2 \times 1}) \text{件} \approx 323 \text{ 件}$$

备件的最大储备量

$$Q_{max} = Q_{min} + Q_p = (74+323) \text{ 件} = 397 \text{ 件}$$

## 五、备件的计划管理

备件计划管理是指通过对备件消耗量的预测，结合本企业的生产维修能力、设备维修计划以及备件市场供应情况来编制备件生产、订货、储备和供应计划等工作。同时，做好各项计划的组织、实施和检查工作，以保证企业的生产和设备维修的需要以及备件管理的经济性。

**1. 备件计划的分类**

1）按备件的计划时间分类，可分为年度备件计划、季度备件计划和月度备件计划。

2）按备件的来源分类，可分为自制备件生产计划和外购备件采购计划（包括成品、半成品计划，铸锻件毛坯计划、修复件计划等）。

**2. 编制备件计划的依据**

1）设备维修需要的零部件。以年度设备维修计划和修前编制的更换件、修理件明细表为依据。

2）定期维护保养和日常维护所使用的备件。由各部门的设备管理员根据本部门设备运转状况和备件情况，提前 2～3 个月提出备件申请计划。

3）从备件数字化台账中获得的统计信息。包括：①备件库存量；②备件领用、入库动态表；③备件储备定额；④库存备件消耗到订货点时发出的订货信息。

4）备件消耗预测方面的信息。包括备件历史消耗记录，设备开动率等。

5）本企业的年度生产计划及维修车间、备件生产车间的生产能力、材料供应等情况。

6）本地区备件生产、协作供应情况。

7）临时补缺件信息。设备在大修、项修、二保时，临时发现需要更换的零部件，以及已制成和购置的配件不适用或损坏的急件。

### 六、备件的经济管理

备件的经济管理工作，主要是备件库存资金的核定、备件成本的审定、备件各项经济指标的统计分析等。经济管理贯穿于备件管理工作的全过程。

**1. 备件储备资金的核定**

备件资金主要来源于企业的流动资金中的储备资金，各企业按照一定的核算方法确定。核算的目的是为了减少占用资金，以加速流动资金的周转，使备件既满足维修的需要，又尽量减少储备。为此，规定备件储备资金只能由属于备件范围内的物资占用。核定方法一般有以下几种：

1）按照设备原购置总值的2%～3%估算。这种方法只要知道设备固定资产原值就可以算出备件储备资金，计算简单，也便于企业间进行比较。但核定的资金指标偏于笼统，与企业的生产实际情况，特别是设备的利用、维修和磨损情况联系较差。

2）按照本年度的库存资金、消耗金额以及下年度的预计资金周转期，并结合下一年度的设备检修计划与本年度计划相比较进行计算。具体公式为

$$储备资金定额 = 本年度备件消耗总额 \times 预计资金周转期 \times \frac{下年度设备检修 F 总和}{本年度设备检修 F 总和}$$

$$(4-11)$$

式中的预计资金周转期可参照本年度实际达到的资金周转期进行推算。

**2. 备件管理的经济指标考核**

1）备件资金周转期。在企业中，减少备件资金的占用和加速周转具有很大的经济效益，也是反映企业备件管理水平的重要经济指标。其计算公式为

$$资金周转期 = \frac{年平均库存金额}{年备件消耗总额} \tag{4-12}$$

备件资金周转期一般为一年半左右，应不断压缩。若周转期过长造成占用资金过多，企业就应对备件卡上的储备品种和数量进行分析和修正。

2）备件库存资金周转率。它是用来衡量库存备件占用的资金，实际上满足设备维修需要的效率。其计算公式为

$$库存资金周转率 = \frac{年备件消耗总额}{年平均库存金额} \times 100\% \tag{4-13}$$

3）资金占用率。它是用来衡量备件储备占用资金的合理程度，以便控制备件储备的资金占用量。其计算公式为

$$资金占用率 = \frac{备件储备资金总额}{设备原购置总值} \times 100\% \tag{4-14}$$

### 七、备件库管理与库存 *ABC* 管理法

备件库的管理是指备件入库、保管、领用、盘点以及备件处理，备件出、入库记账，统计备件领用量等管理工作。

（一）备件库的管理

**1. 对备件库的要求**

1）备件库的面积，应根据各企业对备件范围的划分和管理形式自定，一般按每个设备修理复杂系数 $0.01 \sim 0.04m^2$ 范围参考选择。

2）库房要求和仓库设施要求与设备库相同，这里不再赘述。为了人力资源和仓库投资，可以将备件库与设备库合二为一。

**2. 备件入库和保管**

1）有申请计划并已被列入备件计划的备件方能入库，计划外的备件需经负责人批准方能入库。

2）自制备件必须由检验员按图样规定的技术要求检验合格后填写入库单入库，外购件必须附有合格证并经入库前复验，填写入库单后入库。

3）备件入库后应登记入账，涂油防锈，挂上标签，并按设备属性、型号分类存放，便于查找。

4）入库备件必须保管好，维护好。入库的备件应根据备件的特点进行存放，对细长轴类备件应垂直悬挂，一般备件也不要堆放过高，以免零部件压裂或产生磕痕、变形等。

5）备件管理工作要做到"三清"（规格、数量、材质）、"两整齐"（库容、码放）、"三一致"（账、卡、物）、"四定位"（区、架、层、号），定期盘点（每年盘点 $1 \sim 2$ 次），定期清洗维护；做好防潮工作，防止备件锈蚀。

**3. 备件领用**

1）领用备件必须执行备件领用手续。由领用人填写领用单，注明领用部门、备件名称与编号、用途、数量，领用部门负责人签字。备件领用一律实行以旧换新。

2）对大修、项修、二保中需要预先领用的备件，应根据批准的更换件明细表领用，在大修、项修、二保结束时一次性结算，并将所有旧件如数交库。

3）支援外厂的备件须经过负责人批准后方可办理出库手续。

**4. 备件处理**

备件库管理员应经常了解设备情况，凡符合下列条件之一的备件，应及时准予处理，办理注销手续：

1）设备已报废，厂内已无同类型设备。

2）设备已改造，剩余备件无法利用。

3）设备已转让，而备件未随机转让，本厂又无同型号设备。

4）由于制造质量和保管不善而无法使用，且无修复价值（经备件技术员组织有关技术人员鉴定），报有关部门批准。但同时还必须制定出防范措施，以防类似事件的重复发生。

对于前三种原因需处理的备件，应尽量调剂，回收资金。

（二）备件库存 *ABC* 管理法

备件库存的 *ABC* 管理法，是物资管理中 *ABC* 分类控制在备件管理中的应用。它是根据备件的品种规格、占用资金和各类备件库存时间、价格差异等因素，对品种繁多的备件进行分类排队，实行资金的重点管理。这样既能简化备件的管理工作，又能提高备件管理的经济效益。

**1. 备件的 *ABC* 分类方法**

一般是按备件品种和占用资金的多少将备件分成 *ABC* 三类。各类备件所占的品种数及库存资金见表4-17。

**表4-17　ABC类备件所占品种数及库存资金分布表**

| 备件分类 | 品种数占库存品种总数的比重 | 占用资金占总库存资金的比值 |
|---|---|---|
| A类 | 约占15% | 约为70% |
| B类 | 约占25% | 约为20% |
| C类 | 约占60% | 约为10% |
| 合计 | 100% | 100% |

因为备件的库存量是动态变化的，所以，在不同时刻统计的备件总库存资金及各备件占用资金可能出入较大，导致按总库存资金及各备件占用资金对备件做ABC分类的误差较大。为使备件ABC分类准确合理，可以依据一年内备件消耗总额及各备件消耗金额进行分类。因为备件的总库存资金与备件在一年内的消耗总额成正比，每种备件对库存资金的占用量也与这种备件的消耗金额成正比。ABC分类一般经过以下几个步骤：

1）计算在一年内各品种备件的消耗金额。计算公式如下

$$消耗金额 = 某种备件的单价 × 该种备件的全年消耗量 \tag{4-15}$$

2）按每种备件消耗金额大小，降序排列，并依次列出累计消耗金额。

3）按顺序计算累计消耗金额占全部备件消耗总额的百分比。

4）按一定标准进行分类。

**例4-2**　假设某企业有10种备件，这些备件的单价以及在一个年度内的消耗数量、消耗金额见表4-18。试对这些备件进行ABC分类。

**表4-18　备件ABC分类计算表**

| 品种目录 | 单价/元 ① | 消耗数量 ② | 消耗金额/元 ③=①×② | 累计消耗金额/元 ④=Σ③ | 累计消耗金额占消耗总额的比值 ⑤=④/消耗总额 | ABC分类 | 占品种总数的比重 | 占总库存资金的比值 |
|---|---|---|---|---|---|---|---|---|
| 丁备件 | 760 | 5 | 3 800 | 3 800 | 40% | A | 20% | 72% |
| 乙备件 | 380 | 8 | 3 040 | 6 840 | 72% | | | |
| 丙备件 | 47.5 | 20 | 950 | 7 790 | 82% | B | 30% | 20% (92% - 72%) |
| 甲备件 | 28.5 | 20 | 570 | 8 360 | 88% | | | |
| 戊备件 | 10 | 38 | 380 | 8 740 | 92% | | | |
| 己备件 | 5 | 38 | 190 | 8 930 | 94% | C | 50% | 8% (100% - 92%) |
| 癸备件 | 3 | 57 | 171 | 9 101 | 95.8% | | | |
| 辛备件 | 2 | 76 | 152 | 9 253 | 97.4% | | | |
| 庚备件 | 1 | 133 | 133 | 9 386 | 98.8% | | | |
| 壬备件 | 2 | 57 | 114 | 9 500 | 100% | | | |

**2. ABC类备件的库存控制策略**

（1）A类备件　其在企业的全部备件中品种少，占用的资金数额大。因此，对于A类备件必须严加控制，利用储备理论确定适当的储备量，尽量缩短订货周期，增加采购次数，以加速备件储备资金的周转。

（2）B类备件　其品种比A类备件多，占用的资金比A类少。对B类备件，可根据维

修的需要, 适当控制这类备件的储备, 适当延长订货周期、减少采购次数。

(3) *C* 类备件 其品种很多, 但占用的资金很少。对 *C* 类备件, 应以充分保证维修需要为前提, 储备量可大一些, 订货周期可长一些, 减少对这类备件管理的工作量, 将管理重点放在 *A* 类备件上。

究竟什么品种的备件储备多少, 科学的方法是按储备理论进行定量计算。以上 *ABC* 分类法, 仅作为一种备件的分类方法, 用以确定备件管理重点。在通常情况下, 应把主要工作放到 *A* 类和 *B* 类备件的管理上。

## 复习思考题

1. 设备修理的含义是什么? 修理类别有哪些?
2. 设备管理所指的设备维修有哪些方式?
3. 什么是修理周期、修理间隔期、修理周期结构?
4. 年度、季度、月份修理计划之间有何关系?
5. 修理计划的编制依据是什么?
6. 设备修前要做哪些技术准备和生产准备?
7. 预检的主要内容有哪些?
8. 设备修理计划的实施应抓好哪些环节?
9. 办理设备外委修理有哪些工作程序?
10. 设备修理技术文件主要有哪些?
11. 修理任务书的主要内容是什么?
12. 备件的含义是什么?
13. 备件管理的目标和任务是什么?
14. 备件储备定额包括哪些?
15. 简述在备件管理中, 怎样应用 *ABC* 管理法?
16. 灌装机上的尼龙滚轮年消耗量为 216 件, 单价为 3 元, 年持有费率为 15%, 订货周期为 30 天, 在订货周期内尼龙滚轮消耗量的预测值为 36 件。每次订货费为 20 元。试确定尼龙滚轮的储备定额。
17. 请将表 4-19 "年度备件主要技术经济指标" 表格填写完整, 并比较 2011 年度、2012 年度备件主要技术经济指标的好差。

表 4-19 年度备件主要技术经济指标

| 项目<br>年份 | 设备原购置<br>总值/万元 | 年备件消耗<br>总额/万元 | 年平均库存<br>金额/万元 | 库存资金周<br>转率（%） | 资金占用率<br>（求年平均值）（%） |
|---|---|---|---|---|---|
| 2011 年度 | 4 000 | 60 | 100 | | |
| 2012 年度 | 5 000 | 68.2 | 110 | | |

# 第五章　设备寿命周期全过程管理

现代设备管理不仅重视设备的使用、维护与修理等方面的管理，更要求对设备寿命周期的全过程从技术及经济等方面实施管理。一个企业设备管理水平的高低，主要取决于以部长为首的设备动力部全体管理人员的职业素质。本章根据设备动力部的职能，为专业设备管理人员了解设备规划工程、设备资产管理、设备更新与改造、设备事故处理等方面的知识、内容、流程而编写。

## 第一节　设备规划工程

企业设备动力部的职能之一是负责企业设备规划工程。设备规划工程又称为设备前期管理，是指从规划到投产这一投资阶段的管理。主要包括设备投资规划的构思、调研、论证和决策；自制设备的设计和制造，外购设备的选型、采购、订货；设备安装、调试、验收；投资效益分析、评价和信息反馈等。能否对设备规划工程各环节进行有效的安排、协调和管理，将对企业能否保持设备完好、不断改善和提高企业技术装备水平、充分发挥设备效能、取得良好的投资效益起到关键性作用。这是因为：①投资阶段对设备整个寿命周期费用起决定性作用，对企业产品成本影响巨大；②投资阶段决定了企业技术装备水平和系统功能，影响着企业生产效率和产品质量；③投资阶段决定了设备的适用性、可靠性和维修性，也影响到企业设备效能的发挥和利用率。

### 一、设备投资规划

所谓设备投资规划，就是根据企业发展战略目标，考虑市场需求、产品开发、经营效益、安全、环保、节能等方面的需要，通过调查研究及技术经济分析，结合企业资金状况以及现有设备的能力而制定的中长期设备投资计划。它是企业生产发展的重要保证和生产经营发展总体规划的重要组成部分。

（一）编制设备投资规划的依据

编制企业设备投资规划的主要依据有：生产经营发展的要求，现有设备的技术状态，国家劳动安全、节能减排、环境保护等政策法规的要求，国内外新型设备的发展情况和其他科技信息，可筹集用于设备投资的资金。

（二）设备投资规划的内容

企业设备投资规划的内容包括以下三个方面。

**1. 企业设备更新规划**

企业设备更新规划是指用优质、高效、环保、低耗、安全性好的新型设备更换旧设备的筹划。企业设备更新规划必须与产品换代、技术发展规划相结合。对更新项目必须进行可行性分析，更新后经济效益明显的设备才能立项。

**2. 企业设备技术改造规划**

企业设备技术改造规划，就是对生产发展需要、技术上可行、经济上合理的设备进行技术改造项目的筹划。

设备技术改造，是用现代化技术成果改变现有设备的部分结构，给旧设备装上新部件、新装置、新附件，改善现有设备的技术性能，使其达到或局部达到新型设备的水平。这种方法投资少、针对性强、见效快。

**3. 企业新增设备规划**

新增设备规划，是指为满足生产发展需要，在考虑了提高现有设备利用率，设备更新和改造等措施后还需增加设备的计划。

（三）设备投资的可行性分析

设备投资涉及企业远景规划、经营目标和发展等重大事项，因此投资规划的制定必须建立在充分调查、论证的基础上，具有较强的说服力和可操作性。在实际工作中，设备投资可行性分析主要有以下内容。

**1. 投资原因分析**

1）对企业现有设备能力在实现生产经营目标、生产发展规划、满足市场需求等情况进行分析。

2）依靠技术进步，提高产品质量，增强市场竞争能力，对企业设备技术状况陈旧而需要更新的原因进行分析。

3）为节能减排和节约原材料，满足环保与安全生产方面的新需要等原因分析。

**2. 技术选择分析**

技术选择分析主要是对新设备的技术规格与型号的选择。在设备购置的分析中，由设备动力部会同相关部门，对提出的新设备的主要技术参数进行分析论证，以达成一致意见。

**3. 财务分析**

在立项报告中，必须对拟选购设备的经济性进行全面论述，并提出投资的具体分项内容（如设备购置费、运输费、安装调试费、配件订购费、使用费等），在综合分析计算后，本着使用成本低、投资效益好的要求进行论证。

**4. 资金来源分析**

经营性企业设备投资的资金来源，在我国现行经济体制下主要有以下渠道。

（1）政府财政贷款　在市场经济条件下，凡对社会发展有特别意义的项目，可申请政府贷款。

（2）银行贷款　凡属独立核算的企业投资项目，只要符合既定的审批程序和要求，银行将按规定准予办理贷款事项。

（3）自筹资金　企业的设备折旧费，生产发展基金，设备大修理费，资产报废处理收入，经营利润等。另外，企业还可以发行债券或股票融资。

（4）利用外资　包括：①国际贷款，包括国际金融组织贷款和外国政府贷款；②吸收外商直接投资，包括中外合营、合资与独资等形式；③融资租赁和发行证券、股票等方式筹资；④补偿贸易。出口国（企业）以其设备技术、专利服务等形式向进口国（企业）提供贷款，待进口国（企业）建成后再以其产品或经双方商定的其他产品偿还出口国的贷款。

评价（或分析）企业的设备投资效益常用的方法主要有投资回收期法、成本比较法、投资收益率法。如果要考虑资金的时间因素，则计算方法又有动态与静态之分。分析设备投资效益的方法很多，本书在此不作介绍。

**5. 设备租赁、外购和自制的技术经济分析**

由于企业的生产设备逐步向大型化、精密化、自动化的综合方向发展，价格十分昂贵。因此，有些资金短缺或为避免投资风险和压缩成本开支的企业，可采用租赁方式以达到设备使用目的，且较为经济。但采用设备租赁方式也有其弊端，即累计的租赁费用有可能大大高于开始租用时购买新设备的费用。

在通常情况下，凡属精度高、结构复杂、万能通用、生产标准件和部件设备，均以外购为宜，不宜自行设计制造。凡属与本企业生产流程相配套的高效率设备，或属非通用、非标准的设备，则以自行设计制造为主。

**（四）设备投资规划的编制程序**

设备投资规划的编制程序如图 5-1 所示。

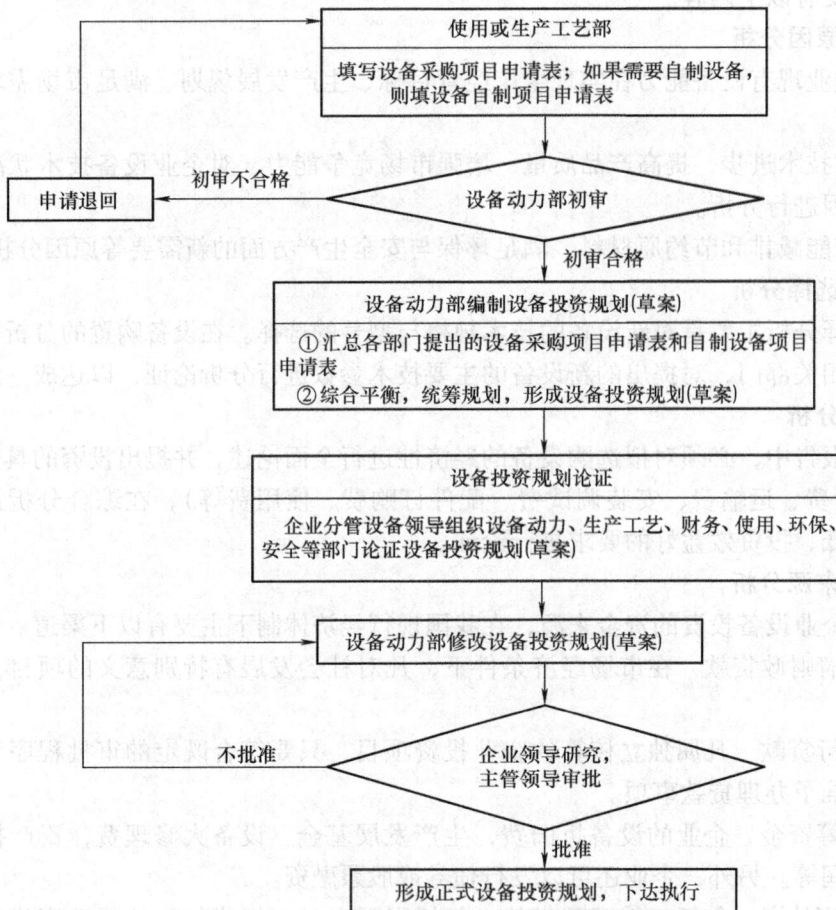

图 5-1　设备投资规划的编制程序

首先，由使用部门或生产工艺部门根据企业经营发展规划的要求，提出设备采购项目申请表。对设备规划项目必须进行初步的技术经济分析，从几个可行方案中选择最佳方案。

其次，由设备动力部汇总各部门的项目申请表，进行综合平衡，提出企业经济效益和社会效益最佳的设备投资规划草案。在企业分管设备领导主持下召集企业有关部门对设备投资规划草案进行会审。

最后，由设备动力部根据会审意见修改规划草案，编制正式的设备投资规划，经企业分管设备领导审查后报企业主管领导批准，再下达实施。

（五）设备投资规划的形式

滚动计划是一种远近结合、粗细结合、逐年滚动的计划。设备投资规划由于计划期限长、涉及面广，有些将来因素现在难以准确预测，为保证设备投资规划的科学性和正确性，在编制形式上可采用滚动计划的形式。

在编制设备投资规划时，先确定一定的时间长度（如三年、五年）作为规划期；在规划期内，根据需要将规划期分为若干时间间隔，即滚动期，最近的时间间隔中的计划为实施计划，内容要求较详尽，以后各间隔期内的计划为展望计划，内容较粗略；在实施过程中，在下一个滚动期到来之前，要根据条件的变化情况对原定计划进行修改，并加以延伸，拟定出新的即将执行的实施计划和新的展望计划。其程序如图 5-2 所示。

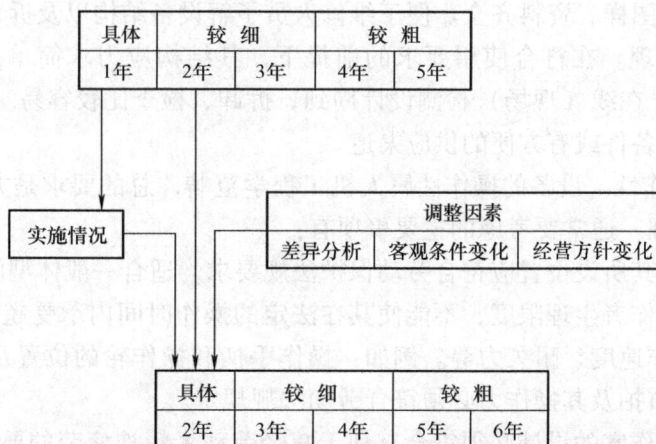

| 具体 | 较　细 | | 较　粗 | |
|---|---|---|---|---|
| 1年 | 2年 | 3年 | 4年 | 5年 |

| 实施情况 |
|---|

| 调整因素 | | |
|---|---|---|
| 差异分析 | 客观条件变化 | 经营方针变化 |

| 具体 | 较　细 | | 较　粗 | |
|---|---|---|---|---|
| 2年 | 3年 | 4年 | 5年 | 6年 |

图 5-2　滚动计划的编制程序

**二、外购设备选型与购置**

外购设备选型与购置，是实施企业设备投资规划的一个重要环节，对设备投资效益有着重要的影响。

（一）外购设备选型的原则

1）生产适用。所选购的设备应与本企业扩大生产规模或开发新产品等需求相适应。

2）技术先进。在满足生产需要的前提下，要求其性能指标保持先进水平，以利于提高产品质量和延长其技术寿命。

3）经济合理。即要求设备价格合理，在使用过程中能耗、维护费用低，并且回收期较短。

（二）外购设备选型应考虑的问题

**1. 设备的主要参数选择**

设备的主要参数是决定其生产效率和影响企业经济效益的重要因素，主要包括：设备的工作范围、工作效能、精度、性能以及设备外形尺寸。

**2. 设备的可靠性和安全性**

（1）设备的可靠性　设备的可靠性是指设备（含系统、零部件等）处于使用状态下，在规定的时间和条件下完成规定功能的能力。在实际中常用可靠度来表示设备的可靠性。而可靠度则是指设备、零部件在规定的条件下和预期的时间内实现其预期功能（如不出故障）的概率，它是时间的函数。可见，选择设备时必须考虑其主要零部件的平均故障间隔期，间隔期越长越好。

（2）设备的安全性　设备的安全性是设备对生产安全的保障性能，即设备应具有必要的安全防护设计与装置，以避免带来人、机事故和经济损失。

**3. 设备的维修性和操作性**

（1）设备的维修性　设备的维修性是指当设备发生故障时，通过维修手段使其恢复功能的难易程度。一般指以下三个方面：

1）设备的技术图样、资料齐全。便于维修人员了解设备结构以及拆装、检查的方法。

2）设备设计合理。在符合使用要求的前提下，其结构应力求简单，零部件组合标准化、互换性水平高，在线（现场）检测设计周到，拆卸、检查比较容易。

3）提供适量的备件或有方便的供应渠道。

（2）设备的操作性　设备的操作性属人机工程学范畴，总的要求是方便、可靠、安全，符合人机工程学原理。通常要考虑的主要事项有：

1）操作机构及其所设位置应符合劳动保护法规要求，适合一般体型的操作者的要求。

2）充分考虑操作者生理限度，不能使其在法定的操作时间内承受超过体能限度的操作力、活动节奏、动作速度、耐久力等。例如：操作手柄和操作轮的位置及操作力必须合理，脚踏板控制部位和节拍及其操作力必须符合劳动法规规定。

3）设备及其操作室的设计必须符合有利于减轻劳动者精神疲劳的要求。例如：设备及其控制室内的噪声必须小于规定值，设备控制信号、涂装色调、危险警示等都必须尽可能地符合绝大多数操作者的生理与心理要求。

**4. 设备的环保与节能**

工业、交通运输业和建筑业等行业设备的环保性，通常是指其噪声、振动和有害物质排放等对周围环境的影响程度。在设备选型时，必须要求其噪声、振动频率和有害物排放等控制在国家和地区标准的规定范围内。在选型时，无论哪种行业的企业，其所选购的设备都必须符合《中华人民共和国环境保护法》、《中华人民共和国节约能源法》规定的各项标准要求。

**5. 设备的经济性**

设备选型的经济性，其定义范围很宽，各企业可视自身的特点和需要从中选择影响设备经济性的主要因素进行分析论证。大体而言，设备选型时要考虑的经济性影响因素主要有：初期投资、生产效率、耐久性、能源与原材料消耗、维护修理费用等。

（三）设备选型的步骤

**1. 预选**

广泛搜集设备市场上货源的信息，如产品样本、产品目录、广告、用户和销售人员提供的情报，并进行分类汇编，从中初步筛选出可供选择的机型和厂家。

**2. 细选**

按初步筛选出的厂家和机型，直接进行产品咨询，其主要内容包括产品的各种技术参数、性能、精度、效能、加工范围、产品质量、信誉以及附件、价格、交货期等。将调查结果填写在设备货源调查表上，从中选择机型及交货期符合要求的2~3个厂家。

**3. 决策**

在细选的基础上，有目的地同制造厂家协商、谈判，对机型结构、技术性能、可靠性、维修性等深入了解并进行必要的性能试验，对设备附件、附具、图样资料、可能的技术服务等协商谈判并进行详细记录，作为最后选型择厂的依据。

以上调查结果需经生产工艺、设备动力、使用、财务等部门共同决策。必要时，还应组织有关部门或请咨询单位充分进行可行性论证，选出最优的机型和制造厂家作为第一方案；同时准备第二、第三方案以应订货情况变化之需，经企业分管设备领导批准后定案。

（四）设备的订购

对于价值较低的单台设备，一般是经过调研、选型分析后，直接向制造厂或经销商订货。对于专用设备、生产线、价值较高的单台设备以及国外设备，一般应采用招标方式订购，经过评议确定，与中标单位签订订货合同。

采用招标方式订购设备，主要是为了运用竞争机制，使资金得到有效地使用，确保设备的采购质量，降低投资风险，提高投资效益。招标可分为三种方式：

1）公开招标。设备购买企业以招标公告的方式邀请不特定的承包商或制造商投标，包括国际性竞争招标（ICB）和国内竞争性招标（LCB）。

2）邀请招标。即不公开刊登招标广告，设备购买企业根据事前的询查，以投标邀请书的方式邀请事前选定的承包商或制造商投标。这种形式一般用于设备购置资金量不大，或由于招标项目特殊、能参加投票的承包商或制造商为数不多的情况下。

3）谈判招标。谈判招标也称为议标或限制性招标，即通过谈判来确定中标者。这是一种非公开、非竞争性招标，由设备购买企业直接邀请选定的承包商或制造商进行合同谈判。一般情况下尽量不采用这种做法。

关于招标、投标工作的详细内容，可阅读《中华人民共和国招标投标法》。

（五）设备到货验收

设备到货验收工作是设备订货管理中的一个重要环节，尤其是订购国外设备，更要做好设备的到货验收工作。

**1. 设备到货期验收**

订购设备应按期到达指定地点，不允许任意变更。既不允许提前太多的时间到货，也不准延期到货。影响设备到货期的因素较多，尤其是从国外订购的设备，双方必须按合同要求履行验收事项。

**2. 设备完整性验收**

1）订购设备到达口岸（机场、港口、车站）后，订购企业派员介入所在口岸的到货管理工作，核对到货数量、名称等是否与合同相符，有无因装运和接卸等原因导致的残损，做好残损情况的现场记录，办理装卸运输部门签证等业务事项。

2）做好到货现场交接（提货）与设备接卸后的保管工作。无论是国内还是国外，应按国际咨询工程师协会（FIDIC）编写的订货设备合同进行，确保设备到达口岸后的完整性。

3）组织开箱检验。国内订购设备，开箱检查由设备采购部门、设备动力部组织安装、生产工艺及使用部门参加。检查后作出详细检查记录，填写设备开箱检查验收单。

国外订购的设备或配套件（总成、部件），在开箱前必须向商检部门递交检验申请并征得同意后方可进行，或海关派员参与到货的开箱检查。检查的内容有：①到货时的外包装有无损伤；②开箱前逐件检查货运到港件数、名称是否与合同相符，并作好清点记录；③设备技术资料（图样、使用与保养说明书、备件目录等）、随机配件、专用工具、监测和诊断仪器、特殊切削液、润滑油料、通信器材等是否与合同内容相符；④开箱检查、核对实物与订货清单（装箱单）是否相符，有无因装卸或运输保管等方面的原因而导致设备残损。

4）办理索赔。索赔是订购企业按照合同条款中有关索赔、仲裁条件，向制造商和参与该合同执行的运输、保险单位索取所购设备受损后赔偿的过程。

### 三、自制设备管理

对于一些专用设备和非标准设备，企业往往需要自行设计制造。自制设备具有针对性强、周期短、收效快等特点。它是企业解决生产关键工序、保证产品质量、获得经济效益的有力措施，也是企业实现技术改造的重要途径之一。

（一）自制设备的管理内容

1）编制设计任务书。明确规定各项技术指标、费用概算、验收标准及完成日期。它用于监督设计制造过程，是自制设备验收的主要依据。

2）设计方案审查。审查内容包括：设计计算书、设计图样、使用维修说明书、验收标准、易损件图样、关键部位的工艺等。

3）编制计划与费用预算表。

4）制造质量检查。

5）设备安装与试车。

6）验收移交，并转入固定资产。

7）技术资料归档。

8）总结评价。

9）使用信息反馈，为改进自制设备的设计、制造提供依据，也为今后设备的维修、技术改造提供资料。

（二）自制设备设计时应考虑的因素

1）提高零部件标准化、系列化、通用化水平。

2）提高设备结构的维修性。

3）使用先进的结构、材料、工艺，以提高零部件的耐久性和可靠性。

4）注意采用状态监测、故障报警和故障保护措施。

5）尽量减少保养工作量。

（三）自制设备的管理程序

自制设备的管理程序如图5-3所示。

```
使用或生产工艺部门提出自制设备项目申请表
        │
┌───────▼────────┐   初审不合格
│申请退回│◄──────  设备动力部初审
└────────┘
        │初审合格
        ▼
  论证不通过        组织有关部门进行
┌──────┐◄────────  自制设备立项论证
│不立项│
└──────┘
        │论证通过
        ▼
  不批准          企业领导研究审批
┌──────┐◄────────
│项目终止│
└──────┘
        │批准
        ▼
设备动力部:①确定设计、制造部门;②组织
生产工艺、使用部门编制设计任务书
        ▼
设计部门编制设计方案及全部图样资料
        ▼
不通过    设计、设备动力、生产工艺、使用、
◄──────   制造部门会审设计方案
        │通过
        ▼
计划部门安排制造计划;设备动力部核定工时定额;
制造部门编制费用预算,制造安装
        ▼
设备动力、质检、生产工艺、使用、设计、制造部门联合  通过
试车验收,并试生产3~6个月              ──────►移交生产;转固定资
        │不通过                          产;技术资料归档
        ▼
    设计、制造整改
```

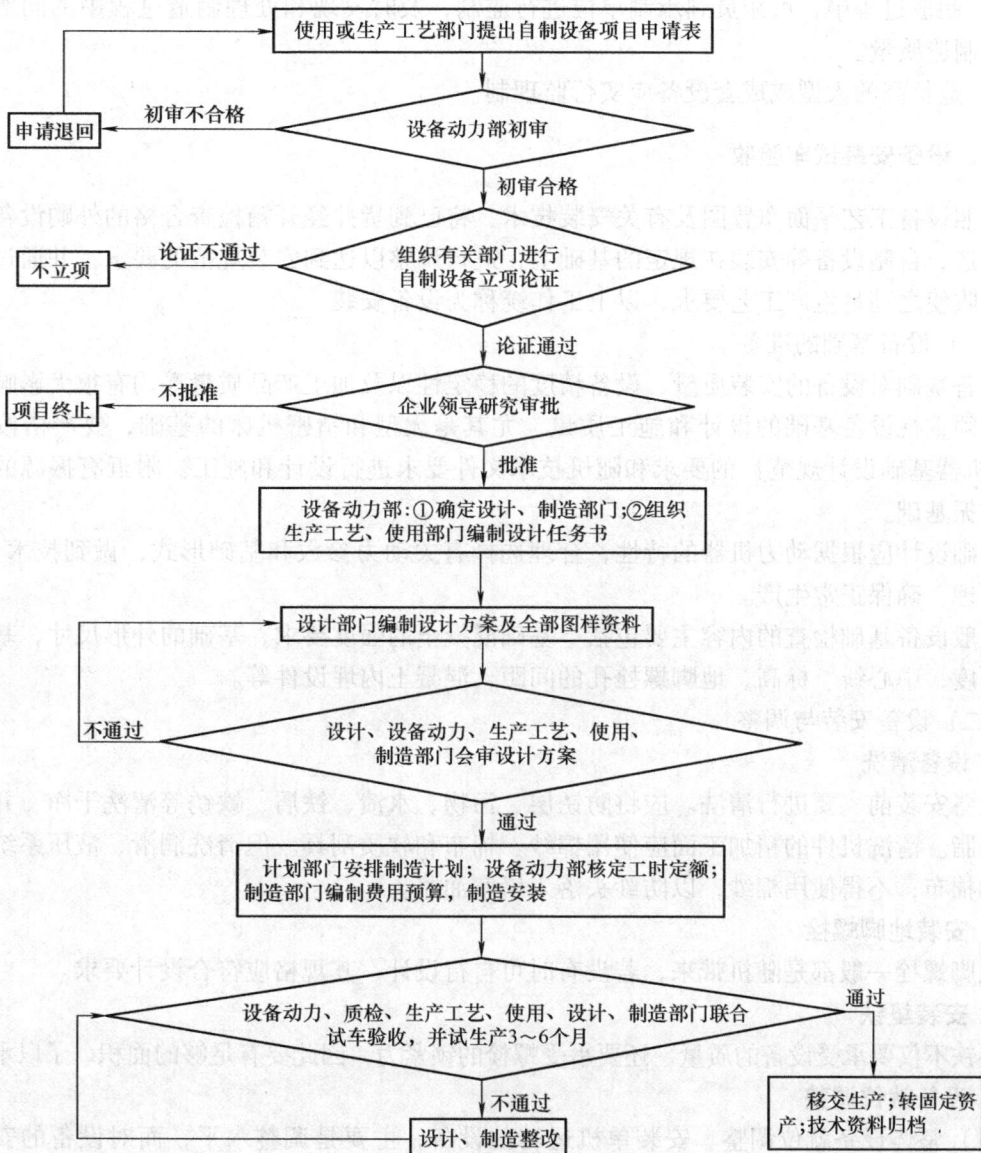

图 5-3　自制设备的管理程序

不具备设计、制造能力的企业可以委托外单位设计制造。一般工作程序如下:

1) 调查研究,选择设计制造能力强、信誉好、价格合理、对用户负责的承制单位。大型设备可采用招标的方法。

2) 提供该设备所要加工的产品图样或实物,提出工艺、技术、精度、效率及对产品保密等方面的要求,商定设计制造价格。

3) 签订设计制造合同,合同中应明确规定设计制造标准、质量要求、完工日期、制造价格及违约责任。

4) 设计工作完成后,组织本单位设备管理、生产工艺、使用、修理部门对设计方案、图样资料进行审查,提出修改意见。

5）制造过程中，可派员到承制单位进行监制，及时发现和处理制造过程中的问题，保证设备制造质量。

6）造价高的大型或成套设备应实行监理制。

**四、设备安装试车验收**

按照设备工艺平面布置图及有关安装技术，将已到货并经开箱检查合格的外购设备或大修、改造、自制设备等安装在规定的基础上，进行调整以达到安装规范的要求，并通过试运转、验收使之满足生产工艺要求，以上工作统称为设备安装。

（一）设备基础的准备

设备基础对设备的安装质量、设备精度的稳定性以及加工产品质量等均有很大影响。因此，必须重视设备基础的设计和施工质量，尤其是大型和精密机床的基础，要严格按国家《动力机器基础设计规范》的要求和随机技术文件要求进行设计和施工。附近有振源的，应设置防振基础。

基础设计应根据动力机器的特性，合理选择有关动力参数和基础形式，做到技术先进、经济合理、确保正常生产。

一般设备基础检查的内容主要包括：基础混凝土的强度要求，基础的外形尺寸，基础面的水平度，中心线、标高、地脚螺栓孔的间距，混凝土内埋设件等。

（二）设备安装与调整

**1. 设备清洗**

设备安装前，要进行清洗。应将防锈层、污物、水渍、铁屑、铁锈等清洗干净，并涂以润滑油脂。清洗机件的精加工面应使用棉纱、棉布和软质刮具。但清洗润滑、液压系统需用干净的棉布，不得使用棉纱，以防纱头落入堵塞油路。

**2. 安装地脚螺栓**

地脚螺栓一般都是随机带来，若没有时可自行设计，其规格应符合设计要求。

**3. 安装垫铁**

垫铁不仅要承受设备的质量，还要承受螺栓的锁紧力，因此要有足够的面积，予以承重。

**4. 设备就位调整**

（1）整体设备就位调整　安装单机运转的设备，主要是调整水平，而对设备的安装方向、标高位置往往不作严格要求，一般只要求设备中心符合基础中心即可。对于有排列要求及多机联动设备的安装，则需要安装位置和标高都很准确。为此，需要在设置基础时预先埋设钢带中心标板和标高基准点，作为设备找正的依据。

整机安装，一般是将设备吊运到基础上，垫好垫铁，装好地脚螺栓后，即可按说明书、设备安装规范或技术文件的要求进行调整。

（2）分体设备组装　对于大型复杂设备，一般采用交钥匙工程，由制造商现场组装。

（3）地脚螺栓孔二次浇灌混凝土　设备找正、调平后，要进行地脚螺栓孔二次浇灌混凝土。

**5. 设备安装检验**

设备安装完成后要按有关技术文件所规定的检验项目逐项进行检查并做好记录。电气部分按《电气装置安装工程及验收规范》的有关规定进行检查。

（三）设备试运转（试车）

设备的类型不同，其试运转的内容与检验项目各不相同，具体操作时应按照设备的安装说明书和相应的试运转规程进行。下面以机床设备和活塞式压缩机为例进行说明。

**1. 机床设备试运转**

（1）试运转前的准备工作

1）再次擦洗设备，油箱及各润滑部位加够润滑油。

2）手动盘车，各运动部件应轻松灵活。

3）试运转电气部分。为了确定电动机旋转方向是否正确，可先摘下传动带或脱开联轴器，使电动机空转，经确认无误后再与主机连接。电动机传动带应均匀受力、松紧适当。

4）检查安全装置，保证正确可靠，制动和锁紧机构应调整适当。

5）各操作手柄转动灵活、定位准确，并将手柄置于停止位置上。

6）试运转中需高速转动的部件（如磨床的砂轮），应无裂纹和碰损等缺陷。

7）清理设备部件运动路线上的障碍物，并保持运转场地清洁。

（2）无负荷试运转　无负荷试运转应分部进行。由部件至组件，由组件至整机，由单机至全部自动线。启动时先点动数次观察无误后再正式启动运转，并由低速逐级增加至高速。无负荷试运转是为了考察设备安装精度的保持性、稳固性以及传动、操纵、控制、润滑、液压等系统是否正常和灵敏可靠。其检查内容有：

1）由低速至高速逐级检查各种变速运转情况，每级速度运转时间≥2min。

2）在正常润滑情况下，轴承温度不得超过设计规范或说明书规定。一般主轴滑动轴承及其他部位≤60℃（温升≤40℃）。主轴滚动轴承≤70℃（温升≤30℃）。

3）设备各变速箱在运转时的噪声≤85dB，精密设备≤70dB，不应有冲击声。

4）检查机械、液压、电气系统工作情况及部件在低速运行或进给时的均匀性，不允许出现爬行现象，以检查进给系统的平稳性、可靠性。

5）检查各种自动装置、联锁装置、分度机构及联动装置的动作是否协调、正确。

6）各种保险、换向、限位、自动停车等安全防护装置是否灵敏、可靠。

7）整机连续无负荷试运转的时间应符合表5-1的规定，其运转过程中不应发生故障和停机现象，自动循环的休止时间≤1min。

表5-1　机床连续无负荷试运转时间

| 机床控制形式 | 机械控制 | 电液控制 | 数字控制 | |
| --- | --- | --- | --- | --- |
| | | | 一般数控机床 | 加工中心 |
| 时间/h | 4 | 8 | 16 | 32 |

（3）负荷试运转　负荷试运转主要是为了检验设备在额定负荷下的工作能力。负荷试运转可按设备公称功率的25%、50%、75%、100%的顺序分别进行。在负荷试运转中，要按规范检查轴承的温升，液压系统的泄漏，传动、操纵、控制、自动、安全装置工作是否正常，运转声音是否正常。

（4）设备的精度检验　在负荷试运转后，按随机技术文件或精度标准进行加工精度检验，应达到出厂精度或合同规定要求。金属切削机床在精度检验中，应按规定选择合适的刀具及加工材料，合理装夹试件，选择合适的切削参数。

设备完成各种运转检验后，要整理各项记录并填写设备试运转记录单（表5-2）和设备安装质量及精度检验记录单（表5-3），并对整个试运转作出准确的技术结论。

表 5-2　设备试运转记录单

| 设备名称 | | 型号 | | 出厂编号 | |
|---|---|---|---|---|---|
| 规格 | | 制造厂家 | | 出厂日期 | |
| 使用部门 | | 试验日期 | | 设备编号 | |

| 运转速度 | | 低速 | | 中速 | | 高速 | |
|---|---|---|---|---|---|---|---|
| 试运转 | | 空载 | 负载 | 空载 | 负载 | 空载 | 负载 |
| 运转时间 | | | | | | | |
| 振动情况 | 机身 | | | | | | |
| 温　度 | 主轴轴承 | | | | | | |
| | 电动机 | | | | | | |
| | 离合器 | | | | | | |
| | 油温 | | | | | | |
| 进给机构 | | | | | | | |
| 传动机构 | | | | | | | |
| 操纵机构 | | | | | | | |
| 液压、冷却、润滑系统 | | | | | | | |
| 气动及管道部分 | | | | | | | |
| 电气部分 | | | | | | | |
| 安装装置 | | | | | | | |
| 其他 | | | | | | | |

| 移交部门 | 使用部门 | 质检部 | 设备动力部 | 检验日期 |
|---|---|---|---|---|
| | | | | |

注：本单填写一式四份，移交部门、使用部门、质检部、设备动力部各一份。

表 5-3　设备安装质量及精度检验记录单

| 设备名称 | | 型号 | | 出厂编号 | |
|---|---|---|---|---|---|
| 规格 | | 制造厂家 | | 出厂日期 | |
| 使用部门 | | 检验日期 | | 设备编号 | |

安　装　质　量　记　录

| 安装精度 | 安装垫铁 | 外观质量 |
|---|---|---|
| | | |
| | | |
| | | |

精　度　检　验　记　录

| 序号 | 检验项目 | 公差 | 实测 | | 备注 |
|---|---|---|---|---|---|
| | | | 试运转前 | 试运转后 | |
| | | | | | |
| | | | | | |
| | | | | | |

| 结论 | | | | |
|---|---|---|---|---|
| 移交部门 | 使用部门 | 质检部 | 设备动力部 | 检查日期 |
| | | | | |

注：本单填写一式四份，移交部门、使用部门、质检部、设备动力部各执一份。

**2. 活塞式压缩机的试运转**

（1）试运转前的准备工作

1）检查气缸、机身、中体、十字头、连杆、气缸盖、气阀、地脚螺栓、联轴器等连接件的紧固情况，各处间隙是否符合要求。

2）检查各级气缸上下余隙是否达到规定标准。

3）安全防护装置是否齐全与良好。

4）水冷却系统试压符合要求，并能使压缩机正常运转。

5）压缩机系统的附属设备及工艺系统管道安装、试压、清洗完毕。

6）各种测试仪表安装、试验合格。

7）拆去各级气缸上的气阀，并盖上外盖（必要时装上铁丝网）。

其他准备工作与机床设备试运转前的准备工作大致相同，不再赘述。

（2）无负荷试运转

1）无负荷试运转的目的：

①　使曲轴、连杆、十字头、活塞等各运动部件得到良好的磨合，以保证良好的配合。

②　检查润滑油系统、冷却水系统以及各辅助系统的工作可靠性。

③　消除在无负荷试运转中出现的缺陷，为压缩机负荷运转创造条件。

压缩机无负荷试运转5min后，应停车检查有无异常情况。如无异常情况，即可连续无负荷试运转10min、15min、30min、1h、2h等，各段停车期间需检查有无异常情况，如无异常情况，可连续无负荷试运转8h，再行检查。在试运转过程中要填好运转操作记录。

2）无负荷试运转应达到的标准：

①　主轴承温升不应超过55℃。

②　电动机温升不应超过70℃。

③　密封器、中体滑道温升不应超过60℃。

④　所有运动件、静止件等均无碰撞、敲击等异响。

⑤　油路、水路、各种密封件运转正常。

⑥　电气仪表无故障。

⑦　压缩机振幅在标准规定范围内。

（3）吹洗　压缩机无负荷运转后，即可进行吹洗工作。要求达到：

1）在吹洗过程中，应按时检查电动机、压缩机组、循环机组、冷却水系统的运转情况及轴承温升情况，并做好记录。

2）吹洗过程中要经常用木锤轻敲吹洗的管道和设备，以便将脏物振落。

3）吹洗过程中经过的阀门必须全开或拆除（仪表、逆止阀与安全阀一定要拆除）以免损坏密封面或遗留脏物。

4）任何一级吹除的污染空气和脏物，不许带入下一级气缸、设备与管道内。不进行吹洗的气缸、设备与管道要加盲板密封。

5）压缩机各级气缸吹洗时间通常为1~2h，以吹洗干净为标准。

（4）负荷试运转　压缩机的负荷试运转一般用空气进行，在负荷试运转的同时，也进行气密性试验。通过负荷试运转，检查压缩机在正常工作压力下的气密性、生产能力以及各项工作性能是否符合规定的要求。因此，负荷试运转是决定压缩机能否正式投入生产使用的关键。

在压缩机负荷试运转时，应逐步关闭储气罐排气阀门，使压缩机压力逐步提升。将排气压力调整到额定压力的 1/4 时，运转 1h；再调整到额定压力的 1/2，运转 2h；调整到额定压力的 3/4 时，运转 2h。在上述几种压力下运转并检查：

1）润滑油压力是否在规定的范围内（0.1~0.3MPa 或 0.1~0.5MPa）。

2）压缩机运转要平稳，无异常响声。

3）冷却水系统正常，不能有气泡产生，排水温度最高不应超过 40℃。

4）所有连接处不松动，无漏气、漏水现象。

5）电动机工作正常。

6）各级排气温度不得超过允许范围，压力应正常。

7）进排气阀工作正常，安全阀灵敏可靠。

如以上检查处于正常状态，即可进行满负载试车。满负荷试运转第一阶段运转 10~20min，停车检查，如无异常情况，可进行第二阶段试运转，运转时间为 1h、2h、4~8h 至 24h，每次停车后进行检查，如果一切情况正常，试运转即告结束。

（四）设备安装验收和移交使用

设备安装试车结束后，应及时组织验收和办理移交生产使用的手续。验收工作一般由设备动力部负责组织，质检、生产工艺、使用、财务等部门以及设备制造、安装等单位派员参加。验收程序如图 5-4 所示。

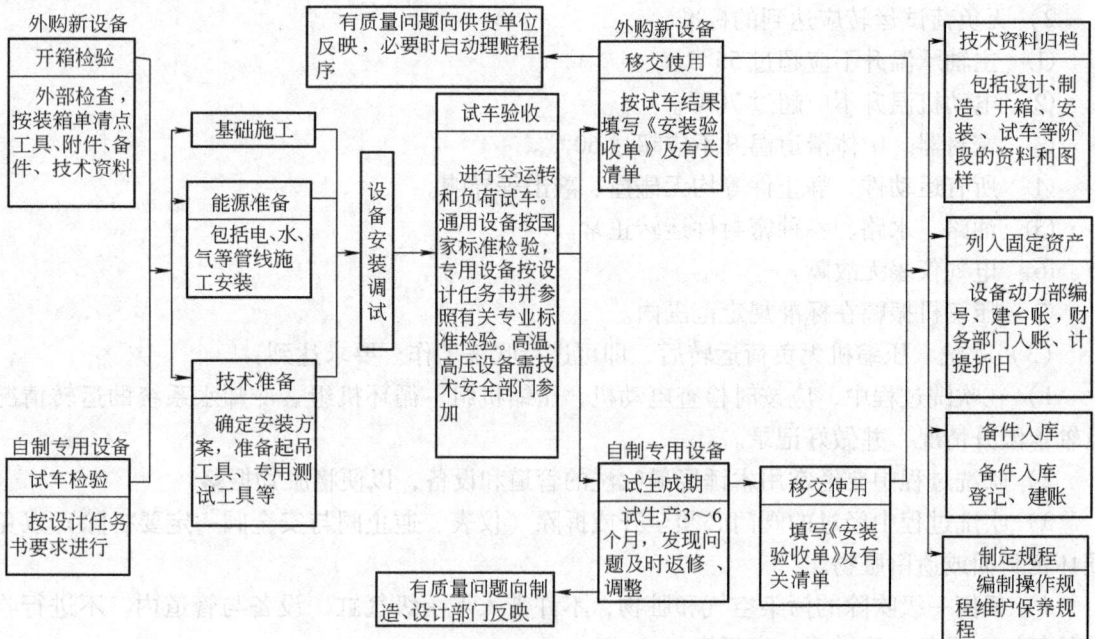

图 5-4 设备安装验收和移交程序

外购设备的验收，根据设备的类别依照相应的安装施工及验收规范（如《金属切削机床安装工程施工及验收规范》、《锻压设备安装施工及验收规范》等）和《机械设备安装工程施工及验收通用规范》等有关规定进行。工程验收时，应具备下列资料：竣工图或按实际完成情况注明修改部分的施工图；设计修改的有关文件和签证；主要材料和用于重要部位材料的出厂合格证和检验记录或试验资料；隐蔽工程和管线施工记录；重要部位浇灌所用混凝土的配合比和强度试验记录；重要焊接工作的焊接试验和检验记录；设备开箱检查及交接记录；设备安装质量及精度检验记录单；设备试运转记录单。这些资料在验收合格后移交设备动力部。验收人员要对整个设备安装工程进行鉴定，验收合格后填写设备验收移交单（表5-4），设备移交使用部门。对于因设计、制造或安装质量低劣使设备不能按时投产的，应启动理赔程序，质量不稳定或不能正常使用的设备不得转入固定资产。

表5-4　设备验收移交单

| 设备名称 | | 型号 | | 出厂编号 | |
|---|---|---|---|---|---|
| 规格 | | 制造厂家 | | 出厂日期 | |
| 使用部门 | | 验收日期 | | 设备编号 | |
| 设 备 价 值 | | | 资料名称 | 张/份 | 备 注 |
| 出厂价值 | | 元 | 说明书 | | |
| 运杂费 | | 元 | 图样资料 | | |
| 安装费用 | 基础费 | 元 | 出厂精度检验单 | | |
| | 动力配线 | 元 | 电气资料 | | |
| | 安装费用 | 元 | 附件及工具清单 | | |
| | 其他 | 元 | | | |
| 管理费 | | 元 | | | |
| 合 计 | | 元 | | | |
| 检 查 情 况 | | | | | |
| 受检内容 | | 检 查 结 果 | | | 记录单编号 |
| 设备开箱检查验收 | | | | | |
| 安装质量及精度检验 | | | | | |
| 设备试运转 | | | | | |
| 产品、试件检查情况 | | | | | |
| 制造安装单位 | 使用部门 | 质检部 | 设备动力部 | 财务部 | 移交日期 |
| | | | | | |

注：本单一式五份，制造安装单位、使用部门、质检部、设备动力部、财务部各执一份。

自制设备的验收，根据图样中的技术规范以及设计任务书中所规定的质量标准和验收标准，对自制设备进行全面的质量评价和技术经济评价。验收合格后，由质检部发给合格证，准许使用部门将设备投入试生产。经3～6个月的生产试用，证明自制设备能稳定达到产品工艺的要求，制造部门就可以正式将设备移交给使用部门，并填写设备验收移交单（表5-4）。同时，将全套技术资料（包括装配图、零件图、基础图、传动图、电气系统图、润滑系统图、检查标准、说明书、易损件及附件清单、设计数据和文件、质量合格证、制造过程中的技术文件、图样修改等文件凭证、工艺试验资料以及制造费用结算成本等）移交给设备动力部，进行归口管理。对于因设计错误或制造质量低劣使设备不能按时投产者，要追究有关部门的经济责任，质量不稳定或不能正常使用的设备不能转入固定资产。

对验收合格并已移交使用的设备，财务部和设备动力部应及时办理固定资产入账手续。对自制设备，财务部和设备动力部还应对设备制造中发生的费用与材料进行成本核算。

### 五、设备使用初期管理

设备使用初期的管理是指设备安装投产运转后初期使用阶段的管理，包括从安装试运转到稳定生产这一观察时期（一般为半年左右）内的设备调整试车、使用、维护、状态监测、故障诊断，操作和维修人员的培训，维修技术信息的收集与处理等全部工作。

加强设备使用初期的管理，是为了使投产的设备尽早达到正常稳定的良好状态，满足生产效率和质量的要求，同时可以发现设备前期管理中存在的问题，特别是能够及时发现设备设计与制造中的缺陷和问题，并进行信息反馈，以提高新设备的设计质量和改进设备选型工作，并为今后的设备投资规划、决策提供可靠的依据。设备使用初期管理的主要内容有：

1）设备初期使用中的调整试车，使其达到原设计预期的功能。

2）操作和维修工人使用、维修的技术培训工作。

3）对设备使用初期的运转状态变化进行观察、记录和分析处理。

4）稳定生产、提高设备生产效率方面的改进措施。

5）设备的稳定性和可靠性检验。

6）设备精度是否达到设计规范和工艺要求。

7）设备的安全性和能耗情况。

8）开展使用初期的信息管理，制定信息收集程序，做好初期故障的原始记录，填写设备初期使用鉴定书、调试记录等。

9）使用部门要提供各项原始记录，包括实际开动台时、使用范围、使用条件、零部件损伤和失效记录，早期故障记录及其他原始记录等。

10）对典型故障和零部件失效情况进行研究分析，提出改善措施和对策。

11）对设备原设计或制造上的缺陷，提出合理化改进建议，采取改善性修理措施，消除设备先天缺陷。

12）对使用初期的费用与效果进行技术经济分析，并做出评价。

13）对使用初期所收集的信息进行分析处理：①属于设备设计、制造上的问题，向设计、制造单位反馈；②属于安装、调试上的问题，向安装、试车单位反馈；③属于需采取维修对策的问题，向设备维修部门反馈；④属于设备投资规划、采购方面的问题，向设备动力部、采购部门反馈。

# 第二节　设备价值管理

当新设备安装验收且移交使用部门后，设备动力部和财务部门要将该设备列入固定资产，并对该设备进行计价。每年对该设备提取折旧费。

### 一、设备与固定资产的关系

设备是企业固定资产的主要组成部分。

《企业会计准则》（2007 年）规定，固定资产是指同时具有下列特征的有形资产：①为生产商品、提供劳务、出租或经营管理而持有的；②使用寿命超过一个会计年度。

固定资产同时满足下列条件的，才能予以确认：①与该固定资产有关的经济利益很可能流入企业；②该固定资产的成本能够可靠地计量。

凡不具备固定资产条件的劳动资料可列为低值易耗品。有些劳动资料虽具备固定资产的条件，但由于更换频繁、变动性大、容易损坏等原因，也可以不列入固定资产，如为生产购置的专用工具、卡具、模具及器皿等。

既然设备是企业固定资产的主要组成部分，按财务管理的要求，企业设备动力部必须对属于固定资产的机械、电气、动力等设备实施固定资产管理，简称设备资产管理。要做好设备资产管理工作，设备动力部、设备使用部门和财务部必须同心协力，互相配合。设备动力部负责设备资产的规划、选型、订购、安装、调试、验收、建账建档、分类、编号、维修、改造、移装、调拨、出租、清查盘点、乃至报废清理等管理工作；使用部门负责设备资产的正确使用、妥善保管和精心维护保养，并对其保持完好和有效利用负直接责任；财务部负责制定固定资产管理的责任制度，对设备资产的订购、维修、改造、调拨、出租、乃至报废清理进行相应的凭证审查、资金收支及价值核算，对使用过程中的设备资产提取折旧。

### 二、固定资产的计价

固定资产按货币单位进行计算，即为固定资产计价。对固定资产进行正确的计价，是进行固定资产价值核算的依据，同时也是计提折旧的必要条件。固定资产的计价标准取决于不同的计价目的，固定资产的计价标准主要有以下四种。

#### 1. 固定资产原值

固定资产原值又称固定资产原始价值，是企业在新建、购置某项固定资产时实际发生的全部支出，包括建造费、购置费、运输费和安装调试费等。其主要优点是具有客观性和可验证性。也就是说，按这种计价方法确定的价值，均是实际发生并有支付凭据的支出。正是由于这种计价方法具有客观性和可验证性的特点，使它成为固定资产的基本计价标准。但这种计价方法也有明显的缺点，即当经济环境和社会物价水平发生变化时，它不能反映固定资产的真实价值。

按《新会计准则》（2007 年），固定资产原值按下列规定计算。

1）购入的固定资产，按照实际支付的买价、相关税费、使固定资产达到预定可使用状态前所发生的可归属于该项资产的运输费、装卸费、安装费和专业人员服务费等计价。

2）自行建造的固定资产，按照建造过程中实际发生的由建造该项资产达到预定可使用状态前所发生的必要支出进行计价。

3）其他单位投资转入的固定资产，按投资合同、协议约定的价值计价。但合同或协议约定价值不公允的除外。

4）融资租入的固定资产，按租赁开始日租赁资产公允价值与最低租赁付款额现值两者中较低者进行计价，如在租赁谈判和签订租赁合同过程中发生可归属于租赁项目的手续费、律师费、差旅费、印花税等初始直接费用，也应计入。

5）接受捐赠的固定资产，按同类资产的市场价格或捐赠方所提供的记账凭据和接受捐赠时所发生的各项费用计价。

### 2. 固定资产重置价值

固定资产重置价值又分为重置全价和重置净价。重置全价，即完全重置成本，是指按当前生产条件和价格水平，重新购置与原设备相同或功能相似的全新固定资产所需支出的全部费用。

盘盈的固定资产，按重置全价计价。

固定资产重置净价是指固定资产现时尚拥有的价值，可按下式计算：

$$某固定资产重置净价 = 该固定资产重置全价 - 该固定资产已发生的各类损耗 \quad (5\text{-}1)$$

固定资产重置价值一般用于企业获得馈赠或核查无法确定原值的固定资产或经主管部门批准对固定资产进行重新评估时，作为其计价标准。

### 3. 净值

净值又称为折余价值，是指固定资产原始价值或重置全价减去已提折旧后的净额。它反映继续使用中的固定资产尚未折旧部分的价值。通过净值与原值的对比，可以大体了解固定资产的新旧程度。

### 4. 增值

增值是指在原有设备资产的基础上进行改建、扩建或技术改造后增加的设备资产价值。设备增值额为进行改、扩建或技术改造而支付的费用减去改、扩建或技术改造中发生的变价收入。如有被替代的部分，则应扣除其账面价值。

### 5. 残值与净残值

残值是指设备资产报废时的残余价值，即报废资产拆除后余留的材料、零部件或残体的价值。净残值为残值减去处置费用后的余额。

### 三、固定资产保值与增值

固定资产保值增值是资产所有者对经营管理者的一项要求，所说的资产是所有者的全部权益，可用下式表示。

资产保值：

$$期末所有者权益 = 期初所有者权益 \times (1 + 年利率)^n \quad (5\text{-}2)$$

资产增值：

$$期末所有者权益 > 期初所有者权益 \times (1 + 年利率)^n \quad (5\text{-}3)$$

上面两式中的所有者权益用下式计算：

$$所有者权益 = 企业资产总额 - 企业负债总额 \quad (5\text{-}4)$$

### 四、固定资产的折旧

固定资产折旧是设备价值形态管理的内容之一。

企业的固定资产因磨损而减少的价值将转移到产品成本中去，构成产品成本的一项生产费用，这就是折旧费或折旧额。当产品销售后，折旧费转化为货币资金，作为设备磨损的补偿。到设备报废时，其价值已全部转化为货币资金。固定资产折旧是指在固定资产的预计使用期限内，按照一定的方法对固定资产原值扣除预计净残值后进行的摊销。

计算折旧的方法有直线折旧法、加速折旧法等。由于固定资产折旧方法的选择直接影响到企业成本和费用的计算，也影响到企业的收入和纳税，从而影响到国家的财政收入，因此，对固定资产折旧方法的选用应当科学合理。

**1. 直线折旧法**

直线折旧法又称为直线法，可分为两种：年限平均法和工作量法。

（1）年限平均法　折旧额与折旧率的计算公式为

$$B_{年} = \frac{K_0 \ (1 - \beta)}{T} \tag{5-5}$$

式中　$B_{年}$——固定资产的年折旧额；

　　　$K_0$——固定资产的原值；

　　　$\beta$——固定资产报废时净残值占原值的比率（取3% ~ 5%）；

　　　$T$——固定资产的折旧年限。

$$a_{年} = \frac{B_{年}}{K_0} = \frac{1 - \beta}{T} \tag{5-6}$$

式中　$a_{年}$——各类固定资产的年折旧率。

（2）工作量法　工作量法应用于某些价值很高但不经常使用的大型设备、大型建筑施工机械以及交通运输企业的客、货运汽车等。

按工作时间计算折旧额的公式为

$$B_{时} = \frac{K_0 \ (1 - \beta)}{T_{时}} \quad 或 \quad B_{班} = \frac{K_0 \ (1 - \beta)}{T_{班}} \tag{5-7}$$

式中　$B_{时}$——单位小时折旧额；

　　　$T_{时}$——在折旧年限内该项固定资产总工作小时定额；

　　　$B_{班}$——工作台班折旧额；

　　　$T_{班}$——在折旧年限内该项固定资产总工作台班定额。

按行驶历程计算折旧额的公式为

$$B_{km} = \frac{K_0 \ (1 - \beta)}{L_{km}} \tag{5-8}$$

式中　$B_{km}$——某车型每行驶1km的折旧额；

　　　$L_{km}$——某车辆总行使里程定额。

直线折旧法简便易行，我国工业企业基本上都采用这种方法。直线折旧法的实质是将折旧回收总额平均分摊后向产品成本中转移，以求得在单位产品中设备价值损耗量的均衡。要指出的是，由于设备在使用初期、中期及后期故障率不同，产生的效益也不同，因而各个时期单位产品成本中设备的实际损耗是不相同的。

**2. 加速折旧法**

加速折旧法是一种加快回收设备投资的方法。即在折旧年限内，对折旧总额的分配不是按年平均的，而是先多后少，逐年递减，常用的有以下几种。

（1）年限总额法　即将折旧总额乘以年限递减系数来计算折旧。计算公式如下

$$B_i = \frac{T + 1 - t_i}{T \ (T + 1) \ /2} K_0 \ (1 - \beta) \tag{5-9}$$

式中　　　　$B_i$——在折旧年限内第 $i$ 年的折旧额；

　　　　　　$t_i$——折旧年限的第 $i$ 年度；

$\dfrac{T+1-t_i}{T\,(T+1)\,/2}$——年限递减系数。

## 2. 双倍余额递减法

这种方法是指在不考虑固定资产净残值的情况下，根据每年年初固定资产账面净值乘以双倍直线法折旧率来计算固定资产折旧。在固定资产折旧年限到期以前两年内，将固定资产净值扣除预计净残值后的价值平均摊销，即在最后两年内按直线法计提折旧。

例 5-1　某企业进口一高新设备，原价为 40 万元，预计使用 8 年，预计报废时净残值为 20 000 元，该设备采用双倍余额递减法计算的年折旧额见表 5-5。

表 5-5　折旧计算表 　　　　　　　　　　　　　　　　　（单位：元）

| 年份 | 年初固定资产账面净值 | 年折旧率 | 年折旧额 | 累计折旧额 | 年末固定资产账面净值 |
|---|---|---|---|---|---|
| 1 | 400 000.00 | 25% | 100 000.00 | 100 000.00 | 300 000.00 |
| 2 | 300 000.00 | 25% | 75 000.00 | 175 000.00 | 225 000.00 |
| 3 | 225 000.00 | 25% | 56 250.00 | 231 250.00 | 168 750.00 |
| 4 | 168 750.00 | 25% | 42 187.50 | 273 437.50 | 126 562.50 |
| 5 | 126 562.50 | 25% | 31 540.63 | 304 978.13 | 95 021.87 |
| 6 | 95 021.87 | 25% | 23 755.47 | 328 733.60 | 71 266.40 |
| 7 | 71 266.40 | / | 25 633.20 | 354 366.80 | 45 633.20 |
| 8 | 45 633.20 | / | 25 633.20 | 380 000.00 | 20 000.00 |

注：前 6 年的年折旧率 =（2÷8）×100% =25%。第 7 年应提折旧 =（71 266.40 − 20 000.00）÷2 =25 633.20 元

# 第三节　设备分类与设备台账

对于列入固定资产的新设备，设备动力部要对该设备进行分类、编号，建立台账与档案。

## 一、设备分类

对于固定资产的重要组成部分——设备，应对其进行分类，目的是为了分析企业所拥有设备的技术性能及其在生产中的地位，明确设备管理工作的重点对象，做到统筹兼顾，提高工作效率。

（一）设备 ABC 分类

按照设备发生故障后或停机修理时，对企业的生产、质量、成本、安全、交货期等方面的影响程度与造成损失的大小，将设备划分为三类。

1）重点设备（也称为 A 类设备），是设备管理的重点对象，应扎实做好维护、点检、维修。

2）主要设备（也称为 B 类设备），应实施预防维修。

3）一般设备（也称为 C 类设备），为减少不必要的过剩修理，考虑到维修的经济性，可实施事后维修。

　　重点设备的划分，既要考虑设备的固有因素，又要考虑设备在运行过程中的客观作用。两者结合起来，可使设备管理工作更切合实际。

（二）重点设备的评定

　　重点设备的分类管理法是现代科学管理方法之一。其目的是将有限的维修资源（人力、财力和物力）应用于最重要的设备上，以保证企业生产的正常进行。确定重点设备没有统一的规定，各企业可根据生产的实际情况研究制订。

**1. 划分依据**

（1）对生产的影响

1）是否属于关键工序的单一设备。

2）是否属于影响生产面大的设备。

3）是否属于高负荷的专用生产设备。

（2）对质量的影响

1）进行精加工的主要设备。

2）质量控制点、关键工序不可替代的设备。

3）由于设备原因而使工序能力不足的设备。

（3）对产品成本的影响

1）设备购置价值高、运行成本高，致使产品成本高的设备。

2）能耗大的设备。

3）故障停机经济损失大的设备。

（4）对安全的影响

1）设备出现故障或发生事故将会危及工厂安全和引起人身伤亡的设备。

2）对环境保护及作业人员会产生严重危害的设备。

（5）对维修的影响

1）设备复杂程度高的设备。

2）维修备件难以供应的设备。

3）易出故障的设备。

**2. 评定方法**

（1）经验判定法　这种方法是由设备动力部根据日常维修积累的经验，初步选出一些发生故障后对均衡生产、产品质量和安全环保等影响大的设备，经征询生产车间、工艺部门的意见后，制定出重点设备清单，报企业分管设备领导审定，在实施重点管理的工作中，可以按照实际需要进行修改与补充。

　　行业主管部门规定的精、大、稀、关设备，一般都可列入重点设备。精、大、稀、关设备是指对产品的生产和质量有决定性影响的精密、大型、稀有、关键设备。

1）精密设备。具有极精密机床元件（如主轴、丝杠），能进行高精度、小表面粗糙度值加工的机床。如坐标镗床、光学曲线磨床、螺纹磨床、丝杠磨床、齿轮磨床，加工误差≤0.002mm/1 000mm 和圆度误差≤0.001mm 的车床，加工误差≤0.001mm/1 000mm、圆度误差≤0.0005mm 及表面粗糙度 $Ra$ 值在 0.02～0.04μm 以下的外圆磨床等。

2）大型设备。包括卧式镗床、立式车床、加工工件在 $\phi$1 000mm 以上的卧式车床、刨削宽度在 1 000mm 以上的单臂刨床、龙门刨床等以及单台设备在 10t 以上的大型稀有机床。

（2）分项评分法　这种方法是按表5-6的五个方面的内容、分值与评分标准，对每台主要生产设备进行评分，从中选出重点设备。

企业可根据具体情况，参考表5-6自拟评分标准，并对主要生产设备进行评分，以选出10%左右高分值的设备作为重点设备，集中力量加强对此类设备进行管理，以收到较好的经济效益，B类、C类设备所占比例也应按企业的具体情况而定。

重点设备确定后，不是长期不变的，应随着企业产品计划、产品工艺的变化而改变，设备动力部应定期对重点设备进行研究、调整。

表 5-6　设备分类的评分标准

| 项目 | 序号 | 影响内容 | 评分 | 评分标准 |
|---|---|---|---|---|
| 生产方面 | 1 | 按两班制计算设备利用率 | 10 | 超过100%，即有时三班生产 |
| | | | 8 | 80%~100%，基本上满两班，有时还要加班 |
| | | | 6 | 60%~80%，即开两班，但负荷不满 |
| | | | 4 | 60%以下，即一班稍多或不足一班 |
| | 2 | 有无代用设备或迂回工艺 | 10 | 利用率在80%以上，无代用设备和迂回工艺 |
| | | | 8 | 利用率在80%以上，有临时迂回工艺，无代用设备 |
| | | | 6 | 利用率在60%~80%，无代用设备和迂回工艺 |
| | | | 4 | 利用率在60%~80%，有代用设备和迂回工艺 |
| | 3 | 故障停机对生产影响程度的大小 | 10 | 会影响工厂成品总装生产日均衡 |
| | | | 8 | 会影响车间成品总装生产日均衡 |
| | | | 6 | 会影响班组生产任务日均衡 |
| | | | 4 | 会影响单机生产任务日均衡 |
| 质量方面 | 4 | 设备与质量的关系 | 10 | 主要参数最后精加工关键设备 |
| | | | 8 | 质量关键工序的设备 |
| | | | 6 | 对零件主要参数有影响的设备 |
| | | | 4 | 其他对质量有一定影响的设备 |
| | 5 | 质量的稳定性 | 10 | 需要经常调修精度的设备 |
| | | | 8 | 需要每季调修一次精度的设备 |
| | | | 6 | 需要半年调修一次精度的设备 |
| | | | 4 | 质量稳定的设备 |
| 成本 | 6 | 购置价格 | 10 | 20万元以上 |
| | | | 8 | 8万~20万元 |
| | | | 6 | 2万~8万元 |
| | | | 4 | 2万元以下 |
| 安全 | 7 | 设备对作业人安全及环境污染影响的程度 | 10 | 有严重影响 |
| | | | 8 | 有较大影响 |
| | | | 6 | 有一定影响 |
| | | | 4 | 稍有影响 |

（续）

| 项目 | 序号 | 影响内容 | 评分 | 评分标准 |
|---|---|---|---|---|
| | 8 | 设备修理复杂程度 | 10 | 机械修理复杂系数≥20 |
| | | | 8 | 机械修理复杂系数=13~19 |
| | | | 6 | 机械修理复杂系数=8~12 |
| | | | 4 | 机械修理复杂系数=5~7 |
| 维修性 | 9 | 故障频次与停机台时 | 10 | 发生故障大于3次/月，或故障停机8台时以上 |
| | | | 8 | 发生故障2~3次/月，或故障停机6~8台时 |
| | | | 6 | 发生故障1~2次/月，或故障停机4~6台时 |
| | | | 4 | 发生故障小于1次/月，或故障停机2~4台时 |
| | 10 | 备件情况 | 10 | 备件供应困难，订货周期长达1年以上的 |
| | | | 8 | 备件储备不足，订货周期长达半年以上的 |
| | | | 6 | 备件储备不足，订货周期在半年以内 |
| | | | 4 | 备件供应正常 |

## 二、设备编号

在新设备安装调试验收合格后，设备动力部必须对每台设备进行编号，填入移交验收单中，并据此用计算机建立数字化台账，纳入正常管理。

设备编号的方法，不同行业各有统一的规定。机械工业企业可以参阅附录B《设备统一分类及编号目录》对设备进行编号。

在《设备统一分类及编号目录》中，将机械设备分为6大类，动力设备分为4大类，共有10大类。其中包括：金属切削机床，锻压设备，起重运输设备，木工、铸造设备，专业生产用设备，其他机械设备，动能发生设备，电气设备，工业炉窑，其他动力设备。

每个大类又分为10个分类。例如：金属切削机床大类中的10个分类是：数控金属切削机床，车床，钻床及镗床，研磨机床，联合及组合机床，齿轮加工及螺纹加工机床，铣床，刨、插、拉床，切断机床，其他金属切削机床。

每个分类又分为10个组别。例如：车床分类中的10个组别是：台式车床（仪表车床），单轴自动与半自动车床，多轴自动与半自动车床，转塔车床（回轮，转塔），定心截断车床，立式车床，卧式车床、落地车床，仿形及多刀车床，专用车床，其他车床。

设备编号由两段数字组成，两段之间用横线隔开，横线前的三位数字表示该设备的统一分类，按《设备统一分类及编号目录》进行分类；横线后的三位数字表示该设备验收合格后的建账顺序号（对统一分类相同的设备，按先建账的顺序号在前，后建账的顺序号在后的方法编号），表示方法如图5-5所示。

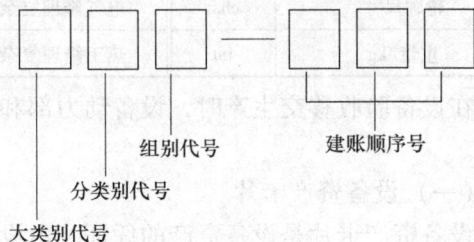

图5-5　设备编号表示方法

例如：建账顺序号为 20 的立式车床，从《设备统一分类及编号目录》中查出，大类别号为 0，分类别号为 1，组类别号为 5，其编号为 015—020；按同样方法，建账顺序号为 15 的点焊机，其编号为 753—015。

对列入低值易耗品的简易设备，也按上述方法编号，但编号前加"J"字，如砂轮机编号为 J033—005，小台钻编号为 J020—010 等。

对于成套设备中的附属设备，因管理需要予以编号时，可在附属设备的设备编号前标以"F"。

按《设备统一分类及编号目录》对设备进行编号，便于对设备数量进行分类统计，掌握设备的构成情况。

### 三、设备台账与设备档案

设备台账、设备卡片、设备档案都是设备资产管理的基础资料。建立并不断完善设备资产管理的基础资料，是做好设备资产变动管理的基础。

设备台账、设备资产卡片是企业设备动力部和财务部都要使用的资料，现代化设备管理的手段是通过设备管理信息系统局域网平台共享这些基础资料。因为设备动力部和财务部各自的管理分工不同，所以对设备台账、设备资产卡片的内容要求也不同，为了便于建立统一的设备管理信息系统局域网平台，共享信息资源，设备动力部和财务部应联合制订设备台账、设备资产卡片的功能、内容与格式，统一对设备管理信息系统所存储的信息提出要求。设备管理信息系统中存储的设备资产管理方面的信息见表 5-7，仅供参考。

表 5-7　设备管理信息系统数据库中的设备资产管理信息

| 存储的信息 | 数据类型 | 存储的信息 | 数据类型 | 存储的信息 | 数据类型 |
|---|---|---|---|---|---|
| 设备编号 | char | 设备资产原值 | int | 外形照片 | image |
| 设备资产名称 | char | 资金来源 | char | 附件名称 | char |
| 型号 | char | 资产所有权 | char | 附件型号 | char |
| 规格 | char | 安装验收日期 | datetime | 附件规格 | char |
| 制造厂家 | char | 折旧年限 | int | 附件数量 | int |
| 制造国别 | char | 报废时净值 | int | 电动机名称 | char |
| 出厂日期 | datetime | 设备分类 | char | 电动机功率 | char |
| 出厂编号 | char | 机械修理复杂系数 | int | 电动机转速 | char |
| 轮廓尺寸 | char | 电气修理复杂系数 | int | | |
| 重量/kg | int | 热工修理复杂系数 | int | | |

在设备验收移交生产时，设备动力部和财务部应将表 5-7 所示的信息输入设备管理信息系统。

（一）设备资产卡片

设备资产卡片是设备资产的凭证，由设备管理信息系统调用数据库中存储的信息自动生成并输出。如表 5-8 所示，卡片上登记了设备编号、固有技术经济参数以及变动记录，并按使用管理部门分类排序建立卡片册。随着设备的移装、调拨、借用、租赁以及报废，卡片登记的信息不断补充，卡片位置在卡片册内调整或注销。

**表5-8 设备资产卡片**

| 年 月 日 （正面） | | | （反面） |
|---|---|---|---|

**（正面）**

| 轮廓尺寸：长 宽 高 | | 重量：t | |
|---|---|---|---|
| 国别： | 制造厂： | 出厂编号： | |
| 主要规格 | | 出厂年月 | |
| | | 验收日期 | |
| | 名称 | 型号、规格 数量 | 折旧年限 |
| 附属装置 | | 修理复杂系数 | |
| | | 机 电 热 | |
| 资产原值 | 资金来源 | 资产所有权 | 报废时净值 |
| 设备编号 | 设备名称 | 型号 | 精、大、稀、关键分类 |

**（反面）**

| 用途 | 名称 | 形式 | 功率/kW | 转速/(r/min) |
|---|---|---|---|---|
| 电动机 | | | | |
| | | | | |
| 变动记录 | | | | |
| 年月 | 调入部门 | 调出部门 | 已提折旧 | 备注 |
| | | | | |

### （二）设备台账

设备台账是掌握企业设备资产状况，反映企业各种类型设备的拥有量、设备分布及其变动情况的主要依据。一般有两种编排方式：一种是以《设备统一分类及编号目录》为依据，按大类别、分类别、组别进行分类排序，以设备建账顺序号排列，以便于对新增设备进行编号和分类分型号统计设备；另一种是按车间、班组顺序排列编制的使用管理部门设备台账，这种台账便于生产维修计划管理及年终设备资产清点。

对精、大、稀等重点设备，应分别另行编制台账。

设备台账由设备管理信息系统调用存储的信息自动生成并输出。设备台账格式和信息见表5-9～表5-11，仅供参考。

**表5-9 设备分类编号台账**

| 设备编号 | 设备名称 | 型号 | 规格 | 制造国 | 制造厂 | 使用部门 | 验收日期 | 资产原值 | 精、大、稀 |
|---|---|---|---|---|---|---|---|---|---|
| | | | | | | | | | |
| | | | | | | | | | |
| | | | | | | | | | |

表 5-10　使用管理部门台账

| 使用部门 | 设备编号 | 设备名称 | 型号 | 规格 | 验收日期 | 资产原值 | 产权 | 折旧年限 | 精、大、稀 |
|---|---|---|---|---|---|---|---|---|---|
|  |  |  |  |  |  |  |  |  |  |
|  |  |  |  |  |  |  |  |  |  |
|  |  |  |  |  |  |  |  |  |  |
|  |  |  |  |  |  |  |  |  |  |

表 5-11　重点设备台账

| 精、大、稀 | 设备编号 | 设备名称 | 型号 | 规格 | 资产原值 | 验收日期 | 折旧年限 | 修理复杂系数 | | | 使用部门 |
|---|---|---|---|---|---|---|---|---|---|---|---|
|  |  |  |  |  |  |  |  | 机 | 电 | 热 |  |
|  |  |  |  |  |  |  |  |  |  |  |  |
|  |  |  |  |  |  |  |  |  |  |  |  |
|  |  |  |  |  |  |  |  |  |  |  |  |
|  |  |  |  |  |  |  |  |  |  |  |  |

　　企业于每年年末由财务部门、设备动力部和使用管理部门组成设备清点小组，对设备资产进行一次现场清点，并填写设备清点登记表，见表 5-12。要求做到账物相符，对实物与台账不相符的，应查明原因，提出盈亏报告，进行财务处理。设备清点登记表中只有清点情况这一列的内容由人工填写，其他内容在制表时由设备管理信息系统调用存储的信息打印输出。

表 5-12　设备清点登记表

| 使用部门 | 精、大、稀 | 设备编号 | 设备名称 | 验收日期 | 折旧年限 | 资产原值 | 清点情况 |
|---|---|---|---|---|---|---|---|
|  |  |  |  |  |  |  |  |
|  |  |  |  |  |  |  |  |
|  |  |  |  |  |  |  |  |
|  |  |  |  |  |  |  |  |

（三）设备档案

　　设备档案是指设备从规划、设计、制造、安装、调试、使用、维修、改造、更新直至报废的全过程中形成的图样、方案说明、凭证和记录等文件资料。它汇集并积累了设备一生的技术状态。通过设备档案的管理，可为分析、研究设备在使用期间的使用状况，探索磨损规律和检修规律，提高设备管理水平，反馈设备制造质量等提供重要依据。下列资料应纳入设备档案管理。

　　1）设备规划阶段的调研、技术经济分析、审批文件等资料，设备选型的依据。

　　2）设备装箱单、合格证和检验单等，设备入库验收单、领用单和开箱验收单等。

　　3）设备安装质量检验单、试车记录、安装移交验收单及有关记录。

4）设备封存和启用单，设备调拨、借用、租赁等申请单和有关手续等资料。

5）设备历次精度检验记录、性能记录和预防性试验记录等。

6）设备故障记录、设备事故报告单。

7）设备保养计划、维修计划、保养记录、维修记录、维修完工验收单、维修费用记录等。

8）设备普查登记表及检查记录表。

9）设备改装、改造的申请单、任务书、过程记录、完工验收单等资料。

至于设备说明书、设计图样、图册、底图、维护操作规程、典型检修工艺文件等，通常都作为设备的技术资料，由设备资料室保管和复制供应，不纳入设备档案管理。

## 第四节　设备资产变动管理

设备资产变动管理是指设备由于安装验收和移交使用、闲置与封存、移装与调拨、借用与租赁、报废处理等情况引起的资产变动，需要处理和掌握所进行的管理。

### 一、设备的安装验收和移交使用

设备安装验收和移交使用前文已经述及，这里不再重复。

### 二、设备的封存与闲置设备的处理

工厂设备连续停用3个月以上可进行封存，封存分为原地封存和退库封存，一般以原地封存为主。对于封存的设备要挂牌，牌上注明封存日期。设备的封存与启用，均需由使用部门向企业设备动力部提出申请，填写封存或启用申请单，经批准后生效。设备封存时应是完好的、零部件与附件齐全的设备，封存时应切断电源，关闭阀门，排净设备外部通入的液体、气体、固体等物料，并做好清洁、润滑、防蚀、防潮、防虫（鼠）、防尘等保养工作。封存的设备严禁露天存放，其零部件与附件均不得移作他用，以保证设备的完整。财务部对处于封存期的设备不提取折旧。

封存1年以上的设备，应作为闲置设备处理。闲置设备是指过去已经安装验收、投产使用而目前生产和工艺上暂时不需使用的设备。闲置设备应设法及早利用起来，如移装到需要使用的其他部门等。确实不需使用的闲置设备，可以以租赁、调拨等形式及时处理给需要的其他单位。

### 三、设备的移装与调拨

设备移装是指设备在工厂内部的调动或安装位置的移动。凡已安装并列入固定资产的设备，车间不得擅自移位和调动，必须有生产工艺部门、原使用部门、调入部门及设备动力部会签的设备移装调动审定单和平面布置图，并经企业分管设备领导批准后方可实施。

设备调拨是指企业相互间的设备调入与调出，分为无偿调拨（随着市场经济体制的逐步完善，无偿调拨正在减少并趋于消亡）与有偿调拨（现在称之为"转让"更为确切）两种形式。有偿调拨时，可按设备质量情况，由调出单位与调入单位双方协商定价。企业外调设备一般应是闲置多余的设备。调出设备时，设备所有附件、专用备件、使用说明书等，均应随机一并移交给调入单位。由于设备调拨是产权变动的一种形式，所以企业应办理相应的资产评估和验证确认手续。

### 四、设备的借用与租赁

#### （一）设备的借用

设备的借用是指企业内部之间设备的借入和借出。对于借用的设备，借出部门照提折旧，借入部门按月向借出部门缴纳相应的折旧费。借用设备的日常维修、预防性修理以及有关考核由借入部门负责。对长期借用的设备，应办理移装手续和资产转移，以利于资产管理。

#### （二）设备的租赁

按租赁的目的和一次租赁投资的多少，设备租赁可分为融资性租赁和经营性租赁两种基本形式。

**1. 融资性租赁**

融资性租赁又称为金融租赁，目前占国际租赁业的 2/3，是主要的租赁形式。利用融资租赁方式筹措设备，由于出租方支付了全部设备资金，相当于为承租方提供了 100% 的信贷，因而被视为一项涉及设备的贷款业务。融资租赁具有以下特点：

1）融资租赁涉及三方当事人——出租人、承租人、供货商，由承租人委托出租人代为融资并购置由承租人选定的设备，然后根据双方签订的合同由供货商直接将设备交付给承租人使用。

2）租赁设备的维修保养责任均由承租人自行负责；承租方必须按时、足额地向出租人交纳租金，不得以任何方式拖欠或拒付。

3）租赁期内，租赁双方均不得中途取消合同，在基本租赁期内设备只能由一个特定的用户使用且租期较长，一般为 3 ~ 5 年，大型设备可达 10 年以上。

4）租赁期内，设备所有权始终属于出租方，使用权则归承租方。租赁期满时，承租方对设备有留购、续租或退租的选择权。常见的做法是以象征性名义货价将设备所有权转移给承租方。

**2. 经营性租赁**

经营性租赁是泛指融资性租赁以外的一切租赁形式。当企业租赁的设备为短期使用或所租赁的设备更新换代速度较快时，均可采用这一租赁形式。

### 五、设备报废与报废设备的处理

设备在使用过程中，由于严重的有形磨损和无形磨损，不能继续使用而退役，称为设备的报废。设备报废关系到国家和企业固定资产的利用，必须尽量做好"挖潜、革新、改造"工作。设备确实不能利用，且具备下列条件之一者，应予以报废：

1）主要结构和零部件严重磨损，设备能效达不到工艺最低要求，经过预测，进行大修理后技术性能仍不能满足工艺要求和保证产品质量，且无改造价值。

2）大修理虽能恢复精度，但不如更新更为经济。

3）设备老化、技术性能落后、能耗高、效率低、经济效益差。

4）严重影响环保与安全生产，继续使用将会污染环境，引发人身安全事故与危害健康，且进行修复改造不经济。

5）按国家的能源政策规定应予以淘汰的高能耗设备。

6）因建筑结构改造或生产工艺路线变更，必须拆迁而不能拆迁者。

7）按照其他有关规定必须报废的设备。

设备的报废需按一定的程序进行，如图5-6所示。报废后的设备，可根据具体情况进行如下处理：

1）作价转让给能利用的单位。

2）将可利用的零件拆除留用，不能利用的作为原材料或废料处理。

3）如果按政策规定淘汰的设备不得转让，按第2）条处理。

4）处理回收的残值应列入企业更新改造资金，不得挪作他用。

设备报废审批表见表5-13。

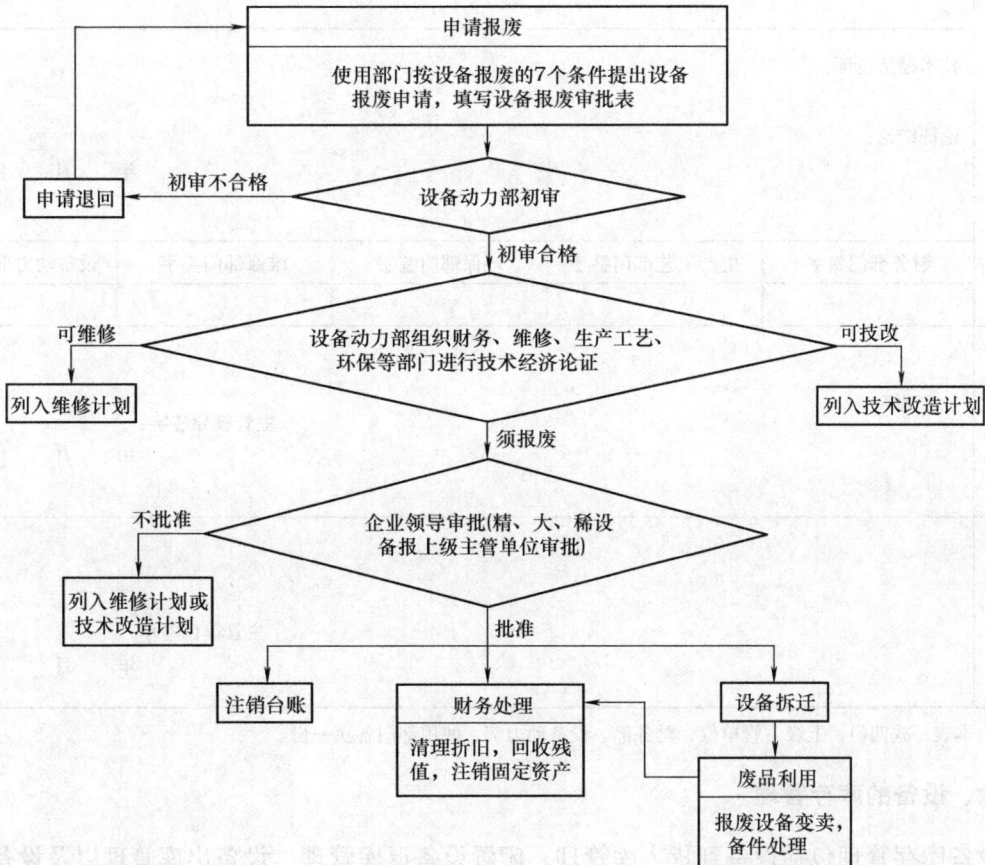

图 5-6　设备报废程序

**表 5-13　设备报废审批表**

| 设备编号 | | 设备名称 | | | 型号 | |
|---|---|---|---|---|---|---|
| 设备分类 | 精/大/稀 | 制造厂家 | | | 规格 | |
| 折旧年限 | | 安装验收日期 | | | 使用部门 | |
| 使用部门填写 | 报废理由（对照设备报废的7个条件详细陈述）：<br><br>使用部门负责人签字：<br>　　　　　年　　月　　日 | | | | | |
| 设备动力部组织论证并填写 | 初审意见：<br><br>设备管理工程师签字：<br>　　　　　年　　月　　日 | | | | | |
| | 技术经济论证：<br><br>论证结论：<br>　　　　　年　　月　　日 | | | | | |
| | 财务部门签字 | 生产工艺部门签字 | 环保部门签字 | 维修部门签字 | 设备动力部签字 | |
| | | | | | | |
| 企业领导审批 | 主管领导签字：<br>　　　　　年　　月　　日 | | | | | |
| 上级主管单位审批 | 主管单位签章<br>　　　　　年　　月　　日 | | | | | |

注：本表一式四份，上级主管单位、财务部、设备动力部、使用部门各执一份。

### 六、设备的库存管理

设备库存管理包括设备到货入库管理、闲置设备退库管理、设备出库管理以及设备仓库管理等。

**1. 设备到货入库管理**

设备到货入库管理主要有以下环节：

1）开箱检查。新设备到货三天内，设备仓库必须组织人员开箱检查，首先取出装箱单，核对随机带来的各种文件、说明书与图样、工具、附件、备件等数量是否与装箱单相符，然后察看设备状况，检查有无磕碰损伤、缺少零部件、明显变形、尘砂积水、受潮锈蚀等情况。

2）登记入库。根据检查结果，如实填写设备开箱入库单。

3）补充防锈。根据设备防锈情况，对需要清洗并重新涂防锈油的部位进行相应的处理。

4）问题查询。对开箱检查中发现的问题，应及时向上级反映，并向发货单位和运输部门提出查询，联系索赔。

5）资料保存。开箱检查后，检查员应及时将装箱单、随机文件和技术资料整理好，交仓库管理员登记保管，以供有关部门查阅，并于设备出库时随设备移交给领用部门的设备管理员。

6）到货通知。对已入库的设备，仓库管理员应及时向有关设备计划调配部门报送设备开箱检查入库单，以便尽早分配出库。设备到厂时，如使用部门现场已具备安装条件，可将设备直接送到使用部门安装，但入库及出库手续必须照常办理。

**2. 闲置设备退库管理**

闲置设备必须符合下列条件，经设备动力部办理退库手续后方可退库：

1）属于企业不需要的设备，而不是待报废的设备。

2）经过检修达到完好要求的设备，领出后即可使用。

3）经过清洗防锈达到清洁、整齐的设备。

4）附件及档案资料随机入库。

5）持有设备动力部发给的入库保管通知单。

对于退库保管的闲置设备，设备动力部及设备仓库均应专设账目，妥善管理，并积极组织调剂处理。

**3. 设备出库管理**

设备动力部收到设备仓库报送的设备开箱检查入库单后，应立即了解使用部门的设备安装条件。只有在具备安装条件时，方可签发设备分配单。使用部门在领出设备时，应根据设备开箱检查入库单做第二次开箱检查，清点移交；如有缺损，由仓库承担责任，并采取补救措施。如设备使用部门暂不具备安装条件，则应严格控制设备出库，避免出库后因存放地点不合适而造成设备损坏或零部件、附件的丢失。

新设备到货后，一般应在半年内出库安装交付生产使用，使设备及早发挥效能，创造经济效益。

**4. 设备仓库管理**

1）设备库应符合一般仓库的技术要求，做到"仓库十防"（防火种、防雨水、防潮湿、防锈蚀、防变形、防变质、防盗窃、防破坏、防人身事故、防设备损伤）。

2）设备库除配备办公桌、计算机、局域网、资料柜、货架、吊架外，还应配备简单的检验工具、拆箱工具、去污防锈材料和涂油设施、手推车等运输工具，条件好的设备库还应配备起重设备。

3）设备仓库要做到按类分区，摆放整齐，横看成线，竖看成行，道路畅通，无积存垃圾、杂物，经常保持库容清洁、整齐。

4）仓库管理人员要严格执行管理制度，坚持三不收发，即设备质量有问题尚未查清且未经企业分管设备领导作出决定的，暂不收发；票据与实物型号、规格数量不符且未经查明的，暂不收发；设备出、入库手续不齐全或不符合要求的，暂不收发。要做到账、卡与实物一致，定期报表准确无误。

5）按照设备的防锈期，仓库管理人员对设备定期进行清洗和涂油。

6）设备仓库按月上报设备出库月报表，作为注销设备库存台账的依据。

# 第五节　分析和处理设备事故

企业的生产设备因非正常损坏造成停产或效能降低，停机时间和经济损失超过规定限额者即为设备事故。发生设备事故必然会给企业的生产经营带来不同程度的损失，甚至会危及职工的人身安全，为此，政府部门、各行业协会、各企业都要重视设备安全运行的管理。

## 一、设备事故的划分

### 1. 按设备事故造成的修理费用或停产时间划分

1）一般事故。修复费用一般设备在0.05万~1万元；精、大、稀及机械工业关键设备在0.1万~3万元；或因设备事故造成全厂供电中断10~30min者。

2）重大事故。修复费用一般设备达1万元以上；精、大、稀及机械工业关键设备达3万元以上；或因设备事故使全厂电力供应中断30min以上者。

3）特大事故。修复费用达50万元以上者；或因设备事故造成全厂停电2天以上、车间停产1周以上者。

### 2. 按设备事故发生的性质划分

1）责任事故。因人为原因造成的设备事故，如违反操作规程、擅离工作岗位、超负荷运行、加工工艺不合理、维护修理不良、忽视安全措施等导致设备损坏停产或效能降低。

2）质量事故。因设备的设计、制造、安装不当等原因造成设备损坏停产或效能降低。

3）自然事故。因遭受自然灾害而造成的设备事故，如洪水、地震、台风、雷击等导致设备损坏停产或效能降低。

不同性质的事故应采取不同的处理方法。自然事故比较容易判断，责任事故与质量事故直接决定着事故责任者承担事故损失的经济责任，为此一定要认真进行分析，必要时应邀请制造厂家一起对事故设备进行技术鉴定，做出准确的判断。一般情况下，企业发生的设备事故多为责任事故。

## 二、设备事故的分析

设备事故发生后，应立即切断电源，保持现场，按设备分级管理的有关规定上报，并及时组织有关人员根据"三不放过"原则（事故原因分析不清不放过，事故责任者与群众未受到教育不放过，没有防范措施不放过）进行调查分析，严肃处理，从中吸取经验教训。重大事故由设备动力部组织有关人员，在设备动力部参加下分析事故原因。如事故性质具有典型教育意义，由设备动力部组织全厂设备管理员、安全员和有关人员参加的现场会共同分析，使大家都受教育。特大事故由企业分管设备领导组织设备动力部、安全技术部门和事故有关人员进行分析。

**1. 进行事故分析的基本要求**

1）重视并及时进行事故分析。分析工作进行得越早，原始数据越多，分析事故原因和提出防范措施的根据就越充分。

2）保持事故发生的现场，不移动或接触事故部位的表面，保存好分析事故的原始证据。

3）要严格察看事故现场，进行详细记录和照相。

4）如需拆卸发生事故的部件时，要避免使零件再产生新的伤痕或变形等情况。

5）分析事故时，除注意发生事故部位外，还要详细了解周围环境，多访问有关人员，以便得出真实情况。

6）分析事故不能凭主观臆测作出结论，要根据调查情况与测定数据仔细分析判断。

**2. 做好事故的抢修工作，把损失控制在最小程度**

1）在分析出事故原因的前提下，积极组织抢修，尽可能减少修复费用。

2）事故抢修需外车间协作加工的，必须优先安排，物资部门优先供应抢修事故的用料，尽可能减少停歇天数。

**3. 做好事故的上报工作**

1）发生事故的部门，应在事故后三日内认真填写事故报告单，报送设备动力部。一般事故报告单由设备动力部签署处理意见，重大事故及特大事故由企业分管设备领导批示。特大事故报上级主管部门。

2）设备事故经过分析、处理并修复后，应按规定填写维修记录，由车间设备管理员负责计算实际损失，载入设备事故报告损失栏，报送设备动力部。

3）企业发生的各种设备事故，设备动力部每季应统计上报，并记入历年设备事故登记册内。重大、特大事故应在季报表内附上事故概况与处理结果。

**4. 做好设备事故的原始记录**

设备事故报告记录应包括以下内容：

1）设备编号、名称、型号、规格及事故概况。

2）事故发生的前后经过及责任者。

3）设备损坏情况及发生原因，分析处理结果。重大、特大事故应有现场照片。

4）发生事故的设备在进行修复前、后，均应对其主要精度、性能进行测试；设备事故的一切原始记录和有关资料，均应存入设备档案。凡属设备设计制造质量问题所引发的事故，应将出现的问题反馈到原设计、制造单位。设备事故报告单见表5-14。

**三、设备事故的处理**

国务院发布的《全民所有制工业交通企业设备管理条例》规定，"对玩忽职守，违章指挥，违反设备操作、使用、维护、检修规程，造成设备事故和经济损失的职工，由所在单位根据情节轻重，分别追究经济责任和行政责任，构成犯罪的，由司法机关依法追究刑事责任"。

对设备事故隐瞒不报或弄虚作假的单位和个人，应加重处罚，并追究领导责任。设备事故频率应按规定统计，按期上报。

表 5-14　设备事故报告单

企业名称

| 资产编号 | | 设备名称 | | 型号规格 | | | 使用部门 | | |
|---|---|---|---|---|---|---|---|---|---|
| 事故发生时间 | | | 年　月　日 | 事故排除时间 | | | | 年　月　日 | |
| 事故报告人 | | | 事故类别 | | | 责任人 | | | |
| 停机台时 | | 时 | 修理工时 | | 时 | 修复费用 | | | 元 |
| 事故发生经过及损坏情况 | | | | | | | | | |
| 事故原因分析 | | | | | | 分析人：　　　年　月　日 | | | |

| 事故原因 | 违反操作规程 | 擅离工作岗位 | 超负荷运转 | 没有按期检修 | 忽视安全措施 | 检修质量不良 | 设备先天不足 | 润滑管理不善 |
|---|---|---|---|---|---|---|---|---|
| | | | | | | | | |

| 事故预防措施及处理意见 | |
|---|---|

| 使用部门意见　　　　年　月　日 | 设备动力部意见　　　　年　月　日 | 企业分管设备领导意见　　　　年　月　日 |
|---|---|---|

注：1. 设备发生事故按规定分析处理，填报设备事故单。

2. 精、大、稀设备及机械工业关键设备发生事故 24h 内上报主管局、部。

3. 本表不够填写可另加附页。

## 四、设备事故损失的计算

### 1. 停产和修理时间

停产时间：从设备损坏停工时起，到修复后投入使用时为止。

修理时间：从动工修理起到全部修复完毕交付生产使用时为止。

### 2. 修理费用的计算

修理费用是指设备事故修理所花费用，计算方法为

$$修理费 = 修理材料费 + 备件费 + 工具辅材费 + 工时费 \tag{5-10}$$

### 3. 停产损失费用的计算

设备因事故停机，造成企业生产的损失，计算方法为

$$停产损失费 = 停机小时 \times 每小时生产成本费用 \tag{5-11}$$

### 4. 事故损失费用的计算

由于事故迫使设备停产和修理而造成的费用损失，计算方法为

$$事故损失费 = 停产损失费 + 修理费 \tag{5-12}$$

# 第六节　设备更新与改造

设备是企业重要的物质和技术基础，设备技术状态是否良好、性能是否先进对企业产品的质量、生产效率和生产成本等指标有着重要影响。企业应有计划地用先进技术改造落后技术，用先进设备取代陈旧落后的设备，以改变企业的生产面貌，达到提高产品质量、促进产品更新换代、节能降耗、环境保护、全面提高企业经济效益的目的。

从狭义上讲，设备更新就是通常所说的设备更换，就是用那些结构更先进、技术更完善、排放更环保、生产效率更高、原材料和能源消耗更省的新型设备去替换已陈旧了的设备。

从广义上讲，设备更新应包括：设备大修理、设备技术改造和设备更新，是针对设备磨损而采取的策略性、计划性行动。在一般情况下，设备大修理能够充分利用被保留下来的零部件，从而节约了不少的原材料、工时和费用。因而，目前许多企业仍采用大修理的方法。

但是，设备更新往往受到企业更新资金短缺的影响，使陈旧的、役龄较高的设备得不到及时更新，不得不在严重无形磨损的情况下继续使用。解决这个问题的有效途径是设备的技术改造。设备技术改造是克服现有设备的技术陈旧，补偿无形磨损的重要方法之一。

## 一、设备的磨损

造成设备技术状态劣化和性能陈旧的原因是设备产生了磨损，磨损在设备使用和闲置过程中均会发生。设备的磨损可分为有形磨损和无形磨损两种形式。

（一）设备的有形磨损

有形磨损属于物质形态方面的磨损，是由于物理的和（或）化学的效应所引起的设备技术状态的劣化。机械磨损，金属腐蚀，零件开裂甚至断裂，橡胶、塑料老化，以及电气接触不良，绝缘性能下降等都属于这类磨损的范畴。

**1. 产生有形磨损的原因**

根据产生有形磨损的原因，可将有形磨损分为使用磨损与自然磨损。

使用磨损产生的原因是：运行中的设备在力的作用下，零部件会发生摩擦、振动和疲劳等现象，使设备的实体产生磨损。它通常表现为：

1）零部件原始尺寸改变，甚至形状也发生变化。

2）零部件公差配合性质改变，精度降低。

3）零部件因疲劳而产生裂纹甚至断裂。

以金属切削机床为例，在使用磨损的作用下，其加工精度、加工表面的表面粗糙度和生产效率都会劣化。磨损到一定程度，设备会出现故障，并使设备的使用成本剧增。有形磨损达到比较严重的程度时，设备便不能继续正常工作，甚至会引发事故。

自然磨损产生的原因是：在自然力的作用下，设备会产生金属腐蚀、橡胶和塑料老化、电气接触不良、绝缘性能下降等情况，时间长了设备自然会丧失精度和工作能力。设备在使用过程中或闲置、封存中都会产生自然磨损。

**2. 有形磨损的表现形式**

有形磨损的表现形式如图 5-7 所示。

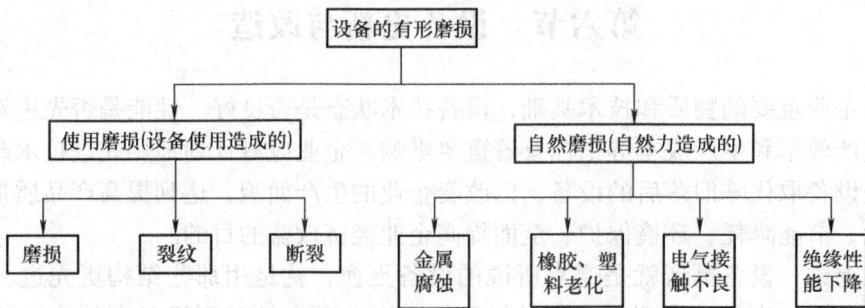

图 5-7　设备有形磨损的表面形式

**3. 影响设备有形磨损的因素**

（1）设备的设计阶段　设计阶段确定了设备零部件强度、刚度、密封性等指标，也确定了材料的选择和零部件相互之间的位置、配合等，这些对设备有形磨损的性质和范围都起着决定性的作用。

（2）生产及维修人员的专业素质　生产及维修人员的专业素质对设备的有形磨损起着不可忽视的作用。不合理的操作方式将加速有形磨损的进程，特别是对轴承、轴瓦、密封件、联轴器等零部件的影响较大。据调查，因错误的操作方式引发的故障达11% ~ 15%，而起重和运输设备由于操作不当引起的故障更是高达48.5%。维修人员的专业素质不高，不能及时发现和处理存在的问题也将加剧设备的有形磨损。

（3）维修质量　设备在其运转过程中会不可避免地产生有形磨损，维修则是排除和延缓这种磨损的措施。维修的质量、数量对磨损进程有很大的影响，采取的措施越有效，磨损的过程就越缓慢。

（4）设备的使用强度　企业制定的生产计划确定了设备的使用强度，从而也就确定了有形磨损的程度。例如：一台三班连续作业的机床在同等条件下，有形磨损进程要明显快于单班生产的同类设备。

（5）设备的使用环境　灰尘、湿度、温度及其变化也影响着设备的有形磨损的进程。设备所处的工作环境越恶劣，其有形磨损的进程就越快。

**4. 有形磨损的不均匀性**

对于多数机器设备来说，由于各零部件的材料和使用条件不同，故其有形磨损的程度不同，耐用时间也不相同。设备有形磨损之后，其零部件的磨损程度大致可分成三组：一是完全磨损不能继续使用的零部件；二是可修复的零部件；三是未损坏，完全可以继续使用的零部件。这三组零部件应在不同的时间进行修理或更换，这也构成了修理技术可能性和修理经济性的前提。

**5. 有形磨损的技术经济后果**

有形磨损的技术后果是机器设备的使用价值降低，磨损达到一定程度可使设备完全丧失使用价值。有形磨损的经济后果是机器设备原始价值的部分降低，甚至完全贬值。为了补偿设备的有形磨损，需支出修理费和更换费。

（二）设备的无形磨损

**1. 无形磨损产生的原因**

设备在使用或闲置过程中，除遭受有形磨损外，还要遭受无形磨损。产生无形磨损的原因之一是由于某种设备的生产规模扩大或生产加工工艺的改进，使得该种设备的生产成本不断降低，即该种设备重置价值不断降低，因而使该种设备产生贬值。这种无形磨损称为经济性无形磨损。产生无形磨损的原因之二是由于科学技术的进步而不断出现性能更趋完善、生产效率更高的新型设备，使旧型设备在技术上显得陈旧落后，从而使旧型设备的价值产生贬值。这种无形磨损称为技术性无形磨损。

**2. 无形磨损的技术经济后果**

经济性无形磨损虽使设备贬值，但其性能和使用价值并未受到影响，也不会产生提前更新该种设备的问题。但如果贬值的速度比较快，使修理费用高于贬值后的设备价格时，则应考虑更新设备。

技术性无形磨损不仅使设备发生贬值，而且继续使用会降低设备使用的经济效益。此时，应根据企业的自身能力与条件考虑对设备进行技术改造或更新。

（三）技术进步对设备磨损的影响

科学技术进步对设备的有形磨损是有影响的，如耐用材料的出现、零部件加工精度的提高以及结构可靠性的增加等，都可推迟设备有形磨损的期限。同时，科学的生产维修制度和先进的维护技术，又可降低有形磨损的速度。但是，科学技术进步又有加速有形磨损的一面，高效率的生产管理使生产强度提高，自动化提高了设备的利用率，设备管理信息系统的使用大大提高了设备维修的效率，减少了设备停歇时间，数控技术大大缩短了生产辅助时间，从而使设备常常在连续、强化的生产条件下工作，增加了设备的有形磨损。此外，技术进步常常与提高速度、压力、载荷和温度相联系，因而也会增加设备的有形磨损。

无形磨损引起设备使用价值降低与技术进步的具体形式有关：

1）技术进步使新型设备性能更完善、效率更高、能耗更低、更环保，使旧型设备在技术上显得陈旧落后，但是，只要旧型设备仍能满足生产工艺的要求，旧型设备还是能够用于生产的，只是这种无形磨损使旧型设备的使用价值大大降低。如果这种无形磨损速度很快，则继续使用旧型设备可能是不经济的。

2）新材料特别是合成材料的出现和广泛应用，必然使只能加工旧材料的设备被淘汰。

3）技术进步改变了原有生产工艺，采用新的加工方法，将使只能用于旧生产工艺、旧加工方法的原有设备失去使用价值。

（四）设备磨损的补偿

实际上，设备在诞生之日起就受到有形磨损和无形磨损的共同作用。设备磨损形式不同，补偿磨损的方式也不一样。补偿分为局部补偿和完全补偿。设备有形磨损的局部补偿是修理。设备无形磨损的局部补偿是技术改造。有形磨损和无形磨损的完全补偿是更新。设备的各种磨损形式及其补偿的方式之间的相互关系如图5-8所示。

有形磨损严重的设备，在进行修理之前，往往不能正常使用，而无形磨损严重的设备虽然仍可使用，但经济效果差。

假如设备已遭到严重的有形磨损，而它的无形磨损还不是很严重，这时无需更新设备，只需对遭到严重有形磨损的设备进行修理。

假如设备的无形磨损期远远大于有形磨损期，致使设备还能使用其无形磨损却已经到

```
              ┌─────────────────┐
              │  设备磨损的形式  │
              └────────┬────────┘
          ┌────────────┴──────────────────────┐
          ▼                                    ▼
    ┌──────────┐              ┌──────────────────────────────┐
    │ 有形磨损 │              │无形磨损(主要是技术性无形磨损)│
    └────┬─────┘              └───────────────┬──────────────┘
   ┌─────┴──────┐                     ┌───────┴────┐
   ▼            ▼                     ▼            ▼
┌────────┐ ┌──────────┐                      ┌────────┐
│可消除的│ │不可消除的│                      │ 大型   │
│有形磨损│ │有形磨损  │                      │ 设备   │
└───┬────┘ └────┬─────┘                      └───┬────┘
    │      ┌────┴───────┐  ┌──────────┐          │
    │      │ 结合修理   │  │无法改造  │          │
    │      │ 进行改造   │  │或不宜改造│          │
    │      └────┬───────┘  └────┬─────┘          │
    ▼           ▼               ▼                ▼
┌──────┐    ┌──────┐        ┌──────┐
│ 修理 │    │ 改造 │        │ 更新 │
└──────┘    └──────┘        └──────┘
```

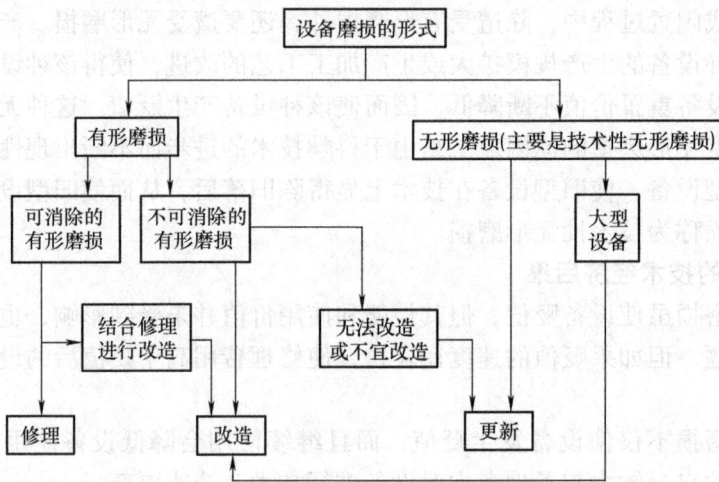

图 5-8　设备磨损形式及其补偿方式

期，在科技发展较快的当今时代，有些设备更新换代的周期缩短了，就容易产生这种现象。这时企业面临的选择是：继续使用原有设备？还是对原有设备进行技术改造？或者选用先进的新设备更新尚未折旧完的旧设备？一般来说，比较经济的选择是对原有设备进行技术改造。在企业经济条件许可的情况下，对这些设备不再进行大修理，而是采取逐步淘汰更新的方法，也是比较可行的选择。

很明显，最好的结果是有形磨损与无形磨损的速度相互接近，即设备的有形磨损期限与无形磨损期限差不多同时到来。这将具有很重要的意义，这是一种理想的"无维修设计"，也就是说，当设备需要进行大修理时，恰好到了更新的时刻。

**二、设备改造的技术方向**

设备的技术改造是指企业将科学技术新成果应用于改造现有设备，提高现有设备的现代化水平，补偿设备的无形磨损。

设备技术改造应充分利用企业现有设备的结构、性能上的长处，发挥企业自力更生的力量，提高企业设备的现代化水平。设备改造的技术方向有：①充分利用现代切削工具，提高切削速度，缩短机械加工时间；②采用计算机、数控技术和机械手传送装置，并把它们有机地结合起来，形成自动化柔性加工系统，以适应产品不断变化的需要；③集中加工功能，减少工件传送环节，缩短加工和辅助时间；④提高旧机床的机械化、自动化水平；⑤扩大现有机床的工艺性能或改变其工艺用途；⑥使旧机床专业化，并与新机床连成生产线；⑦提高机床的工作精度和可靠性；⑧改善劳动条件和保证劳动安全；⑨对泄漏（漏气、漏水、漏电、漏油）严重、耗能大的设备进行改造更新，以节约能源。

**1. 对普通机床进行数控化改造**

数字控制技术简称数控（NC）技术，它能够对机床的运动进行自动控制。随着电子技术和计算机技术的不断发展，数控系统已经经历了采用电子管、晶体管、集成电路，直到将计算机引入数控系统的过程，使数控技术在质的方面完成了一次飞跃。计算机数控（CNC）

具有柔性好、功能强、可靠性高、经济性好等优点，它不仅广泛应用于金属切削机床，同时还用于多种其他机械设备，例如坐标测量仪器、机器人、激光切割机、电火花切割机、编织机和裁剪机等机器上等。

一般来说，对现有普通机床进行数控改造的具体做法是：

1）改造机械部分。主传动系统一般不作变动，进给传动系统中采用高精度的滚珠丝杠螺母副替换原有的普通丝杠副。

2）加装数控系统。机械部分改造完成后，配上数控系统，用交流伺服电动机作为各进给轴的动力，驱动 $X$、$Y$、$Z$ 轴运动。

普通机床经过数控化改造后，其加工精度、生产率均有很大提高。

**2. 用可编程序控制器改造自动生产线，以及自动、半自动机床和一些专用、高效、精密设备**

可编程序控制器是一种面向生产过程控制的数字电子装置。按其输入、输出（I/O）点数的多少，可将可编程序控制器分为小型机、中型机和大型机三类。用可编程序控制器来取代传统的继电器控制系统，已成为当今工业科技进步发展的趋势。

可编程序控制器用于机械设备的改装，不仅可使控制过程变得简单快捷，而且可以提高设备的可靠性和生产过程的灵活性。

例如：某厂对 6m 龙门刨床进行改造。该厂使用的 6m 龙门刨床是 20 世纪 60 年代济南第二机床厂生产的设备，其拖动系统是延用"苏式"交磁放大机的调压调磁闭环控制系统，控制元件基本上是仿苏元件。使用中维修量大，元器件形式老化，给维修带来相当大的困难，控制水平及控制精度都比较落后。该厂在保证原有功能及操作方法不变的前提下，利用原有机械设备（包括直流电动机及其现有接线），通过改进控制方式和采用先进的控制元器件来对该设备进行技术改造，除传动直流电动机增加测速机外，机械传动不作任何改动。

这一技术改造方案的实现，改进了控制水平，提高了加工精度、改善了工作环境、减轻了噪声污染。由于减少了电动机传动环节，可节约约 28% 的能源。

**3. 用数显装置**（感应同步器、光栅、磁栅）**改造需要解决零件加工定位精度和进给精度的机床**

利用数显技术改造机床，使传统的机械位移手动测量变为电气自动测量，具有投资少、易实现、见效快的优点。对于需要解决零件加工定位精度和进给精度的镗床、车床、铣床、磨床、钻床等，一般都可用数显技术进行改造，并可以大大减少机床传动系统和人为因素引起的误差，明显地提高机床加工精度。例如：在普通镗床上安装数显装置后，孔距精度可达 0.01mm，获得了坐标镗床的效果；在卧式车床上安装数显装置，其加工尺寸可稳定提高一个精度等级。另外应用数显装置还能减少繁琐的测量过程，特别是在一些大型、重型机床上使用，摆脱了笨重的机械测量仪器，减轻了工人劳动强度，提高了生产效率。

例如：某公司的定子镗床经过数显改造后，操作起来十分方便，只需按动开关，仪器上就会显示出轴角分度，达到要求后，即可定位钻孔。改造后的机床加工一台机座所需工时比以前缩短了 4~5 天，节约了人力，缩短了工期，降低了产品成本，提高了经济效益，初步实现了机床的自动化控制。

**4. 工业炉窑、电力网线等动力系统用计算机监测或控制运行**

例如：某工具厂应用计算机控制 10 台盐浴回火炉，实现"群控"。由于采用计算机代替多台电子电位差计，无触点开关代替交流接触器，两相间断送电代替三相间断送电控制温度，并具有对工作温度自动记录、工作过热时自动报警、出现故障自动断电报警的安全装置等，使回火炉运行稳定可靠，一年可节电 38 万 kW·h。

另外，对大型机床导轨和磨床等的主轴，可根据加工工艺的需要，用静压和静动压技术加以改造。

### 三、设备的最佳更新期

（一）设备的寿命

设备的寿命与其遭受的磨损密切相关。考虑设备在使用或闲置过程中遭受的各种磨损，以及各种磨损对设备寿命所产生的不同影响，可以对设备的寿命作以下几种不同的定义。

**1. 物理寿命**

物理寿命是指一台设备从全新状态开始使用，直到不能保持正常状态，不堪再用而予以报废为止的全部时间过程。设备的物理寿命与维护保养的好坏有关，又可通过恢复性修理延长设备的物理寿命。它取决于设备的有形磨损速度。

**2. 技术寿命**

技术寿命是指设备从开始使用到因技术落后而被淘汰所经过的时间。设备的技术寿命取决于设备的无形磨损速度。科学技术发展越快，产品更新换代越快，设备的技术寿命便越短。通过技术改造可以延长设备的技术寿命。

**3. 使用寿命**

使用寿命是指设备产生有用服务所经历的时期。即从设备开始使用延续至设备被卖掉为止的时期。

**4. 折旧寿命**

折旧寿命是指按照财政部门的规定把设备价值的余额折旧到接近于零时所经历的时间。设备的折旧寿命并不等于设备的物理寿命。

**5. 经济寿命**

设备的经济寿命主要包含有两个概念：

1）设备的经济寿命是指设备从开始使用到其年均费用为最小的年限。使用年限小于设备的经济寿命，设备的年均费用不是最低，使用年限超过设备的经济寿命，设备的年均费用又将上升，所以设备使用到其经济寿命的年限时更新是最经济的。

2）对生产设备来说，设备经济寿命的长短，不能单看年均费用的高低，而是要根据使用设备时所获得的总收益的大小来决定。也就是说，要在经济寿命这段有限的时间内获得最大的总收益。

设备的经济寿命就是从成本或收益观点去研究设备的最佳更新期。

由于设备可以转让或降级使用，所以在整个物理寿命期内，设备的经济寿命可以有若干个。一台设备每次转让或降级使用都意味着其一个经济寿命的终止，同时又意味着一个新的经济寿命的开始。例如：一台车床在全新状态开始使用时被当做主要生产线上的重点设备，加工精密零件；随着加工精度的逐渐劣化，第一次被降级使用，被作为主要生产线上的主要设备，完成粗加工任务；再降级使用，可作为培训新工人的训练设备；最后再作为废料回收。每次降级使用均代表了这台车床在不同岗位上的经济寿命的结束。不过设备在每次降级使用之前，都应该先进行技术经济分析，然后才能更换服务岗位。当它从一个高层次的服务岗位上被替换下来时，对较低级的服务岗位来说，它又作为被推荐的设备，与现用的设备以及其他可以取得这个岗位的新设备或者旧设备相"竞争"，只有在技术经济分析中取得"胜利"，才能在新的服务岗位上代替原有设备。

（二）设备最佳更新期（经济寿命）的计算方法

**1. 最大总收益法**

对于生产设备来说，设备寿命周期内的总收益 $Y$ 等于总输出减去总输入。总输出 $Y_2$ 是指设备在寿命周期内，在一定的利用率下，创造出来的总财富，可用公式表示为

$$Y_2 = (AE^*) t \qquad (5\text{-}13)$$

总输入 $Y_1$ 也称设备寿命周期费用，计算公式为

$$Y_1 = K_0 + Vt \qquad (5\text{-}14)$$

式中　$A$——设备的利用率；

　　$E^*$——设备的最大年输出量（即 $A=1$ 时的输出）；

　　$t$——设备的使用年限；

　　$K_0$——设备的原始价值；

　　$V$——设备的平均年使用成本。

要说明的是，设备的年使用成本在不同使用期是不同的，即设备的年使用成本不是常数，而是随设备役龄的增长而逐渐增长的。设年使用成本随设备的使用年限呈线性增长，如图 5-9 所示，则有计算公式

$$V_t = (1 + \beta t) V_0$$

$$V = \left[ V_0 + (1 + \beta t) V_0 \right] \Big/ 2 = \left(1 + \frac{\beta t}{2}\right) V_0 \qquad (5\text{-}15)$$

式中　$V_t$——第 $t$ 年的年使用成本；

　　$\beta$——使用成本增长系数；

　　$V_0$——设备的初始使用成本。

这样，设备总收益 $Y$ 为

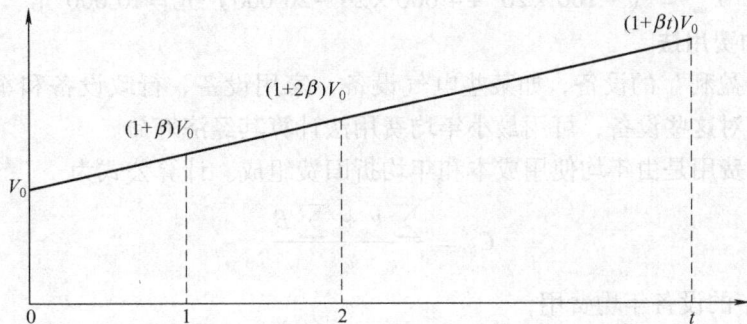

图 5-9　年使用成本的变化规律

$$Y = Y_2 - Y_1$$

$$= AE^* t - (K_0 + Vt)$$

$$= AE^* t - \left[ \left( 1 + \frac{\beta t}{2} \right) V_0 t + K_0 \right]$$

$$= -\frac{\beta V_0}{2} t^2 + (AE^* - V_0) t - K_0 \tag{5-16}$$

求式（5-16）对 $t$ 的微分，并令 $\frac{\mathrm{d}Y}{\mathrm{d}t} = 0$，可求出设备具有最大总收益时的使用年限，即经济寿命。

**例 5-2**　某车床的原始价值为 20 000 元，初始使用成本为 4 000 元，使用成本增长系数 0.05，设备的利用率为 0.8，设备的最大年输出量 10 000 元/年，试求该设备的平衡点（即收支相抵），设备使用年限为多少年时可得最大收益？

**解**：将参数代入公式 $Y = -\frac{\beta V_0}{2} t^2 + (AE^* - V_0) t - K_0$，得

$$Y = -100 t^2 + 4\,000 t - 20\,000$$

1）求平衡点。令 $Y = 0$，求 $t$ 值（即平衡点）。

$$-t^2 + 40 t - 200 = 0$$

解一元二次方程得

$$t_1 = 5.86 \text{ 年}, \quad t_2 = 34.14 \text{ 年}$$

第一平衡点是 5.86 年，第二平衡点是 34.14 年。当使用年限分别为 5.86 年和 34.14 年时，设备的总输出等于总输入。

2）求设备的经济寿命及最大总收益。

$Y = -100 t^2 + 4\,000 t - 20\,000$，对 $t$ 微分，并令 $\frac{\mathrm{d}Y}{\mathrm{d}t} = 0$，得

$$-200 t + 4\,000 = 0$$

$$t = 20$$

设备的经济寿命为 20 年，这时的总收益为最大，其值为

$$Y_{\max} = (-100 \times 20^2 + 4\,000 \times 20 - 20\,000) \text{ 元} = 20\,000 \text{ 元}$$

**2. 最小年均费用法**

对一些"非盈利"的设备，如某些电气设备、家用设备、行政设备和军用设备等，很难计算其收益。对这些设备，可用最小年均费用法计算其经济寿命。

设备的年均费用是由年均使用成本和年均折旧费组成。计算公式为

$$C_i = \frac{\sum V + \sum B}{t} \tag{5-17}$$

式中　$C_i$——$i$ 年的设备年均费用；

　　$\sum V$——累计使用成本；

　　$\sum B$——累计折旧费；

　　$t$——设备的使用年限。

设备的使用成本包括能源费、保养费、修理费、停工损失费、废次品损失费等。设备的

折旧费是设备原始价值每年损耗的部分。一般地说，折旧费随设备役龄的增加而减少（加速折旧），而使用成本随设备役龄的增加而增大。因此，存在一个使用年限 $t$，使设备在 $t$ 年的使用期内，设备的年均费用 $C_i$ 最小，如图5-10所示。使设备年均费用 $C_i$ 最小的使用年限 $t$ 即为设备的经济寿命。

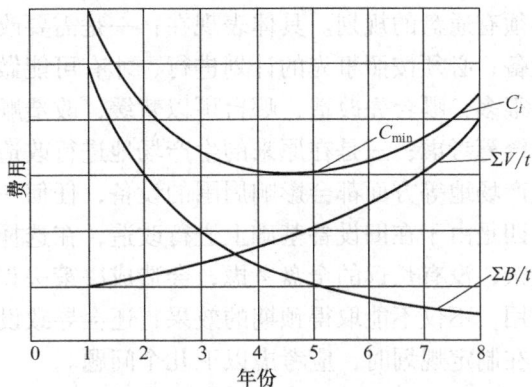

图 5-10　年均费用曲线

**例5-3**　有一辆汽车以 60 000 元购入，实行加速折旧，每年的使用成本和折旧费见表 5-15。试计算其最佳更新期。

**表5-15　汽车的年使用成本和折旧费**

| 使用年份 | 1 | 2 | 3 | 4 | 5 | 6 | 7 |
|---|---|---|---|---|---|---|---|
| 使用成本/元 | 10 000 | 12 000 | 14 000 | 18 000 | 23 000 | 28 000 | 34000 |
| 折旧费/元 | 30 000 | 15 000 | 7 500 | 3 750 | 1 750 | 0 | 0 |

**解：** 根据表 5-15 的数据按式（5-17）计算，结果见表 5-16。

**表5-16　计算表**　　　　　　　　　　　　（单位：元）

| 使用年份 | 1 | 2 | 3 | 4 | 5 | 6 | 7 |
|---|---|---|---|---|---|---|---|
| 累计使用成本 $\Sigma V$ | 10 000 | 22 000 | 36 000 | 54 000 | 77 000 | 105 000 | 139 000 |
| 累计折旧费 $\Sigma B$ | 30 000 | 45 000 | 52 500 | 56 250 | 58 000 | 58 000 | 58 000 |
| 总费用 $\Sigma V + \Sigma B$ | 40 000 | 67 000 | 88 500 | 110 250 | 135 000 | 163 000 | 197 000 |
| 年均费用 | 40 000 | 33 500 | 29 500 | 27 562.5 | 27 000 | 27 166.6 | 28 142.9 |

从表 5-16 上可以清楚地看到，第 5 年年末为最佳更新期，因为此时的年均费用最小，为 27 000 元。

**四、设备技术改造和更新的管理**

设备技术改造和更新的管理，要从企业产品更新换代、发展品种、提高质量、提高竞争力出发，要从环境保护、降低消耗、降低成本、提高劳动生产率和经济效益的实际需要出发，要着眼于企业长远发展目标，认真规划，进行充分的技术经济分析，有针对性地用新技术改造和更新现有设备，这样才能有效地提高企业设备的素质，使企业发展的步伐走上良性循环的道路。

（一）设备技术改造的管理

企业在进行设备技术改造时，必须根据我国人力资源丰富而物质资源不足、资金短缺的国情，紧紧围绕提高经济效益，着重从节约能源、节约原材料、改造产品结构、合理利用资源、环境保护和安全生产等方面进行。

企业对设备进行技术改造时，必须注意做好以下工作：

**1. 制订中、长期改造更新计划**

设备改造大多是对企业的老设备而言，这就决定了这项工作具有很大的复杂性，要求企业必须有通盘的规划。具体表现在：一是需要改造的设备往往是企业承担繁重生产任务的关键设备，必须按照事先的计划进行，才有可能做到生产、改造两不误；二是企业需要改造的设备很多，哪台先改造，哪台可以暂缓，改造顺序如何安排才能对发展生产最为有利，需要全面统筹考虑；三是在原来的生产场地进行改造，施工过程中，在生产通道、能源供应、辅助生产场地等方面都会影响周围的设备，任何一个环节上的疏忽，都会给生产和改造带来损失；四是由于在旧设备基础上进行改造，在选择最合理的方案时，技术论证和经济评价均较为复杂，没有长远的全盘考虑，会造成决策失误，使设备"大拆大卸"或"修修补补"投产使用，不仅不能取得预期的效果，还会导致设备寿命不长而得不偿失。

在制定规划时，应考虑以下几个问题。

（1）要从实际出发，考虑多层次技术结构　主要环节和关键工序首先采用先进技术；一般环节或辅助生产设施，视情况可采用比较先进的、比较经济适用的技术；对不碍大局的设备，无力全部改造更新时，可以暂缓。

（2）要研究各种设备之间的平衡　企业的各种设备，都是互相配合、互相制约的。在某一种设备进行改造时，一定要考虑到和它有关的各种设备之间的匹配关系，才能使设备的改造在生产中发挥预期的效果。

（3）要注意当前和长远的平衡　技术改造不仅要有近期的目标，还要为今后的发展创造条件，准备后劲。尤其在总体布局上，力争通过工艺流程的改造，尽可能使生产设备、辅助设施的布局和制品的流向趋于合理。

**2. 认真进行方案的审查工作**

设备的改造（包括小的改进）工作，必须与设备管理工作紧密结合。凡属设备的改造（改进），必须办理有关手续，这也是对改造（改进）建议和方案进行汇兑、审定的过程。根据现在的设备管理制度，设备的改造（改进）应办理以下手续：

1）设备使用部门（或维修人员）所提出的对设备性能和主要结构的改进或小改革等，只要不影响生产和设备基本性能且可自行设计、施工，可由使用部门提出申请，经设备动力部设备管理工程师审核，设备动力部部长批准后即可进行；其所改进部分的技术资料应交设备动力部归档。

2）对精密、大型、稀有等关键设备的改进，不论其部位大小，必须由使用部门（或维修部门）提出申请，经设备动力部审查，并报企业分管设备领导批准后，方可进行设计改进。

3）凡影响设备基本性能和结构、改变工艺特性的技术改造，都必须由申请部门将建议、要求及方案整理成书面的设备改造（改进）申请书，详细说明技术改造的原因、预计效果和投资情况，由申请部门领导审查后报设备动力部；设备动力部应组织经验丰富的工人和工程技术人员，对提出的技术改造项目认真调查、分析、审查，并提出意见，报企业分管设备领导；企业分管设备领导应组织各有关部门进行会审，通过后方可实施设备改进、改造项目。未经研究、批准的设备改进、改造项目，不得实施。

**3. 做好总结提高工作**

总结包括两个方面。一是经济方面：设备技术改造后提高劳动生产率的情况如何，每年节约多少费用；技术改造前的预算费用和完工后的实际费用，所消耗的工时，设备停歇时间等；为经济核算提供可靠的依据。二是生产技术方面：应完整地整理设备技术改造过程中的全部技术资料，如图样、工艺卡片、试车记录、性能测试报告等，并对技术成果、存在问题和今后进一步改进的意见进行书面总结。所有这些资料都应归入设备技术档案，为设备检修和进一步技术推广提供准确的资料和依据。

（二）设备更新的管理

设备更新管理的程序，如图 5-11 所示。

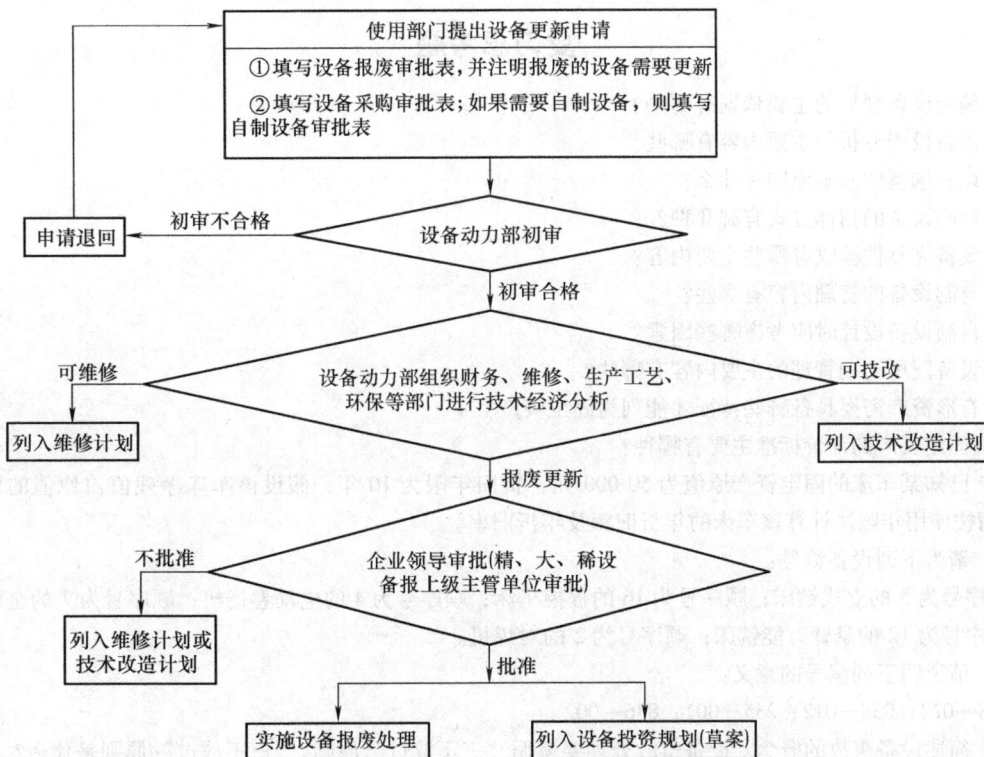

图 5-11　设备更新管理程序

在执行设备更新管理程序时，必须特别注意以下几个问题：

1）必须按照企业的统一规划，根据可能的条件，实事求是地、有计划地、有步骤地、有重点地进行。

2）要注意研究克服薄弱环节，提高企业的综合生产能力。这就是说，要尽可能首先更新薄弱环节的老设备，以达到"事半功倍"的效果，保证企业扩大再生产的顺利进行。

3）要把节能提到重要的研究议题上来。企业应将设备陈旧、能耗极大，且改造投资大、经济上不合理的设备作为主要的更新对象，以降低能耗。对国家公布的能耗大的淘汰机型，应按照要求逐步进行更新。

4）要注意研究改善工人的劳动条件，要尽可能首先更新那些工人操作劳动强度大和安全保护差的设备，改善工人的劳动条件和劳动保护，提高劳动生产率。

5）要注意改善环境保护条件。生产过程中的废气、废水、废渣，一般都是有害物质，对那些跑、冒、滴、漏严重，污染环境，影响人身健康，危及工农业生产的老旧设备，要作为重点研究的更新对象。如果企业对这些污染严重的设备不采取有效措施进行技术改造或更新，或者技术改造的效果仍达不到环保要求的，地方环保单位有权依照《中华人民共和国环境保护法》对其采取强制停产、报废的措施。

6）对于已经批准更新的设备，在更新以前，使用部门仍应认真做好维护保养工作，合理使用，充分发挥它们的潜力。对于那些可以通过技术改造提高其效能（出力）的设备，应立足于改造进行使用。

## 复习思考题

1. 编制设备规划的主要依据有哪些？
2. 设备投资分析的主要内容有哪些？
3. 设备选型的基本原则是什么？
4. 订购设备的招标方式有哪几种？
5. 设备完整性验收有哪些主要内容？
6. 自制设备的管理内容有哪些？
7. 自制设备设计时应考虑哪些因素？
8. 设备使用初期管理的主要内容有哪些？
9. 有形资产需要具备哪些特征才能列为固定资产？
10. 固定资产的计价标准主要有哪种？
11. 已知某车床的固定资产原值为 50 000 元，折旧年限为 10 年，假设该车床净残值占原值的比率为 5%，请按使用年限法计算该车床的年折旧额及年折旧率。
12. 请为下列设备编号：

顺序号为 5 的立式钻床；顺序号为 16 的程控机床；顺序号为 4 的电动卷扬机；顺序号为 7 的金属切断机；顺序号为 12 的悬臂万能铣床；顺序号为 2 的对焊机。
13. 请说明下列编号的意义：

008—023；038—012；235—001；836—002。
14. 简述设备事故的概念。设备事故处理要遵循"三不放过"原则，"三不放过"原则是什么？
15. 什么是设备的有形磨损？试述其产生的原因。
16. 什么是设备的无形磨损？试述其技术经济后果。
17. 设备磨损的补偿方式有哪几种？
18. 一台 CA6140 车床的原始价值为 50 000 元，初始使用成本为 4 000 元/年，使用成本增长系数 0.1，设备的利用率为 0.8，车床的最大年收入为 20 000 元/年，计算该车床使用的平衡点（即收支相抵），该车床使用年限为多少年时可得最大收益？
19. 有一办公印刷设备以 40 000 元购入，实行加速折旧，每年的使用成本和折旧费见表 5-17。试计算其最佳更新期。

表 5-17　办公印刷设备的年使用成本和折旧费

| 使用年份 | 1 | 2 | 3 | 4 | 5 | 6 | 7 |
|---|---|---|---|---|---|---|---|
| 使用成本/元 | 6 000 | 8 000 | 11 000 | 15 000 | 20 000 | 26 000 | 33 000 |
| 折旧费/元 | 20 000 | 10 000 | 5 000 | 2 500 | 1 250 | 0 | 0 |

# 第六章　设备管理精益化

为了实现设备精益化管理，必须吸收世界各国设备管理的经验，将现代管理理论和管理方法引入设备管理之中。设备综合效率、网络计划技术、线性规划是在设备管理中应用最有效的方法。

## 第一节　设备综合效率

### 一、设备综合效率的概念

每一台生产设备都有自己的理论产能，要实现这一理论产能，就必须保证设备全速生产，没有生产停顿、没有质量损耗。设备综合效率（OEE，Overall Equipment Efficiency）就是用来表示设备实际生产能力相对于理论产能的比率，一般可用下式表示：

$$设备综合效率 = 时间开动率 \times 性能开动率 \times 合格品率 \tag{6-1}$$

**1. 时间开动率**

时间开动率反映了设备的时间利用情况，反过来也度量了故障停机、工装模具更换调整等项的停机损失。时间开动率可用下式表示：

$$时间开动率 = \frac{开动时间}{负荷时间} \tag{6-2}$$

式中　负荷时间——负荷时间 = 日历工作时间 – 计划停机时间，也就是计划生产时间；

开动时间——开动时间 = 负荷时间 – 故障停机时间 – 设备调整初始化时间（包括转换产品规格，更换刀具、夹具、模具等活动所用的时间）。

**2. 性能开动率**

性能开动率反映了设备的性能发挥情况，反过来也度量了设备短暂停机、空转、速度降低等项的性能损失。性能开动率可用下式表示：

$$性能开动率 = 净开动率 \times 速度开动率 \tag{6-3}$$

$$净开动率 = \frac{加工数量 \times 实际加工周期}{开动时间} \tag{6-4}$$

$$速度开动率 = \frac{理论加工周期}{实际加工周期} \tag{6-5}$$

性能开动率还有另一种表达形式，更适合于流水生产线的评估。将式（6-4）、式（6-5）代入式（6-3），可得到性能开动率的第二种表达式：

$$性能开动率 = 净开动率 \times 速度开动率$$

$$= \frac{加工数量 \times 实际加工周期}{开动时间} \times \frac{理论加工周期}{实际加工周期}$$

所以

$$性能开动率 = \frac{加工数量 \times 理论加工周期}{开动时间} \qquad (6-6)$$

式中的"加工数量×理论加工周期"就是净开动时间，故有：

$$性能开动率 = \frac{净开动时间}{开动时间} \qquad (6-7)$$

而"开动时间/理论加工周期"就是计划加工数量，所以性能开动率又有如下表达：

$$性能开动率 = \frac{加工数量 \times 理论加工周期}{开动时间}$$

$$= \frac{加工数量}{开动时间/理论加工周期} = \frac{加工数量}{计划加工数量}$$

$$性能开动率 = \frac{加工数量}{计划加工数量} \qquad (6-8)$$

### 3. 合格品率

合格品率反映了设备的有效工作情况，反过来也度量了设备加工废品损失。合格品率可用下式表示：

$$合格品率 = \frac{合格品数量}{加工数量} \qquad (6-9)$$

### 二、设备综合效率的计算实例

**例 6-1** 某设备一天工作时间为 8h，班前计划停机是 10min，故障停机是 20min，更换产品型号之设备调整时间是 30min，产品的理论加工周期 0.8min/件，实际加工周期为 1min/件，一天共加工产品 400 件，有 10 件废品。求该设备的设备综合效率。

**解：**

$$负荷时间 = 日历工作时间 - 计划停机时间 = (480 - 10)\ min = 470min$$

$$开动时间 = 负荷时间 - 故障停机时间 - 设备调整初始化时间 = (470 - 20 - 30)\ min = 420min$$

$$时间开动率 = \frac{开动时间}{负荷时间} = \frac{420}{470} \times 100\% = 89.4\%$$

$$净开动率 = \frac{加工数量 \times 实际加工周期}{开动时间} = \frac{400 \times 1}{420} \times 100\% = 95.2\%$$

$$速度开动率 = \frac{理论加工周期}{实际加工周期} = \frac{0.8}{1} \times 100\% = 80\%$$

$$性能开动率 = 净开动率 \times 速度开动率 = 95.2\% \times 80\% = 76.2\%$$

$$合格品率 = \frac{合格品数量}{加工数量} = \frac{400 - 10}{400} \times 100\% = 97.5\%$$

$$设备综合效率 = 时间开动率 \times 性能开动率 \times 合格品率$$

$$= 89.4\% \times 76.2\% \times 97.5\%$$

$$= 66.4\%$$

**例 6-2** 设备负荷时间为 100h，非计划停机时间 10h，则实际的开动时间是 90h；在开动时间内，计划生产 1 000 个产品，但实际生产了 900 个产品；在生产的 900 个产品中，仅有 800 个一次合格的产品，求该设备的设备综合效率。

**解：**

$$时间开动率 = \frac{开动时间}{负荷时间} = \frac{90}{100} \times 100\% = 90\%$$

$$性能开动率 = \frac{加工数量}{计划加工数量} = \frac{900}{1\,000} \times 100\% = 90\%$$

$$合格品率 = \frac{合格品数量}{加工数量} = \frac{800}{900} \times 100\% = 88.9\%$$

设备综合效率 = 时间开动率 × 性能开动率 × 合格品率 = 90% × 90% × 88.9% = 72%

### 三、设备综合效率的实质

在展开设备综合效率的公式时，可以发现：

设备综合效率 = 时间开动率 × 性能开动率 × 合格品率

$$= \frac{开动时间}{负荷时间} \times \frac{加工数量 \times 理论加工周期}{开动时间} \times \frac{合格品数量}{加工数量}$$

$$= \frac{理论加工周期 \times 合格品数量}{负荷时间}$$

式中的"理论加工周期 × 合格品数量"就是加工合格品的理论时间，所以

$$设备综合效率 = \frac{加工合格品的理论时间}{负荷时间} \qquad (6\text{-}10)$$

式（6-10）表明，设备综合效率的实质是：在计算周期内用于加工合格品的理论时间与负荷时间的百分比。

### 四、应用设备综合效率进行设备利用损失分析

计算设备综合效率不是目的，而是为了分析设备利用的损失。设备的设备综合效率水平不高是由多种原因造成的，而每一种原因对设备综合效率的影响又可能是大小不同的。在分别计算设备综合效率的不同的过程中，可以分别反映出不同类型的设备利用损失，图 6-1 示出了设备综合效率与设备利用六大损失的关系。表 6-1 示出了设备利用六大损失的改进目标。

表 6-1　设备利用六大损失的改进目标

| 序号 | 损失类型 | 目标 | 说　明 |
|---|---|---|---|
| 1 | 设备故障 | 0 | 所有设备的故障损失都应该为零 |
| 2 | 工装模具调整 | 缩短时间 | 尽量用较短的时间完成 |
| 3 | 速度降低 | 0 | 要使加工速度与设计速度之差变为零，并通过改进实现超过设计速度的目标 |
| 4 | 空转、短暂停机 | 时间极少 | |
| 5 | 加工废品 | 0 | |
| 6 | 试产期产品缺陷 | 极少 | |

各类企业的设备不同，生产工艺也不同，因而设备利用损失的类型也可能不同。应根据实际情况灵活构造不同的设备利用损失分析图，如图 6-1 所示。

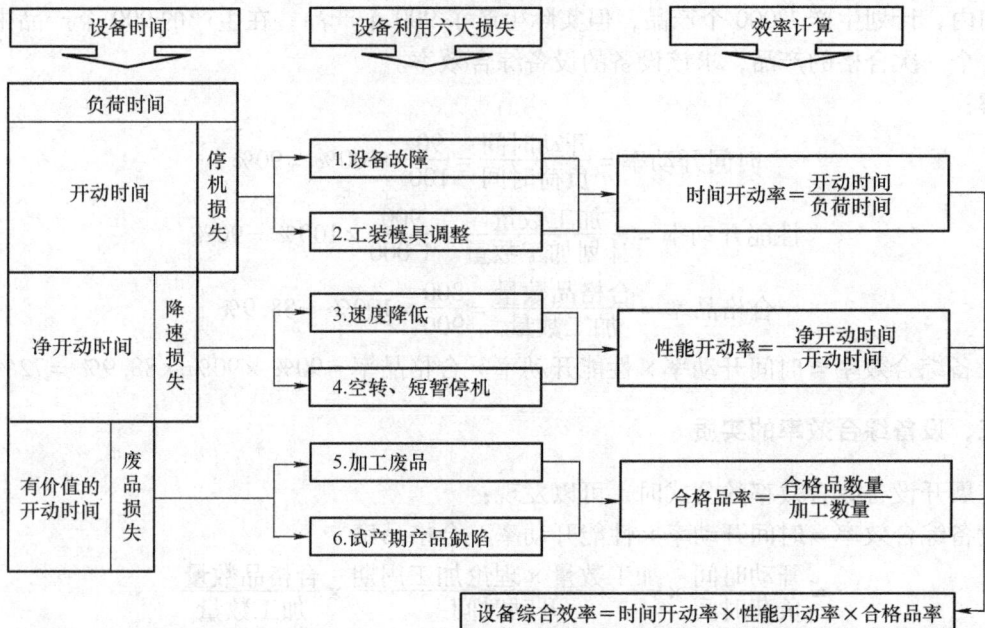

图 6-1　设备综合效率与设备利用六大损失的关系

## 五、设备完全有效生产率

设备综合效率的概念清晰，计算并不困难。但因为水、电、气（汽）供应中断或者等待材料、等待计划安排、等待定单等外部因素而造成的停机应该计入哪一部分？因此，这里对设备日历时间再进行细分，引入"设备完全有效生产率（TEEP，Total Effective Efficiency of Production）"的概念。

$$设备完全有效生产率 = 设备利用率 × 设备综合效率 \tag{6-11}$$

$$设备利用率 = \frac{日历工作时间 - 计划停机时间 - 外部因素停机时间}{日历工作时间}$$

$$= \frac{计划生产时间（负荷时间）}{日历工作时间} \tag{6-12}$$

在设备完全有效生产率的计算中，设备利用的损失扩展为八项，其中第二项是设备外部原因所造成的停机，这一项内容最复杂，但都不是设备本身原因造成的停机，这些原因影响设备利用率，但不影响设备综合效率，如图 6-2 所示。

## 六、实行设备综合效率的效益

实行设备综合效率，能够为企业带来以下几方面效益。

（1）设备　降低设备的故障以及维修成本，加强设备管理以延长设备的使用寿命。

（2）员工　通过明确操作程序，提高劳动者的效力，提高生产率。

（3）工艺　通过解决工艺上的瓶颈问题，提高生产率。

（4）质量　提高产品质量，降低返修率。

设备时间 | 八大损失 | 效率计算

- 日历工作时间(即总时间)
  - 计划生产时间(负荷时间)
    - 计划与外部因素停机时间
      - 1.计划停机时间
      - 2.外部因素停机
  - 开动时间
    - 停机损失
      - 3.设备故障
      - 4.工装模具调整
  - 净开动时间
    - 降速损失
      - 5.速度降低
      - 6.空转、短暂停机
  - 有价值的开动时间
    - 废品损失
      - 7.加工废品
      - 8.试产期产品缺陷

$$设备利用率 = \frac{计划生产时间(负荷时间)}{日历工作时间}$$

$$时间开动率 = \frac{开动时间}{负荷时间}$$

$$性能开动率 = \frac{净开动时间}{开动时间}$$

$$合格品率 = \frac{合格品数量}{加工数量}$$

$$设备综合效率 = 时间开动率 \times 性能开动率 \times 合格品率$$

$$设备完全有效生产率 = 设备利用率 \times 设备综合效率$$

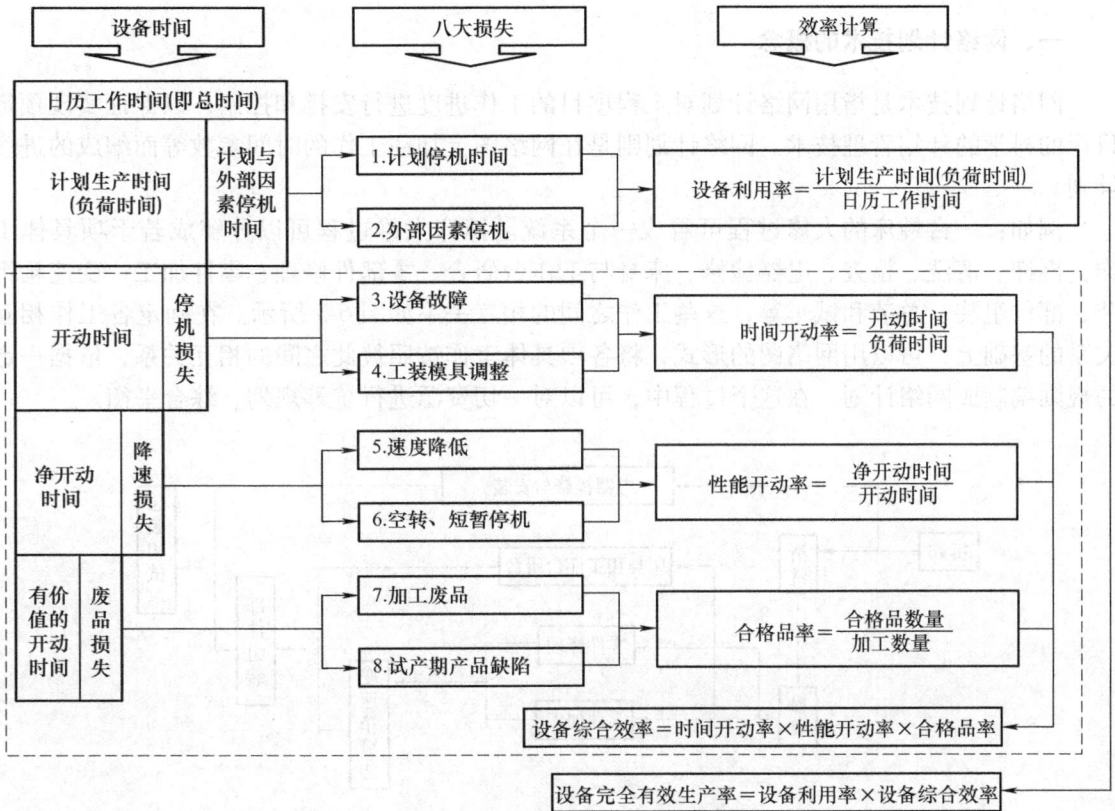

图6-2 设备完全有效生产率与八大损失的关系

# 第二节 应用网络计划技术优化维修工程

网络计划技术是20世纪50年代发展起来的一种计划管理的科学方法。1957年，美国杜邦公司在兰德公司的配合下，提出运用图解理论的方法来制订计划。这种方法明确地表示出各工序及各工序所需时间，并且表示出各工序之间的相互关系，于是给这种方法定名为"关键线路法"（CPM）。1958年，美国海军特种计划局在研制"北极星"导弹的过程中，也研究出一种以数理统计学为基础、以网络分析为主要内容、以电子计算机为手段的新型计划管理方法，即"计划评审技术"（PERT）。这两种方法基本原理相同：即编制计划都是用网络图表示，所以被称为网络计划。1965年，我国华罗庚教授开始推广和应用这些新的科学管理方法，定名为"统筹法"，它在我国国民经济各部门得到了广泛应用，并取得了显著的效果。

网络计划技术的应用范围很广，它主要应用于工程项目的计划管理，在设备管理中也经常被应用。对于那些工程规模很大，需要多种不同来源的大量资源（人员、机器设备、运载工具、原材料、资金），协调频繁、时间紧迫的工程项目，采用网络计划技术来管理，效果最为理想。具体来说，它可以应用于建筑工程、船舶制造、新产品研制、设备大修、单件小批生产和一次性的工程项目。

## 一、网络计划技术的概念

网络计划技术是指用网络计划对工程项目的工作进度进行安排和控制，以保证实现预定目标的科学的计划管理技术。网络计划则是在网络图上加注工作的时间参数等而编成的进度计划。

例如：一台镗床的大修过程可看成一个系统。镗床大修过程可以分解成若干项具体工作：拆卸、清洗、检查、电器检修、床身与工作台研合、零部件修理、零件加工、变速箱组装、部件组装、总装和试车等，这些工作之间的相互关系如图6-3所示。在确定各工作相互关系的基础上，可以用网络图的形式，将各项具体工作按照彼此之间的相互关系，依据一定的规则编制成网络计划。在这个过程中，可以对一切资源进行统筹规划、综合平衡。

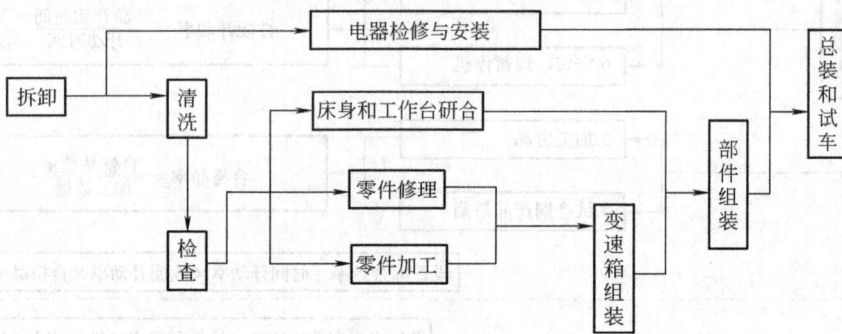

图6-3　镗床大修各工作之间的相互关系图

## 二、网络计划技术的基本原理

网络计划技术的基本原理是：利用网络图的形式，表示一项计划中各项工作的时间、先后顺序及相互关系；通过计算找出计划中关键工作和关键路线，利用时差不断改善网络计划，选择最优方案；在计划的执行中，通过信息反馈，进行监督和控制，以保证实现预定的计划目标。

长期以来，在生产经营活动的组织和管理上，特别是生产进度的计划安排和控制上，一直使用横道图及计划进度表来安排计划。这种技术方法简单，直观性强，易于掌握。但它不能反映各个工作之间错综复杂的相互联系、相互制约的关系，也不能清楚地反映出哪些工作是主要的、关键性的。与传统的横道图相比，网络计划技术具有系统性、动态性和可控性等特点。

## 三、网络图的构成

网络图是指由箭线和节点组成的，用来表示工作流程的有向、有序图形。是网络计划技术应用的基础，是计划工程项目及其组成部分内在逻辑关系的综合反映。

网络图一般由工作、事件和线路三个部分组成。

### 1. 工作

工作是指计划工程项目按所需要的粗细程序划分而成的一个消耗时间也消耗资源的子项

目。一般用箭线来表示，箭线的上方标明工作的名称，下方标明工作持续时间（小时、天、周等）。箭尾、箭头都有符号"○"，箭尾$i$表示工作的开始，箭头$j$表示工作的结束或工作前进的方向，如图6-4所示。

箭线的长短一般与时间无关。

工作的内容可多可少，范围可大可小，如可以把整个零件加工作为一项工作，也可以把其中的车、铣、磨等工序分别作为一项工作。

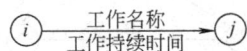

图6-4　工作在网络图上的表示方法

工作需要消耗一定资源，占用一定时间。有些工作如涂装后的干燥、等待材料或工具、铸件的自然时效处理等虽不消耗资源，但要占用时间，因而在网络图中也作为一项工作。不需要消耗资源和占用时间的工作叫虚工作，即工作持续时间为零的工作，它只表示相邻前后工作之间的逻辑关系，表明计划和工程项目的方向，一般用虚箭线来表示。

**2. 事件**

事件是指某项工作的开始或结束，在网络图中是指两项工作的衔接点，通常用符号"○"表示，符号"○"称为节点。事件不占用时间，也不消耗资源，只表示某项工作的开始或结束。若将两个节点用箭线连接，箭尾的节点称为开始节点，用$i$来表示，箭头的节点称为完成节点，用$j$来表示。网络图中第一个节点称为起点节点，它表示网络图的开始；最后一个节点称为终点节点，它表示网络图的结束；介于两者之间的节点称为中间节点，它既表示前面工作的结束，又表示后面工作的开始。

**3. 线路**

线路是指在网络图中从起点节点开始，沿箭线方向连续通过一系列箭线和节点，最后到达终点节点所经过的通路。在网络图中，线路有很多条，每条线路上各工作持续时间之和就是该线路所需的时间周期。其中周期最长的线路称为关键线路。关键线路的周期也就是整个计划工程项目所需的时间，简称工期。关键线路一般用双线标注在网络图上。关键线路上各项工作称为关键工作。关键线路往往不止一条，越是科学合理的计划，其网络图的关键线路就越多。

**四、网络图的绘制**

**1. 网络图的绘制规则**

1）从某一节点引出或进入某一节点的箭线可以是一条，也可以有很多条，但连接两个节点的箭线只能是一条，不能同时出现两条或两条以上箭线，即不能有两条或以上的箭线从同一个节点引出且进入另一个相同节点，如图6-5a所示。如果两个节点之间有两项或两项以上平行工作（可以同时进行的几项工作），则应增加节点并用虚箭线加以分开，正确的画法如图6-5b所示。

2）网络图中不能出现如图6-5c所示的回路即闭路循环线路，箭线方向应该自左至右，不能逆向。

3）在网络图中，每一条箭线只能代表一项工作，工作名称不能重复，每一个节点都有自己独立的编号，编号不能重复使用，并遵守箭头节点编号大于箭尾节点编号的原则，如图6-5d所示的箭尾节点编号大于箭头节点编号是错误的。正确的画法如图6-5e所示。

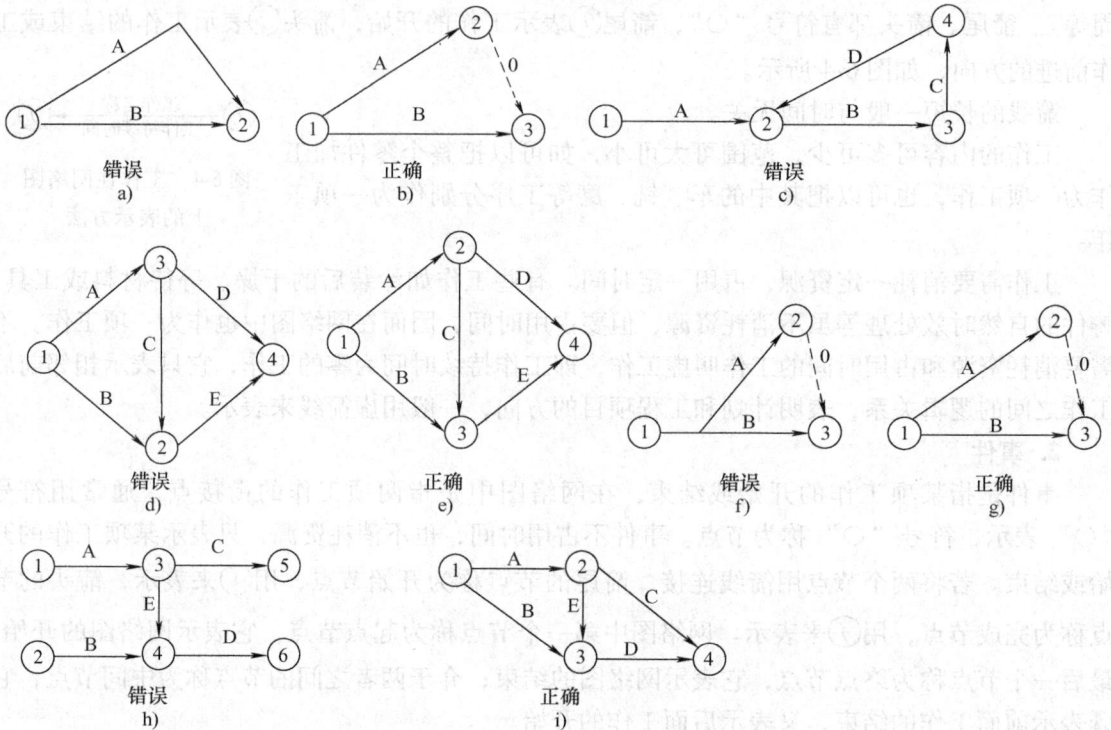

图 6-5　网络图绘制规则图示

4）箭线必须从一个节点开始到另一个节点结束，其首尾都应该有节点，不允许从一条箭线中引出另一条箭线来，如图 6-5f 所示。正确的画法如图 6-5g 所示。

5）每个网络图只能有一个起点节点和一个终点节点，如果出现两项或两项以上的工作同时开始或同时结束时，其所有的开始节点和完成节点都应汇合成一个起点节点或一个终点节点。如图 6-5h 应改成图 6-5i 的形式。不能出现没有紧前工作（紧排在本工作之前的工作）或紧后工作（紧排在本工作之后的工作）的中间节点。

**2. 绘制步骤**

1）工程项目分解。任何一个工程项目都是由许多项工作组成，在绘制网络图前，在首先将工程项目分解成各项工作。

工程项目分解一般可按其性质、组织结构和运行方式等来划分。如按准备阶段、实施阶段分解；按全局与局部分解；按专业或工艺作业内容分解；按工作责任或工作地点进行分解等。如在编制镗床大修理计划时，将工程项目分解为拆卸、清洗、…、试车等 10 项工作。

2）逻辑关系分析。工作的逻辑关系分析是根据网络图的要求，分析每项工作的紧前工作、紧后工作及平行工作，并将分析的结果列表，见表 6-2。

3）绘制网络图，进行节点编号。根据工程项目分解及逻辑关系表中各项工作的先后顺序关系，按网络图的规则画出初步网络图，并进行节点编号，同时标出工作名称和工作持续时间。

表 6-2　镗床大修工程分解及逻辑关系表

| 序号 | 代号 | 作业名称 | 紧前作业 | 工作持续时/天 |
|---|---|---|---|---|
| 1 | A | 拆卸 | — | 2 |
| 2 | B | 清洗 | A | 2 |
| 3 | C | 检查 | B | 3 |
| 4 | D | 电器检修与安装 | A | 2 |
| 5 | E | 床身与工作台研合 | C | 5 |
| 6 | F | 零件修理 | C | 3 |
| 7 | G | 零件加工 | C | 8 |
| 8 | H | 变速箱组装 | F、G | 3 |
| 9 | I | 部件组装 | E、H | 4 |
| 10 | J | 总装和试车 | D、I | 4 |

### 五、时间参数计算

计算时间参数是网络计划技术的重要环节，其目的在于确定整个工程项目的工期，确定关键路线，计算时差，为网络计划的检查、调整和优化做准备。时间参数包括工作持续时间、节点最早时间、节点最迟时间、最早开始时间、最早完成时间、最迟开始时间、最迟完成时间、时差、工期等。

**1. 工作持续时间**

工作持续时间是指对一项工作规定的从开始到完成的时间，一般用符号 $D_{i \sim j}$ 表示节点编号为 $i \sim j$ 的工作的持续时间。对于一般网络计划的工作持续时间，其主要计算方法有：参照以往实践经验估算；经过实验推算；查有关标准，按定额进行计算。

**2. 节点时间参数**

（1）节点最早时间　节点最早时间是指该节点后各项工作的最早开始时间，以 $ET_i$ 表示。它的计算是从起点节点开始，在网络图上逐个节点编号由小到大自左向右计算，直至最后一个节点（终点节点）止。起点节点最早时间等于零，一个完成节点的最早开始时间是由它的开始节点的最早时间加上工作持续时间来决定的。如果同时有几支箭线与完成节点相连接，则选其中开始节点的最早时间与工作持续时间之和的最大值。其计算公式为

$$ET_1 = 0 \tag{6-13}$$
$$ET_j = \max\{ET_i + D_{i-j}\} \tag{6-14}$$
$$(j = 2,3,\cdots,n)$$

式中　$ET_j$——完成节点的最早时间；

$ET_i$——开始节点的最早时间；

$ET_1$——起点节点的最早时间；

$D_{i-j}$——节点编号为 $i$ 和 $j$ 工作的持续时间。

（2）节点最迟时间　节点最迟时间是指该节点前各项工作的最迟完成时间，以 $LT_i$ 来表示。终点节点的最迟时间应当等于总完工工期。在网络图上，从终点节点开始，按节点编号由大到小自右向左逐个节点计算，直至起点节点止。一个开始节点的最迟时间，是由它的完成节点的最迟时间减去工作持续时间来决定的。如果从此开始节点同时引出几条箭线时，则选其中完成节点的结束时间与其工作持续时间相减差值中的最小值。其计算公式为

$$LT_n = ET_n \tag{6-15}$$

$$LT_i = \min\{LT_j - D_{i-j}\} \tag{6-16}$$

$$(i = n-1, n-2, \cdots, 1)$$

式中　$LT_n$——终点节点的最迟时间；

$ET_n$——终点节点的最早时间；

$LT_i$——开始节点的最迟时间；

$LT_j$——完成节点的最迟时间；

$D_{i-j}$——节点编号为 $i$ 和 $j$ 工作的持续时间。

### 3. 工作时间参数

（1）最早开始时间　最早开始时间是指在紧前工作和有关时限约束下，工作有可能开始的最早时刻，就称为该项工作的最早开始时间，一般以 $ES_{i-j}$ 表示。实际上工作的最早开始时间就是它的箭尾节点（开始节点）的最早时间。在网络图上标识示例如图 6-6 所示。其计算公式为：

$$ES_{i-j} = ET_i \tag{6-17}$$

（2）最早完成时间　最早完成时间是指在紧前工作和有关时限约束下，工作有可能完成的最早时刻，就称为该项工作的最早完成时间。一般以 $EF_{i-j}$ 表示，在网络图上标识示例如图 6-6 所示。显然，存在下列关系：

$$EF_{i-j} = ES_{i-j} + D_{i-j} \tag{6-18}$$

（3）最迟完成时间　最迟完成时间是指在不影响工程项目按期完成和有关时限约束的条件下，工作最迟必须完成的时间，称为该项工作的最迟完成时间，一般以 $LF_{i-j}$ 表示，实际上工作的最迟完成时间就是它的箭头节点（完成节点）的最迟时间。在网络图上标识示例如图 6-6 所示。其计算公式为：

$$LF_{i-j} = LT_j \tag{6-19}$$

图 6-6　网络图标识示例

（4）最迟开始时间　在不影响工程项目按期完成和有关时限约束的条件下，工作最迟必须开始的时间，称为该项工作的最迟开始时间，一般以 $LS_{i-j}$ 表示，在网络图上标识示例如图 6-6 所示。显然，存在下列关系：

$$LS_{i-j} = LF_{i-j} - D_{i-j} \tag{6-20}$$

（5）总时差　总时差也称为富裕时间或机动时间，是指在不影响工期和有关时限的前提下，一项工作可以利用的机动时间，即一项工作从其最早开始时间到最迟开始时间，或从最早完成时间到最迟完成时间，中间可以推迟的最大延迟时间，一般用 $TF_{i-j}$ 表示。总时差在网络图上标识示例如图 6-6 所示。其计算公式为：

$$TF_{i-j} = LS_{i-j} - ES_{i-j} \tag{6-21}$$

或

$$= LF_{i-j} - EF_{i-j} \tag{6-22}$$

总时差越大，说明挖掘时间的潜力越大，反之则相反。若总时差为零，则说明该项工作无任何宽裕的时间。总时差为零的工作称为关键工作，由关键工作组成的线路称为关键线

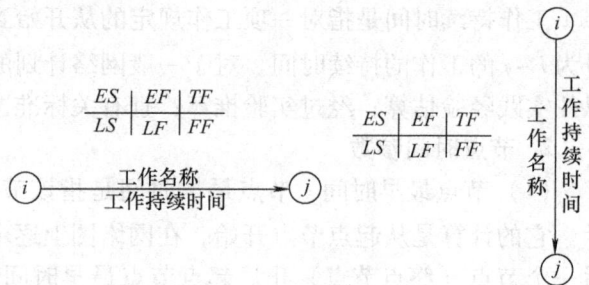

路。

（6）自由时差　自由时差是指在不影响其紧后工作最早开始和有关时限的前提下，一项工作可以利用的机动时间。一般用 $FF_{i-j}$ 表示。自由时差在网络图上标识如图 6-6 所示。其计算公式为：

$$FF_{i-j} = ES_{j-k} - EF_{i-j} \tag{6-23}$$

式中　$ES_{j-k}$——紧后工作的最早开始时间。

计算时间参数可列出表格，并标注在网络图上。

**例6-3**　根据表 6-2 镗床大修工程分解及逻辑关系表绘制的网络图并计算时间参数，确定工期，指明关键路线。

**解：**

1）根据式（6-13）、式（6-14）计算各节点最早时间 $ET_i$。

$$ET_1 = 0$$
$$ET_2 = 0 + 2 = 2$$

重复上述的计算方法，可算出

$$ET_3 = 4 \qquad ET_4 = 7 \qquad ET_5 = 15$$

由于指向⑥、⑦节点的箭线有 2 条，故

$$ET_6 = \max\{15 + 0,\ 7 + 3\} = 15$$
$$ET_7 = \max\{15 + 3,\ 7 + 5\} = 18$$

重复上述的计算方法，可算出

$$ET_8 = 22 \qquad ET_9 = 26$$

2）最早开始时间 $ES_{i-j}$ 可根据式（6-17）算出，并将 $ES_{i-j}$ 标注在网络图上。

3）节点最迟时间 $LT_i$ 可根据式（6-15）、式（6-16）算出

$$LT_9 = ET_9 = 26$$
$$LT_8 = 26 - 4 = 22$$

重复上述的计算方法，可算出

$$LT_7 = 18 \qquad LT_6 = 15 \qquad LT_5 = 15$$

因为由④节点引出的箭线有 3 条，故

$$LT_4 = \min\{15 - 8,\ 15 - 3,\ 18 - 5\} = 7$$

重复上述的计算方法，可算出

$$LT_3 = 4 \qquad LT_2 = 2 \qquad LT_1 = 0$$

4）最迟完成时间 $LF_{i-j}$ 可根据式（6-19）算出，并将 $LF_{i-j}$ 标注在网络图上。

5）$EF_{i-j}$ 可根据式（6-18）计算；$LS_{i-j}$ 可根据式（6-20）计算；$TF_{i-j}$ 和 $FF_{i-j}$ 可根据式（6-21）、式（6-22）、式（6-23）计算，并将上述时间参数标注在网络图上。

镗床大修网络图及时间参数如图 6-7 所示。

6）将总时差为零的工作连接起来便是关键线路，即①-②-③-④-⑤-⑥-⑦-⑧-⑨。

7）计算工期：

$$T = (2 + 2 + 3 + 8 + 3 + 4 + 4) \text{天} = 26 \text{天}$$

时间参数计算结果见表 6-3。

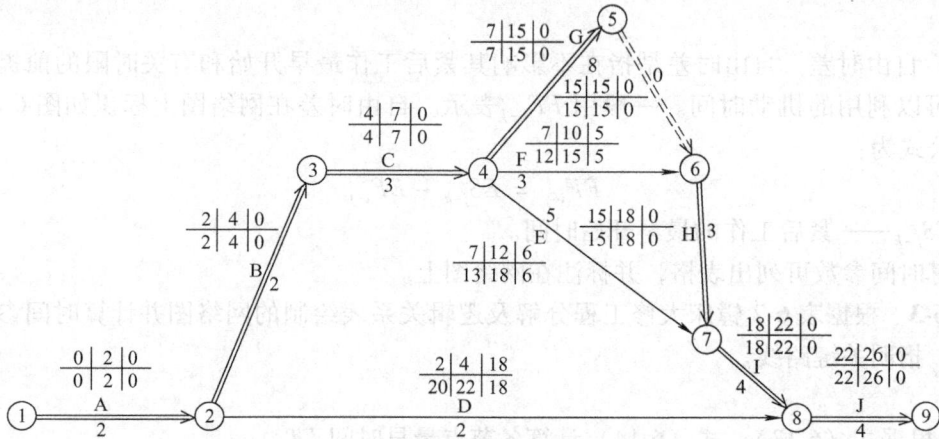

图 6-7  镗床大修网络图及时间参数

**表 6-3  时间参数计算表**

| 工作名称 | 节点编号 | 工作持续时间/天 | 时间参数 | | | | | | 是否为关键工作 |
|---|---|---|---|---|---|---|---|---|---|
| | | | ES | EF | LS | LF | TF | FF | |
| A | ①-② | 2 | 0 | 2 | 0 | 2 | 0 | 0 | 是 |
| B | ②-③ | 2 | 2 | 4 | 2 | 4 | 0 | 0 | 是 |
| C | ③-④ | 3 | 4 | 7 | 4 | 7 | 0 | 0 | 是 |
| D | ②-⑧ | 2 | 2 | 4 | 20 | 22 | 18 | 18 | 否 |
| E | ④-⑦ | 5 | 7 | 12 | 13 | 18 | 6 | 6 | 否 |
| F | ④-⑥ | 3 | 7 | 10 | 12 | 15 | 5 | 5 | 否 |
| G | ④-⑤ | 8 | 7 | 15 | 7 | 15 | 0 | 0 | 是 |
| H | ⑥-⑦ | 3 | 15 | 18 | 15 | 18 | 0 | 0 | 是 |
| I | ⑦-⑧ | 4 | 18 | 22 | 18 | 22 | 0 | 0 | 是 |
| J | ⑧-⑨ | 4 | 22 | 26 | 22 | 26 | 0 | 0 | 是 |

　　初步的网络计划编制结束后，需要从工程项目的工期、资源、成本等方面进行检查和调整，重新编制可行网络计划。可行网络计划一般要进行优化，方可编制正式的网络计划。

### 六、网络计划的检查与调整

　　网络计划检查的内容有：工期是否符合要求；资源配置是否符合资源供应条件；成本控制是否符合要求等。

　　网络计划调整的内容有：①工程项目工期的调整。当"计算工期"不能满足预定的时间目标要求时，可改变工作方案的组织关系；②资源调整。资源强度即一项工作在单位时间内所需的某种资源数量超过供应可能时，应进行调整。

　　网络计划调整的方法是：调整非关键工作，使资源降低；在总时差允许的前提条件下，灵活安排非关键工作的持续时间（如延长持续时间，改变开始、完成时间或间断进行）。

　　检查调整后，必须重新计算时间参数，修改时间参数表和网络图上的标注时间，标明关键工作。根据调整后的网络图和计算的时间参数，重新绘制的网络计划即为可行网络计划。

### 七、网络计划的优化

网络计划的优化主要有以下三个方面。

**1. 缩短工程进度的优化**

任何工程项目都要求合理地使用劳动时间以缩短总工期，如果长期不能完工，不仅积压大量的资金，而且随着时间的延长所支付的劳动和投资也会相应增加。因此，缩短工期能节约资源。通过调整计划安排，在满足资源有限制的条件下，使工期拖延降低到最少。

网络计划中，由于关键线路上各项工作的持续时间决定着整个计划的工期，因此，要缩短整个工期，就必须分析缩短关键线路上各关键工作持续时间的可能性。如果在关键线路上缩短工期后仍不能达到缩短整个计划工期的要求，就必须从新的关键线路上再做第二次乃至多次缩短，直至达到要求为止。上例镗床大修总工期为26天，如果要求缩短总工期，只要缩短关键线路上某些关键工作的持续时间即可。若根据企业具体情况，可以缩短 $G$ 工作的持续时间，即将 $G$（零件加工）工作改为两个作业组同时进行，假设各为4天，则总工期可以缩短4天，变为22天。优化后的网络图如图6-8所示。还可以采取其他的方法将总工期进一步缩短。

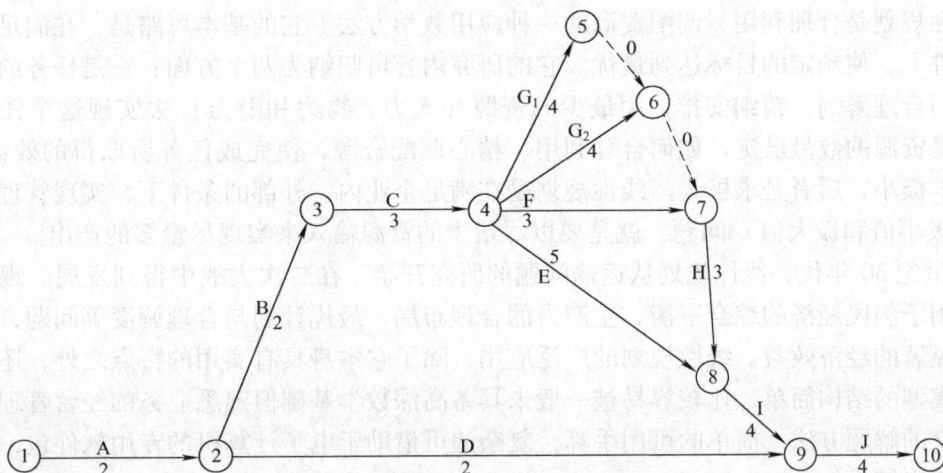

图 6-8　优化后的镗床大修网络图

**2. 资源均衡利用优化**

编制网络计划时，在考虑工期和工程费用的同时，也要尽量合理地安排人力、设备和材料等有限的资源。资源均衡利用优化即在资源一定的条件下，寻求最短的生产周期；或当一项工程的总工期确定后，要对整个工程项目的各项工作的资源合理利用，使投入的资源最少。

合理安排资源的主要内容有：

1）在规定日期内，计算出该项工程的每一工作所需要的资源，并作出日程上的进度安排。

2）当资源有限制时，应全面统筹规划各项活动，以保证总工期的完工。

3）必要时适当调整总工期，使资源得到充分合理的利用。

4）优先保证关键线路上各关键工作对资源的需要，充分利用时差，平衡协调各活动所需资源。

### 3. 最低成本优化

在网络计划中，时间和成本的均衡分析是一个重要问题，在一个需要实现的工程项目中，应考虑到使整个工程项目以最短的期限和最少的成本来完成计划，即从时间长、成本少和时间短、成本多的两个极端出发，寻求期限较短而成本最少的合理方案。最低成本优化就是寻求总成本支出最少的最佳工期。

工程项目成本是由直接成本和间接成本两部分组成。直接成本是指在计划中与各个工作延续时间有关的成本，它包括直接生产人员的工资和附加费、材料费、设备台班费等。间接成本是指相关管理费用、办公费等。这两种成本与工期有一定的关系，一般缩短工期，会引起直接成本的增加和间接成本的减少；而延长工期会导致直接成本的减少和间接成本的增加。最低成本优化，就是使工程项目总成本为最少，与之相对应的工期为最佳工期。

# 第三节　应用线性规划优化利用资源

线性规划是合理利用、调配资源的一种应用数学方法。它的基本思路是：在满足一定的约束条件下，使预定的目标达到最优。它的研究内容可归纳为两个方面：一是任务的目标已定，如何合理筹划，精细安排，用最少的资源（人力、物力和财力）去实现这个任务的目标；二是资源的数量已定，如何合理利用、精心调配资源，使完成任务所取得的效益最大。前者是求极小，后者是求极大。线性规划是在满足企业内、外部的条件下，实现管理目标和极值（极小值和极大值）问题，就是要以尽量少的资源输入来实现尽量多的产出。

20 世纪 30 年代，线性规划从运输问题的研究开始，在二次大战中得到发展。现在已广泛地应用于国民经济的综合平衡、生产力的合理布局、最优计划与合理调度等问题，并取得了比较显著的经济效益。线性规划的广泛应用，除了它本身具有实用的特点之外，还由于线性规划模型的结构简单，比较容易被一般未具备高深数学基础但熟悉业务的经营管理人员所掌握。它的解题方法，简单的可用手算，复杂的可借助于电子计算机的专用软件包，输入数据就能算出结果。

线性规划的研究与应用工作，我国开始于 20 世纪 50 年代初期，中国科学院数学所筹建了运筹室，最早应用在物资调运方面，并在实践中取得了成果。

### 一、线性规划模型的结构

企业是一个复杂的系统，要研究它必须将其抽象出来形成模型。如果将系统内部因素的相互关系和它们活动的规律用数学的形式描述出来，就称之为数学模型。线性规划的模型决定于它的定义，线性规划的定义是：求一组变量的值，在满足一组约束的条件下，求得目标函数的最优解。

根据这个定义，就可以确定线性规划模型的基本结构。

（1）变量　变量又叫未知数，它是实际系统的未知因素，也是决策系统中的可控因素，一般称为决策变量，常引用英文字母加下标来表示，如 $X_1$，$X_2$，$X_3$，$X_{mn}$ 等。线性规划的变量应为正值，因为变量在实际问题中所代表的均为实物，所以不能为负。

（2）目标函数　将实际系统的目标，用数学形式表现出来，就称为目标函数，线性规划的目标函数是求系统目标的数值，即极大值，如产值极大值、利润极大值；或者极小值，如成本极小值、费用极小值、损耗极小值等等。

（3）约束条件　约束条件是指实现系统目标的限制因素。它涉及企业内部条件和外部环境的各个方面，如原材料供应、设备能力、计划指标、产品质量要求和市场销售状态等，这些因素都对模型的变量起约束作用，故称其为约束条件。约束条件的数学表示形式为三种，即 $\geq$、$=$、$\leq$。

在设备管理中，线性规划使用较多的是下述几个方面的问题：

1）设备投资问题。确定有限投资额的最优分配，使得收益最大或者见效最快。

2）计划安排问题。确定生产的品种和数量，使得产值或利润最大，如资源配置问题。

3）任务分配问题。分配不同的任务给各个对象（劳动力或机床），使产量最多、效率最高，如生产安排问题。

4）下料问题。如何下料，使得边角料损失最小。

5）运输问题。在物资调运过程中，确定最经济的调运方案。

6）备件库存问题。如何确定最佳备件库存量，做到既保证维修需要又节约资金。

应用线性规划建立数学模型的三步骤：

第一步：明确问题，确定问题，列出约束条件。

第二步：收集资料，建立模型。

第三步：模型求解（最优解），进行优化后分析。

这三步骤中，最困难的是建立模型。建立模型的关键是明确问题、确定目标，在建立模型过程中花时间、花精力最大的是收集资料。

### 二、线性规划的应用实例

**例6-4**　某企业要为市场生产甲、乙两种备件，每件甲备件要耗钢材2kg、煤2kg、产值为120元；每件乙备件要耗钢材3kg，煤1kg，产值为100元。现企业有钢材600kg，煤400kg，试确定甲、乙两种备件各生产多少件，才能使该企业生产甲、乙备件的总产值最大？

**解：**

设甲、乙两种备件的产量分别为 $X_1$、$X_2$，则总产值是 $X_1$、$X_2$ 的函数：

$$f(X_1, X_2) = 120X_1 + 100X_2$$

资源的数量是约束条件：

由于钢的限制，应满足 $2X_1 + 3X_2 \leq 600$；

由于煤的限制，应满足 $2X_1 + X_2 \leq 400$。

综合上述表达式，得数学模型：

$$f(X_1, X_2) = 120X_1 + 100X_2$$
$$2X_1 + 3X_2 \leq 600$$
$$2X_1 + X_2 \leq 400$$
$$X_1 \geq 0, \ X_2 \geq 0$$

$X_1$，$X_2$ 为决策变量，解得：$X_1 \leq 150$ 件，$X_2 \leq 100$ 件

求总产值的最大值：$f_{max}$ = （$120 \times 150 + 100 \times 100$）元 = 28 000 元

故当甲备件生产 150 件、乙备件生产 100 件时，企业生产甲、乙备件的总产值最大，为 28 000 元。

**例 6-5**　某企业在计划内要安排甲、乙两种备件的生产。这些备件分别需要在 $A$、$B$、$C$、$D$ 四种不同设备上加工。按工艺规定，备件甲和乙在各设备上所需加工台时数见表 6-4。已知设备在计划期内的有效台时数分别是 12、8、16 和 12（一台设备工作 1h 称为一台时），该企业每生产一件甲备件可得利润 20 元，每生产一件乙备件可得利润 30 元。问应如何安排生产计划，才能得到最大利润？

表 6-4　加工台时数

| 备件 ＼ 设备 | $A$ | $B$ | $C$ | $D$ |
|---|---|---|---|---|
| 甲备件 | 2 | 1 | 4 | 0 |
| 乙备件 | 2 | 2 | 0 | 4 |

**解：**

1）建立数学模型。设 $X_1$、$X_2$ 分别表示甲、乙备件的产量，则利润是 $f(X_1, X_2)$ = $20X_1 + 30X_2$，求最大值。

设备的有效利用台时为约束条件：

A 设备：$2X_1 + 2X_2 \leqslant 12$

B 设备：$X_1 + 2X_2 \leqslant 8$

C 设备：$4X_1 \leqslant 16$

D 设备：$4X_2 \leqslant 12$

$X_1 \geqslant 0$，$X_2 \geqslant 0$

2）求解未知数。

$X_1 \leqslant 4$、$X_2 \leqslant 3$，但由 $2X_1 + 2X_2 \leqslant 12$、$X_1 + 2X_2 \leqslant 8$ 得 $X_1 \leqslant 4$、$X_2 \leqslant 2$，所以取 $X_1 \leqslant 4$、$X_2 \leqslant 2$，故

$$f_{max} = （20 \times 4 + 30 \times 2）元 = 140 元$$

3）结论。在计划期内，安排生产甲备件 4 件、乙备件 2 件，可得到最大的利润 140 元。

**例 6-6**　某企业为维修某类设备而制造备件，需由一批 5.5m 长的相同直径的圆钢截取 3.1m、2.1m、1.2m 的坯料。每台设备所需的坯料数量见表 6-5。用 5.5m 长的圆钢截取上述三种坯料时，有下列五种截取方案可供选择，见表 6-6。问当设备总数为 100 台时，采取何种方案可使 5.5m 的圆钢用料最省？

表 6-5　每台设备所需的件数

| 规格/m | 每台设备所需坯料数量 |
|---|---|
| 3.1 | 1 |
| 2.1 | 2 |
| 1.2 | 4 |

表6-6　五种截取方案

| 方案 | 截取3.1m的根数 | 截取2.1m的根数 | 截取1.2m的根数 | 所剩料头/m |
|---|---|---|---|---|
| 1 | 1 | 1 | 0 | 0.3 |
| 2 | 1 | 0 | 2 | 0 |
| 3 | 0 | 2 | 1 | 0.1 |
| 4 | 0 | 1 | 2 | 1 |
| 5 | 0 | 0 | 4 | 0.7 |

**解:**

假设:按第一种方案截取5.5m长圆钢的数量为$X_1$。

按第二种方案截取5.5m长圆钢的数量为$X_2$。

按第三种方案截取5.5m长圆钢的数量为$X_3$。

按第四种方案截取5.5m长圆钢的数量为$X_4$。

按第五种方案截取5.5m长圆钢的数量为$X_5$。

据此列出各种长度坯料的根数,见表6-7。

表6-7　各种长度坯料的根数

| 方案 | 3.1m坯料的根数 | 2.1m坯料的根数 | 1.2m坯料的根数 |
|---|---|---|---|
| 1 | $X_1$ | $X_1$ | 0 |
| 2 | $X_2$ | 0 | $2X_2$ |
| 3 | 0 | $2X_3$ | $X_3$ |
| 4 | 0 | $X_4$ | $2X_4$ |
| 5 | 0 | 0 | $4X_5$ |

因为设备总台数为100台,所以按各方案截取的坯料数必须满足下列约束条件:

3.1m长的坯料数为100根,$X_1 + X_2 = 100$

2.1m长的坯料数为200根,$X_1 + 2X_3 + X_4 = 200$

1.2m长的坯料数为400根,$2X_2 + X_3 + 2X_4 + 4X_5 = 400$

$$X_1, X_2, X_3, X_4, X_5 \geqslant 0$$

目标函数为:

$$f_{\min} = X_1 + X_2 + X_3 + X_4 + X_5$$

对于变量比较多的线性规划问题,可以利用计算机求解变量。线性规划计算程序的界面如图6-9所示。

使用步骤如下:

1)输入变量数、约束方程数。本例的变量数为5个,约束方程数为3个。

2)选择目标函数是求最大值还是求最小值。本例求目标函数的最小值。输入完毕后,单击"确定"按钮,此时软件界面发生变化,如图6-10所示。

3)输入目标函数与约束方程组,如图6-11所示。

4)单击"计算"按钮,就可以得到计算结果,计算机运算得到的最优解为:$X_1 = 0$、$X_2 = 100$、$X_3 = 100$、$X_4 = 0$、$X_5 = 25$,目标函数的最优值(最省方案)为:$f_{\min} = 225$根,运算结果如图6-12所示。

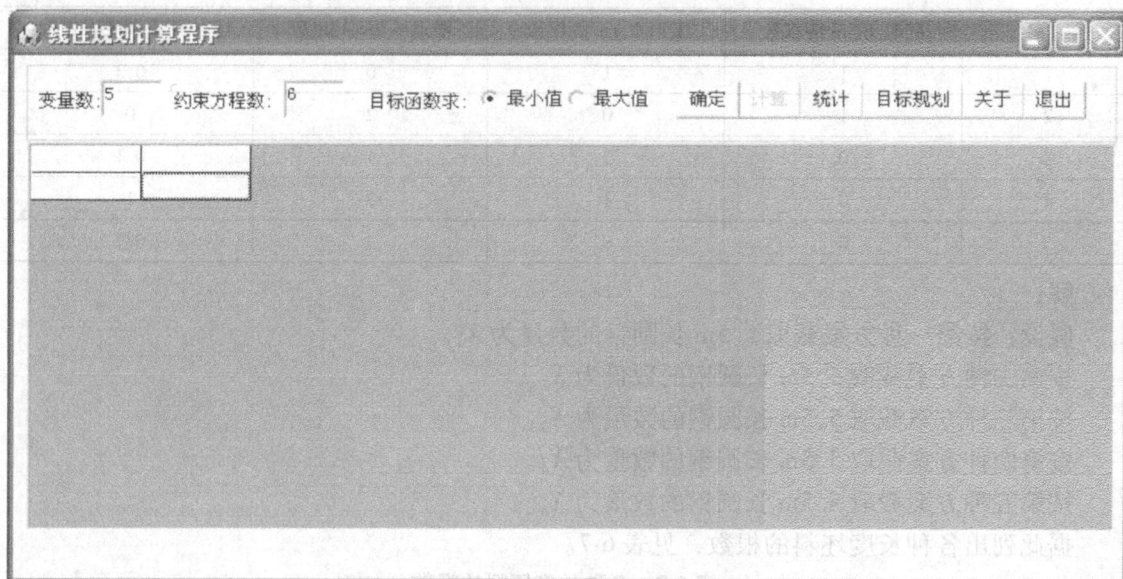

图 6-9　线性规划计算程序的界面

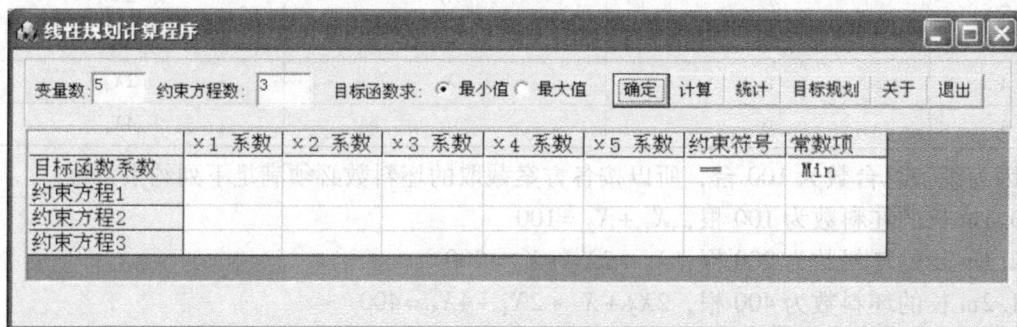

图 6-10　输入变量数、约束方程数及目标函数求极值

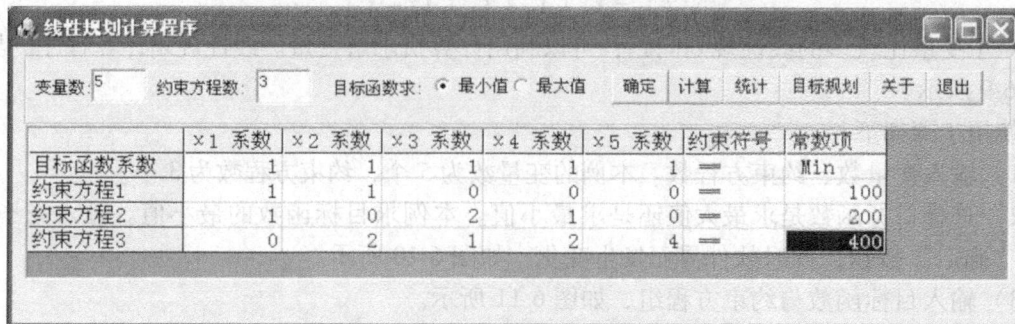

| | ×1 系数 | ×2 系数 | ×3 系数 | ×4 系数 | ×5 系数 | 约束符号 | 常数项 |
|---|---|---|---|---|---|---|---|
| 目标函数系数 | 1 | 1 | 1 | 1 | 1 | = | Min |
| 约束方程1 | 1 | 1 | 0 | 0 | 0 | = | 100 |
| 约束方程2 | 1 | 0 | 2 | 1 | 0 | = | 200 |
| 约束方程3 | 0 | 2 | 1 | 2 | 4 | = | 400 |

图 6-11　输入目标函数与约束方程组

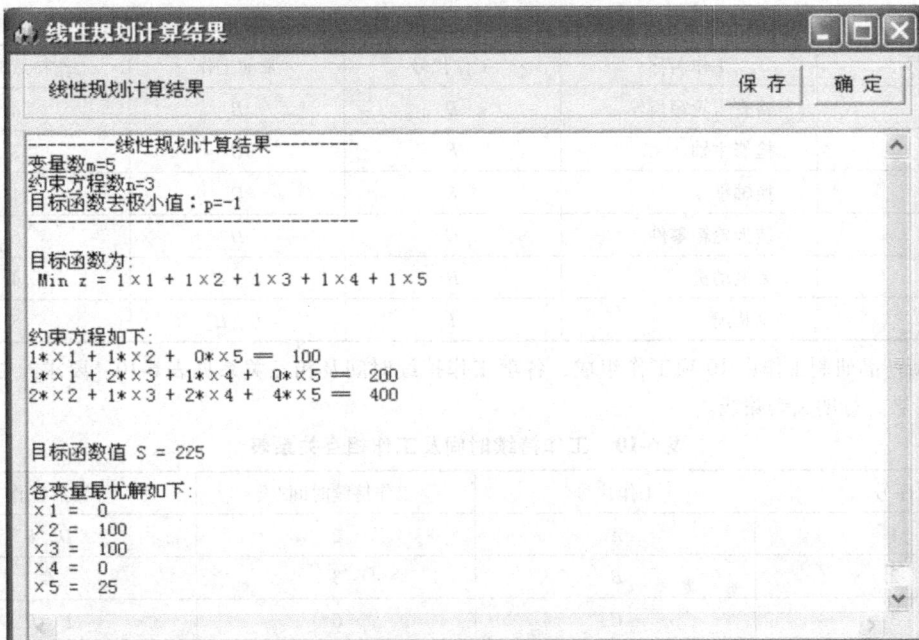

图6-12　计算机运算结果

# 复习思考题

1. 某设备一天工作时间为8h，班前计划停机时间为20min，故障停机时间为20min，更换产品型号之设备调整时间是40min，产品理论加工周期为0.5min/件，实际加工周期为0.8min/件，1天共加工产品400件，有8件废品。求这台设备的设备综合效率。

2. 某车间的生产线一个工作日的生产情况见表6-8，试计算生产线的设备综合效率与设备完全有效生产率。

表6-8　生产线一个工作日的生产情况

| 日历工作时间/min | 计划停机时间/min | 外部因素停机时间/min | 非计划停机时间/min | 工装模具更换调整时间/min | 产品理论加工周期/min | 完成的产品数量 | 返修件数 | 一次合格品数量 |
| --- | --- | --- | --- | --- | --- | --- | --- | --- |
| 1 440 | 480 | 50 | 85 | 42 | 3 | 203 | 51 | 152 |

3. 网络计划技术有何特点？

4. 网络图由哪几部分构成？

5. 什么是网络图的线路？什么是关键线路？

6. 网络计划的优化有哪几个方面？

7. 某设备修理可分解为9项工作，各工作持续时间及相互关系见表6-9，要求绘制网络图，计算时间参数，指出关键路线，确定工期。

表6-9　工作持续时间及工作相互关系表

| 序号 | 工作名称 | 工作代号 | 紧前工作 | 工作持续时间/天 |
| --- | --- | --- | --- | --- |
| 1 | 拆卸清洗 | A | — | 1 |
| 2 | 检查零件磨损情况 | B | A | 2 |
| 3 | 检查电动机 | C | A | 3 |

（续）

| 序号 | 工作名称 | 工作代号 | 紧前工作 | 工作持续时间/天 |
|---|---|---|---|---|
| 4 | 检查齿轮箱齿轮 | D | B | 4 |
| 5 | 检修主轴 | E | C | 3 |
| 6 | 换轴承 | F | D | 1 |
| 7 | 装齿轮箱零件 | G | D | 6 |
| 8 | 装电动机 | H | E、F | 4 |
| 9 | 总装配 | I | G、H | 5 |

8. 某新产品研制工作由 10 项工作组成，各项工作持续时间及相互关系见表 6-10。要求绘制网络图，计算时间参数，标明关键路线。

表 6-10　工作持续时间及工作相互关系表

| 序号 | 工作代号 | 工作持续时间/天 | 紧后工作 |
|---|---|---|---|
| 1 | A | 2 | D、E |
| 2 | B | 3 | G |
| 3 | C | 6 | F、H |
| 4 | D | 4 | I |
| 5 | E | 4 | G |
| 6 | F | 7 | G |
| 7 | G | 4 | I、J |
| 8 | H | 2 | J |
| 9 | I | 5 | — |
| 10 | J | 3 | — |

9. 线性规划模型的基本结构包括几部分？试述建立数学模型的步骤。

10. 某企业生产甲、乙两种产品，由加工和装配两个车间完成。据调查，产品销路及原材料供应问题不大，但车间的设备能力有限，两个产品在两个车间的时间定额、车间月计划可用工时数和单件产品的产值见表 6-11。现要求用线性规划技术依据下表内数据拟订一个能获得产值最大的生产计划。

表 6-11　产品加工时间定额、车间月计划可用工时数和单件产品的产值

| 消耗定额<br>车间 | 时间定额/h | | 计划可用工时<br>/（h/月） |
|---|---|---|---|
| | 甲产品 | 乙产品 | |
| 加工车间 | 3 | 2 | 4 800 |
| 装配车间 | 2 | 1 | 3 000 |
| 单件产值/元 | 50 | 30 | — |

11. 某企业生产甲、乙两种产品，分别用 A、B、C 三种材料。甲、乙两产品所用材料数及现有各种材料总数以及单件产品的产值见表 6-12，求在现有库存材料的条件下，甲、乙两产品各应生产多少件产值最大？

12. 用长 7.4m 的钢料做 100 套钢筋架子，每套架子需要 2.9m、2.1m、1.5m 的钢筋各一根。问最少需要多少 7.4m 的钢材才能完成这项任务？

13. 某工厂可供使用的原材料、电力、劳动量都有限度，拟生产 A、B 两种产品。根据估计，生产每单位的 A、B 产品分别需要的原材料、电力、劳动量以及所得利润等见表 6-13。问怎样安排生产才能获得最

大利润？

**表 6-12 产品资料**

| 材料品种 \ 消耗定额 | 材料定额/（kg/件） | | 现库存材料总数/kg |
|---|---|---|---|
| | 甲产品 | 乙产品 | |
| A | 1 | 1 | 450 |
| B | 2 | 1 | 800 |
| C | 1 | 3 | 900 |
| 单件产值/元 | 50 | 40 | — |

**表 6-13 产品资料**

| 产品 | A | B | 各投入物的限度 |
|---|---|---|---|
| 原材料/t | 9 | 4 | 360 |
| 电力/（kW·h） | 4 | 5 | 200 |
| 劳动量/人 | 3 | 10 | 300 |
| 利润/万元 | 7 | 12 | — |

# 附　录

## 附录 A　常用设备修理复杂系数(部分)

| 序号 | 设备名称 | 型号 | 规格 | 复杂系数 | |
|---|---|---|---|---|---|
| | | | | 机械 | 电气 |
| 1 | 卧式车床 | C615 | $\phi 300 \times 750$ | 7 | 2.5 |
| 2 | 卧式车床 | C616 | $\phi 320 \times 750$ | 8 | 3 |
| 3 | 卧式车床 | C618K | $\phi 360 \times 850$ | 8 | 3 |
| 4 | 卧式车床 | C620 * | $\phi 400 \times 1000$ | 10 | 4 |
| 5 | 卧式车床 | C620-1 | $\phi 400 \times 750$ | 10 | 4 |
| 6 | 卧式车床 | C620-1 | $\phi 400 \times 1000$ | 11 | 4 |
| 7 | 卧式车床 | C620-1 | $\phi 400 \times 1500$ | 11 | 4 |
| 8 | 卧式车床 | C620-1 | $\phi 400 \times 2000$ | 12 | 4 |
| 9 | 卧式车床 | CA6140 | $\phi 400 \times 750$ | 11 | 4 |
| 10 | 卧式车床 | C630 * | $\phi 615 \times 1400$ | 14 | 6 |
| 11 | 卧式车床 | C650 | $\phi 1000 \times 3000$ | 23 | 12 |
| 12 | 立式钻床 | Z525 | $\phi 25$ | 5 | 2 |
| 13 | 摇臂钻床 | Z35 | $\phi 50$ | 12 | 7 |
| 14 | 卧式铣镗床 | T68 | $\phi 85$ | 22 | 9 |
| 15 | 万能外圆磨床 | M131W | $\phi 315 \times 1000$ | 12 | 12 |
| 16 | 工具磨床 | M6025D(M60250) | $\phi 250 \times 630$ | 6 | 4 |
| 17 | 矩台平面磨床 | M7120 | $200 \times 600$ | 10 | 8 |
| 18 | 矩台平面磨床 | M7130 | $300 \times 1000$ | 12 | 9.5 |
| 19 | 滚齿机 | Y3150 | $\phi 800 \times M6$ | 13 | 8 |
| 20 | 滚齿机 | Y38 | $\phi 800 \times M8$ | 15 | 5 |
| 21 | 滚齿机 | Y3180 | $\phi 800 \times M10$ | 14 | 6 |
| 22 | 插齿机 | Y5120A | $\phi 200 \times M6$ | 13 | 5 |

（续）

| 序号 | 设备名称 | 型号 | 规格 | 复杂系数 | |
|---|---|---|---|---|---|
| | | | | 机械 | 电气 |
| 23 | 插齿机 | Y54 | $\phi462 \times M6$ | 12 | 6 |
| 24 | 齿轮倒角机 | Y9380 | $\phi800 \times M12$ | 9 | 3 |
| 25 | 立式升降台式铣床 | X52K * | $325 \times 1250$ | 12 | 8 |
| 26 | 万能升降台铣床 | X62W * | $320 \times 1250$ | 13 | 7 |
| 27 | 龙门刨床 | B2020 | $2000 \times 6000$ | 52 | 60 |
| 28 | 牛头刨床 | B665 | 650 | 10 | 4 |
| 29 | 空气锤 | C41-150 | 150kg | 8 | 4 |
| 30 | 空气锤 | C41-400 | 400kg | 13 | 6 |
| 31 | 桥式起重机 | （单钩）11-17 | 10t | 9 | 22 |
| 32 | 桥式起重机 | 10.5-28.5 | 20/5 | 13 | 35 |
| 33 | 内燃机 | | $20 \times 736W$ 以下 | 7 | |
| 34 | 内燃机 | | $40 \times 736W$ | 8 | |
| 35 | 内燃机 | | $60 \times 736W$ | 9 | |
| 36 | 内燃机 | | $80 \times 736W$ | 10 | |
| 38 | 内燃机 | | $100 \times 736W$ | 14 | |
| 39 | 摩擦压力机 | J53-300 | 300t | 17 | 手动5、液压7 |
| 40 | 剪板机 | Q11-13 | $3 \times 2500$ | 14 | 5 |
| 41 | 混砂机 | S116 | 0.6 | 15 | 5 |
| 42 | 造型机 | Z145 | | 8 | |
| 43 | 活塞式压缩机 | V-6/8-1 | | 8 | 7 |
| 44 | 化铁炉 | | 3t | $F_{砌}$ 15.6 | $F_{热}$ 16 |
| 45 | 电力变压器 | | 560kVA | | 15 |
| 46 | 交流弧焊机 | BK-500 | | | 6.5 |
| 47 | 直流弧焊机 | AT-320 | | | 9 |
| 48 | 高频加热设备 | GP-60 | 60kW | 8 | 20 |

注：标"＊"的设备因技术更新，现已停止生产，但在部分企业中仍在使用。

# 附录 B 设备统一分类及编号目录

分项：机械设备

## 0 金属切削机床

| 组别 | 0 数控金属切削机床 | 1 车床 | 2 钻床及镗床 | 3 研磨机床 | 4 联合及组合机床 |
|---|---|---|---|---|---|
| 0 | 车床类 | 台式车床(仪表车床) | 台式钻床 | 外圆磨床 |  |
| 1 | 钻床、镗床类 | 单轴自动与半自动车床 | 立式钻床 | 内圆磨床 | 万能联合机床 |
| 2 | 磨床类 | 多轴自动与半自动车床 | 单轴自动、半自动钻床 | 粗磨床、砂轮机 | 半自动联合机床 |
| 3 | 组合机床类 | 转塔车床(回轮、转塔) | 多轴自动半自动钻床 | 轮转 | 自动联合机床 |
| 4 | 齿轮及螺纹加工中心、柔性加工单元 | 定心、截断车床 | 摇臂钻床 | 专用磨床 | 组合机床 |
| 5 | 铣床类 | 立式车床 | 坐标镗钻床 | 导轨磨床 | 程序控制机床 |
| 6 | 刨、插床类 | 落地及卧式车床 | 铣镗床 | 工具磨、刀具磨床 |  |
| 7 | 拉床类 | 仿型及多刀车床 | 金刚镗、精镗床 | 平面磨床 |  |
| 8 | 切断机床类 | 专用车床 | 卧式铣镗床 | 研磨抛光机、珩磨机 |  |
| 9 | 其他及电加工机床类 | 其他车床 | 其他钻镗床 | 其他磨床 |  |

## 1 锻压设备

| 组别 | 0 数控锻压设备 | 1 锻锤 | 2 压力机 | 3 锻造机 | 4 辗压机 |
|---|---|---|---|---|---|
| 0 | 压力机类 | 蒸汽锤(自由锤) | 水压机 | 水平分模平锻机 | 辗板机 |
| 1 |  | 模锻汽锤 | 液压机 | 垂直分模平锻机 | 型材辗压机 |
| 2 |  | 空气锤 | 偏心轴压力机 | 轮转锻机、径向锻机 |  |
| 3 |  | 夹板锤 | 曲轴压力机 | 辊锻机 |  |
| 4 |  | 皮带锤 | 螺旋压力机 | 热模锻压力机 |  |
| 5 |  | 弹簧锤 | 手动压力机 | 辗环机 |  |
| 6 |  | 对击式模锻锤 | 拉伸压力机 | 辊锻横轧机 |  |
| 7 | 整形机类 | 气动、液压模锻锤 | 精压机 |  |  |
| 8 |  | 专用锻锤 | 挤压机 |  |  |
| 9 |  | 其他锻锤 | 其他压力机 | 其他锻造机 | 其他辗压机 |

## 2 起重运输设备

| 组别 | 0 数控起重运输设备 | 1 起重机 | 2 卷扬机 | 3 传送机械 | 4 运输车辆 |
|---|---|---|---|---|---|
| 0 |  | 桥式起重机 | 蒸汽卷扬机 | 带式运输机 | 牵引车 |
| 1 |  | 梁式起重机 | 电动卷扬机 | 螺旋运输机 | 铁路货车 |
| 2 |  | 电动葫芦 | 手动卷扬机 | 斗式运输机 | 载货卡车 |
| 3 |  | 单轨吊车 |  | 链板式运输机 |  |
| 4 |  | 龙门起重机 |  | 滚道运输机 |  |
| 5 |  | 门座起重机、悬臂 |  | 链板运输机 |  |
| 6 |  | 船式起重机 |  | 装配输送机 | 翻斗车 |
| 7 |  | 回转式起重机 |  | 转配输送机 | 小机车 |
| 8 |  | 塔式起重机 |  | 悬挂运输机 | 电瓶车 |
| 9 |  | 其他起重机 | 其他卷扬机 | 其他传送机 | 其他运输车辆 |

（续）

**0 金属切削机床**

| 组别 | 0 | 1 | 2 | 3 | 4 | 5 | 6 | 7 | 8 | 9 |
|---|---|---|---|---|---|---|---|---|---|---|
| 5 齿轮加工及螺纹加工机床 | 螺纹切削机床 | 插齿机 | 锥齿轮加工机床 | 滚齿机 | 蜗杆齿轮加工机床 | 螺纹及花键铣床 | 齿轮及倒角机床 | 齿轮精加工机床 | 齿轮及螺纹磨床 | 其他齿轮及螺纹加工机床 |
| 6 铣床 | 立式升降台铣床 | 平面铣床、立式转台铣床 | 工具铣床 | 仿型铣床 | 立式万能铣床（悬臂、滑枕） | | 龙门铣床 | 床身式铣床 | 卧式升降台铣床 | 其他铣床 |
| 7 刨床、插、拉床 | 单臂刨床 | 龙门刨床 | 牛头刨床 | 插床 | 立式拉床 | 卧式拉床 | 仿型刨床 | | 刨、插、拉床 | 其他 |
| 8 切断机床 | 金属切断机床 | 校直切断机床 | 砂轮片锯床 | 带锯床 | 圆锯床 | | 弓锯床 | 锉锯床 | 其他切断用机床 | |
| 9 其他金属切削机床 | 管子加工机床 | | | | 刻线打字机床 | | 电加工机床 | | 自动锯床 | 其他金属切削机床 |

**1 锻压设备**

| 组别 | 0 | 1 | 2 | 3 | 4 | 5 | 6 | 7 | 8 | 9 |
|---|---|---|---|---|---|---|---|---|---|---|
| 5 冷作机 | 自动冷镦机 | 自动制钉机 | 自动切边滚丝机 | | | | | 冷轧成形机 | | 其他冷作机 |
| 6 剪切机 | 板料直线剪切机 | 鳄鱼式剪切机 | 型钢剪切机 | 板料曲线剪断机 | | | 手剪床 | 联合冲剪机 | | 其他剪切机 |
| 7 整形机 | 板料弯曲机 | 板料校平机 | 型材校直机 | 型材折弯机 | 型材弯曲机 | | | 旋压机 | | 其他整形机 |
| 8 弹簧加工机 | 卷簧机 | 弹簧成型机 | 弹簧加箍机 | 缓冲弹簧压力机 | | | | | | 其他弹簧加工机 |
| 9 其他锻压冷作设备 | 拔丝机 | 锉刀刷纹机 | 齿轮热轧机 | 电热镦机 | | | | | | 其他锻压冷作设备 |

**2 起重运输设备**

| 组别 | 0 | 1 | 2 | 3 | 4 | 5 | 6 | 7 | 8 | 9 |
|---|---|---|---|---|---|---|---|---|---|---|
| 5 移车 | 迁车台 | 转车台 | | | | | | | | |
| 6 升降机 | 升降机（电梯） | 翻斗机 | | | | | | | | |
| 7 船舶 | 机动船舶 | 非机动船舶 | | | | | | | | |
| 9 其他起重运输设备 | | | | | | | | | | 其他起重运输设备 |

分项：机械设备

（续）

| 组别 | 代号 | 3 木工、铸造设备 | 4 专业生产用设备 | 5 其他机械设备 | 6 动能发生设备 |
|---|---|---|---|---|---|
| **0** | — | | 螺钉专用设备 | 电站设备 | 氧气站设备 |
| | 0 | | | 电站锅炉 | 分馏塔空压机 |
| | 1 | | | 汽轮发电机组 | 高低压空压机 |
| | 2 | | | 供煤机械 | 膨胀机 |
| | 3 | | | 水力除生设备及处理设备 | 氧压机 |
| | 4 | | | | 充氧设备 |
| | 5 | | | 交流系统 | 储氧罐 |
| | 6 | | | 直流系统 | |
| | 7 | | | | |
| | 8 | | | | |
| | 9 | | | 其他电站设备 | 其他氧气站设备 |
| **1** | — | 木工机械 | | 油漆机械 | |
| | 0 | 木工锯床 | | 油漆混合机 | |
| | 1 | 木工钻孔、刨开床 | | 油漆喷磨机 | |
| | 2 | 木工刨床 | | | |
| | 3 | 木工车床 | | | |
| | 4 | | | | |
| | 5 | 木工铣床 | | | |
| | 6 | 木工开榫机 | | | |
| | 7 | 木工工具修磨机 | | | |
| | 8 | | | | |
| | 9 | 其他木工机械 | | 其他油漆机械 | |
| **2** | — | 铸造设备 | 汽车专用设备 | 油处理机械 | 煤气及保护气体发生设备 |
| | 0 | 造型设备 | | 离心分离器 | 煤气发生炉 |
| | 1 | 特种铸造设备 | | 滤油机 | 静电除尘器 |
| | 2 | 型砂处理设备 | | 再生油装置 | 煤气洗涤塔 |
| | 3 | 落砂设备 | | 滤油棉压机 | 煤气排送机和鼓风机 |
| | 4 | 造芯设备 | | | 干燥塔 |
| | 5 | 清理设备 | | | 冷却塔 |
| | 6 | | | | |
| | 7 | 压铸机 | | | |
| | 8 | 离心浇铸机 | | | |
| | 9 | 其他铸造设备 | | 其他油处理机 | 其他煤气站设备 |
| **3** | — | | 轴承专用设备 | 管用机械 | 乙炔发生设备 |
| | 0 | | | 绞管机 | 乙炔发生器 |
| | 1 | | | 烟管清锈机 | 压缩机 |
| | 2 | | | 管子矫正机 | 储气罐 |
| | 3 | | | 缩管口机 | |
| | 4 | | | 缩管吹灰装置 | |
| | 9 | | | 其他管用机械 | 其他乙炔发生设备 |
| **4** | — | | 电线电缆专用设备 | 破碎机械 | 空气压缩设备 |
| | 0 | | | 锤式破碎机 | 空气压缩机 |
| | 1 | | | 鳄式破碎机 | 中冷却器 |
| | 2 | | | 圆锥破碎机 | 后冷却器 |
| | 3 | | | 球磨机 | 储气罐 |
| | 4 | | | 棒磨机 | 循环水泵 |
| | 9 | | | 其他破碎机 | 其他空压站设备 |

分项：机械设备（大类别 3、4、5）；动力设备（大类别 6）

（续）

| 分项 | 大类别 | 5 | 6 | 7 | 8 | 9 |
|---|---|---|---|---|---|---|
| 机械设备 | 3 木工、铸造设备 | | | | | |
| 机械设备 | 4 专业生产用设备 | 电磁专业设备 | 电池专业设备 | | 操作机械 | 其他专业机械设备 |
| 机械设备 | 5 其他机械设备 | 土建机械<br>0 推土机<br>1 挖土机<br>2 开山机<br>3 拖拉机<br>4 打桩机<br>8 搅拌机<br>9 其他土建机械 | 材料试验机<br>0 万能材料试验机<br>1 拉力材料试验机<br>2 压力材料试验机<br>3 弯曲试验机<br>4 冲击试验机<br>5 硬度试验机<br>6 扭力试验机<br>7 疲劳试验机<br>9 其他材料试验机 | 精密度量设备<br>0 精密度量设备<br>9 其他精密度量设备 | 操作机械<br>0 喷漆机器人<br>1 焊接机器人<br>2 自动化辅助机械<br>3 锻造操作机<br>4 装配机<br>9 其他操作机械 | 其他专业机械设备<br>0 产品试验机装置<br>9 其他机械设备 |
| 动力设备 | 6 动能发生设备 | 二氧化碳设备<br>0 石灰窑<br>1 预热锅窑<br>2 吸收塔<br>3 高压储气器<br>9 其他二氧化碳设备 | 工业泵<br>0 水泵<br>1 污水泵<br>2 泥浆泵<br>3 高压泵<br>4 耐酸泵<br>5 真空泵<br>9 其他工业泵 | 锅炉房设备<br>0 锅炉<br>1 锅炉给水泵<br>2 除氧器<br>3 省煤机<br>9 其他锅炉房设备 | 蒸汽及内燃机<br>0 汽油机<br>1 柴油机<br>2 煤气机<br>3 煤油机<br>4 蒸汽机<br>5 锅炉<br>9 其他蒸汽及内燃机 | 其他动能发生设备 |

（续）

**7 电气设备**（分项：动力设备）

| 组别 | 0 | 1 变压器 | 2 高低压配电设备 | 3 变频、高频、交流设备 | 4 电气检测设备 |
|---|---|---|---|---|---|
| 0 | | 电力配电变压器 | 高压配电柜 | 高频电热加工设备 | 动平衡测功机 |
| 1 | | 电炉变压器 | 低压配电柜 | 中频电热加工设备 | 电力测功机 |
| 2 | | 电弧变压器 | | 灯式高频热合机 | |
| 3 | | 试验变压器 | 控制柜 | 特定频率变频机组 | 磁力探伤机 |
| 4 | | 调压变压器 | 高压电力电容器 | 变流、整流设备 | |
| 5 | | 电动机专用变压器 | 低压电力电容器 | 充电设备 | |
| 6 | | 电渣熔炼变压器 | 避雷器 | 直流天车供电设备 | |
| 7 | | | 高压开关 | | |
| 8 | | | 高压电压互感器 | | 电气试验台 |
| 9 | | 其他变压器 | 其他配电设备 | 其他 | 其他 |

**8 工业炉窑**（分项：动力设备）

| 组别 | 0 | 1 熔铸炉 | 2 加热炉 | 3 热处理炉（窑） | 4 干燥炉（窑） |
|---|---|---|---|---|---|
| 0 | | 化铁炉 | 普通加热炉 | 室式热处理炉 | 砂型烘炉 |
| 1 | | 电弧炉 | 反射加热炉 | 台车式加热炉 | 砂芯烘炉 |
| 2 | | 转炉 | 室式加热炉 | 井式热处理炉 | 塞杆烘炉 |
| 3 | | 平炉 | 台车式加热炉 | 柴油热处理炉 | 电器干燥炉 |
| 4 | | 坩埚炉 | 连续式加热炉 | 退火炉（窑） | 木材干燥炉 |
| 5 | | 粉末冶金炉 | 贯通式加热炉 | 马弗炉 | |
| 6 | | 电渣熔炼设备 | 柴油炉 | 盐液电炉 | 喷漆烘干室 |
| 7 | | | | 电阻炉 | |
| 8 | | | | 工频感应加热设备 | |
| 9 | | 其他熔炼设备 | 其他加热炉 | 其他热处理设备 | 其他干燥炉 |

**9 其他动力设备**（分项：动力设备）

| 组别 | 0 | 1 通风采暖设备 | 2 恒温设备 | 3 管道 | 4 电镀设备及工艺用槽 |
|---|---|---|---|---|---|
| 0 | | 离心式通风机 | 氨压缩机 | 压缩空气管道 | 镀铬工艺设备 |
| 1 | | 轴流式通风机 | 冷凝器 | 煤气管道 | 镀锌工艺设备 |
| 2 | | 罗茨式鼓风机 | 蒸发器 | 保护气体管道 | 镀镍工艺设备 |
| 3 | | 叶片次鼓风机 | 喷雾器 | 氧气管道 | 镀铜工艺设备 |
| 4 | | | 鼓风机 | 乙炔管道 | 电解工艺设备 |
| 5 | | 高速鼓风机 | 水泵 | 上水管道 | 电化表面处理设备 |
| 6 | | 暖风机 | 加热器 | 下水管道 | |
| 7 | | | | 热力管道 | 清洗设备 |
| 8 | | | 控制设备 | 通风管道 | 各类槽 |
| 9 | | 其他通风采暖设备 | 其他恒温设备 | 其他管道 | 其他 |

（续）

**分项：动力设备**

**大类别：7 电气设备**

| 组别 | 分类别 | 0 | 1 | 2 | 3 | 4 | 5 | 6 | 7 | 8 | 9 |
|---|---|---|---|---|---|---|---|---|---|---|---|
| 5 | 焊切设备 | 直流电焊机 | 交流电焊机 | 点焊机 | 对焊机 | 缝焊机 | 氩弧焊机 | 电渣焊机 | 电切割设备 | | 其他焊切设备 |
| 6 | 电气设备 | 动力线路（室内干线） | 照明线路（室内干线） | 高压架空线路 | 低压架空线路 | 高压电线线路 | 低压电线线路 | 电信电缆 | | | |
| 7 | 弱电设备 | 调度电话交换机 | 自动电话交换机 | 供电式电话交换机 | 母钟 | 警报消防受信台 | 蓄电池组及充电设备 | | | | 其他弱电设备 |
| 9 | 其他电气设备 | 磁处理设备 | | | | | | | | | 其他电气设备 |

**大类别：8 工业炉窑**

| 组别 | 分类别 | 0 | 1 | 2 | 3 | 4 | 5 | 6 | 7 | 8 | 9 |
|---|---|---|---|---|---|---|---|---|---|---|---|
| 5 | 熔剂竖窑 | 石灰石竖窑 | 耐火材料窑 | | | | | | | | 其他 |
| 9 | 其他工业炉窑 | | | | | | | | | | 其他工业炉窑 |

**大类别：9 其他动力设备**

| 组别 | 分类别 | 0 | 1 | 2 | 3 | 4 | 5 | 6 | 7 | 8 | 9 |
|---|---|---|---|---|---|---|---|---|---|---|---|
| 5 | 除尘设备 | 旋风式除尘设备 | 布袋除尘设备 | | | | | | | | 其他 |
| 6 | 涂装设备 | 涂装室 | 静电涂装室 | 浸漆设备 | 电泳涂装设备 | 粉末涂装设备 | | | | | 其他涂装设备 |
| 7 | 容器 | 储油容器 | 储水容器 | 液化气容器 | 气体容器 | | | | | | 其他容器 |
| 9 | 其他动力设备 | | | | | | | | | | 其他动力设备 |

注：1. 电动机都附属于主机统一作为附件编号，个别大型的备用电动机如列为固定资产的，可列在其他电气设备类。

2. 动力设备中的风机、水泵等通用设备，能与主机成套的随主机作为附件编号，不单独编号。

# 参 考 文 献

[1]　郁君平. 设备管理[M]. 北京:机械工业出版社,2001.
[2]　赵艳萍,姚冠新,陈骏. 设备管理与维修[M]. 2 版. 北京:化学工业出版社,2010.
[3]　张映红,莫翔明,黄卫萍. 设备管理与预防维修[M]. 北京:北京理工大学出版社,2009.
[4]　范光松. 设备润滑与防腐[M]. 北京:机械工业出版社,2000.
[5]　钟小军,黎放,齐平,等. 现代管理理论与方法[M]. 北京:国防工业出版社,2000.